新曲綫 New Curves | 用心雕刻每一本......

用心字里行间　雕刻名著经典

心理学与生活

第20版

第2册

学习、记忆与认知过程

[美] 理查德·格里格 著

王垒 等译

人民邮电出版社

北京

图书在版编目（CIP）数据

心理学与生活：第 20 版．第 2 册，学习、记忆与认知过程 /（美）理查德·格里格著；王垒等译．-- 北京：人民邮电出版社，2024. 10. -- ISBN 978-7-115-64639-2

Ⅰ．B84-49

中国国家版本馆 CIP 数据核字第 2024TH8922 号

心理学与生活（第 20 版，第 2 册）

◆ 著　［美］理查德·格里格

译　王 垒 等

策　划　刘 力 陆 瑜

特约编审　谢呈秋

责任编辑　朱公明

装帧设计　陶建胜

◆ 人民邮电出版社出版发行　北京市丰台区成寿寺路 11 号

邮编　100164　电子邮件　315@ptpress.com.cn

网址　http://www.ptpress.com.cn

电话（编辑部）010-84931398　（市场部）010-84937152

北京奇良海德印刷股份有限公司印刷

新华书店经销

◆ 开本：710 × 1000　1 /16

印张：17.5

字数：241 千字　2024 年 10 月第 1 版　2024 年 10 月第 1 次印刷

著作权合同登记号　图字：01-2023-4783

定价：68.00 元

本书如有印装质量问题，请与本社联系　电话：(010) 84937152

本书的翻译工作由北京大学心理与认知科学学院19位教授通力合作完成，各部分的译者依序为：

第1册

- **前　言**　王垒 教授
- 第1章 **生活中的心理学**　王垒 教授
- 第2章 **心理学的研究方法**　朱滢 教授、毛利华 副教授
- 第3章 **行为的生物学和进化基础**　沈政 教授
- 第4章 **感觉与知觉**　吴艳红 教授、韩世辉 教授
- 第5章 **心理、意识和其他状态**　苏彦捷 教授

第2册

- 第6章 **学习与行为分析**　包燕 副教授
- 第7章 **记忆**　耿海燕 教授
- 第8章 **认知过程**　张亚旭 副教授
- 第9章 **智力与智力测量**　杨炯炯 副教授

第3册

- 第10章 **人的毕生发展**　周晓林 教授
- 第11章 **动机**　方方 教授、肖健 教授
- 第12章 **情绪、压力与健康**　王垒 教授、吴艳红 教授
- 第13章 **理解人类人格**　谢晓非 教授、毛利华 副教授

第4册

- 第14章 **心理障碍**　甘怡群 教授
- 第15章 **心理治疗**　钱铭怡 教授
- 第16章 **社会心理学**　侯玉波 副教授、张智勇 副教授

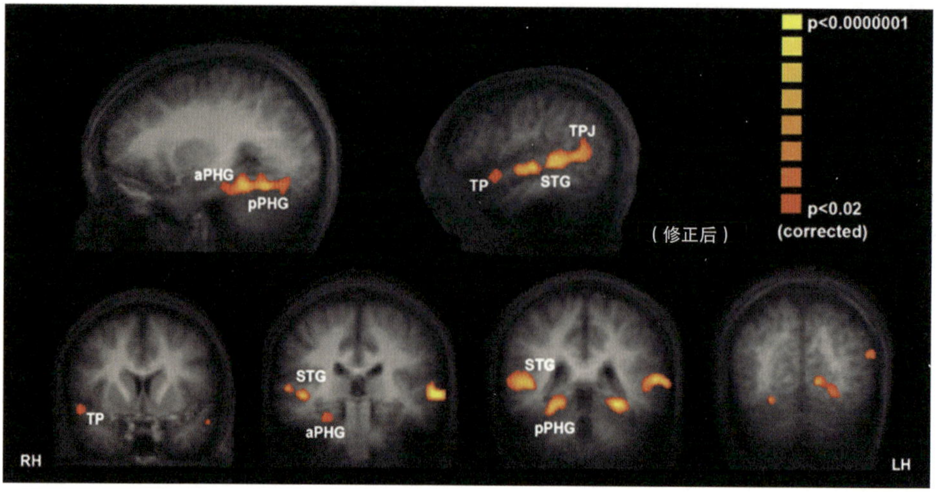

图 7.19 预测成功记忆的脑区

当这组脑区在编码阶段特别活跃时，人们更可能回想起自己所观看的情景喜剧的细节。这些区域是右侧颞极（TP）、颞上回（STG）、前海马旁回（aPHG）、后海马旁回（pPHG）以及颞顶联合（TPJ）。图中 RH 和 LH 分别指右脑和左脑。（见正文第 116 页）

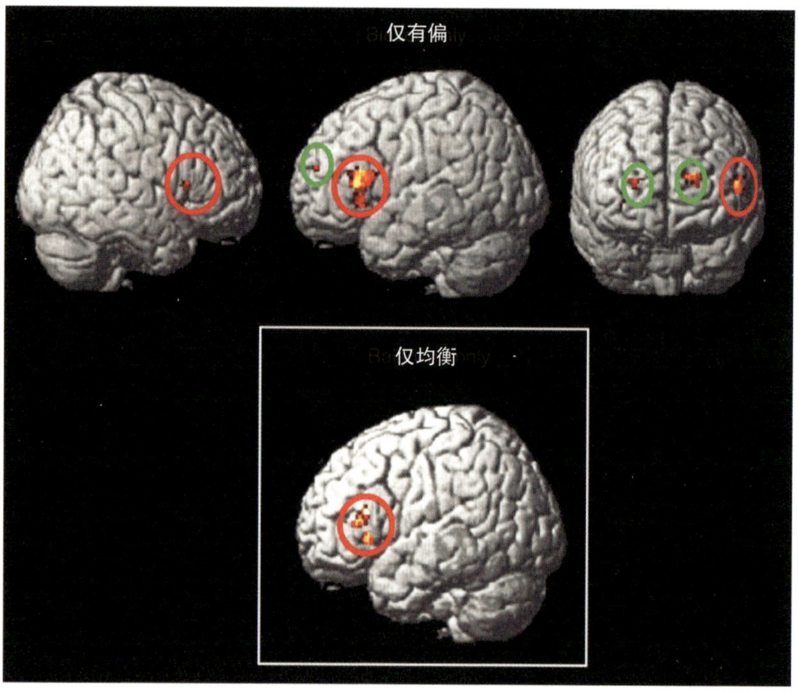

图 8.7 消解歧义的脑基础

参与者在阅读均衡歧义句、有偏歧义句或匹配的控制句时接受 fMRI 扫描。红色圆圈内的脑区在两种歧义句下都更活跃（相对于控制句）。绿色圆圈内的脑区只在有偏歧义句下更活跃。（见正文第 141 页）

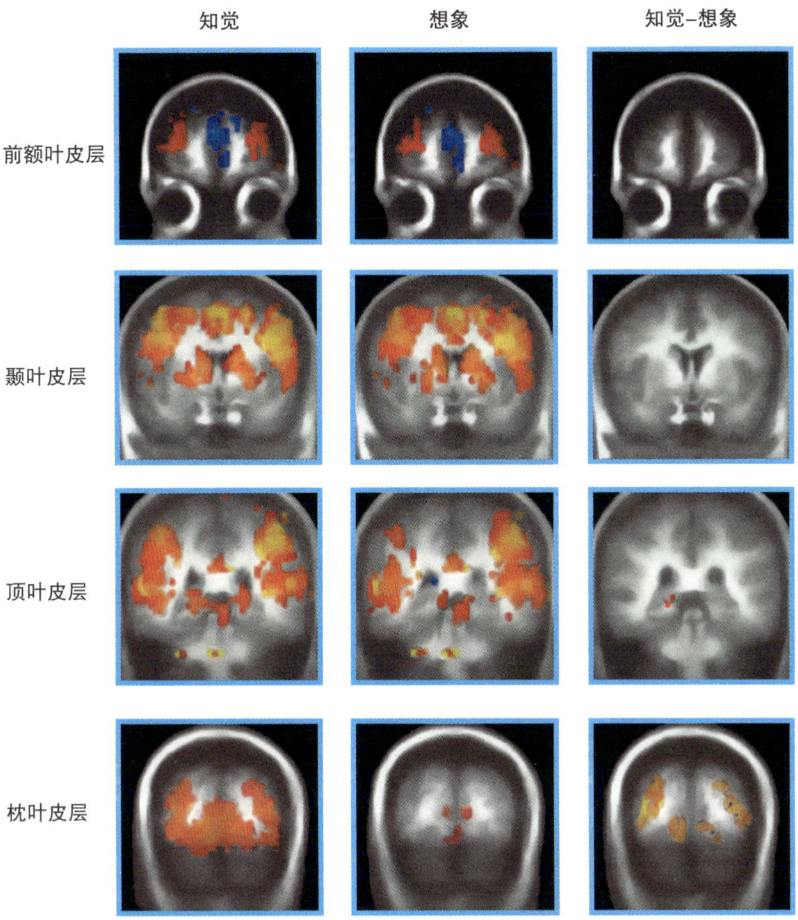

图 8.10　视觉表象的脑基础

该图呈现的是参与者执行知觉任务或想象任务时的 fMRI 扫描结果。左边和中间的纵列分别代表完成知觉和想象任务时的脑活动：红色、橙色或黄色表示相对基线水平（没有执行任务时）更活跃的脑区，蓝色则表示更不活跃的脑区。右边的纵列表示受知觉任务而不受想象任务影响的脑区。扫描结果表明知觉和想象共用了很多脑区。（见正文第 154 页）

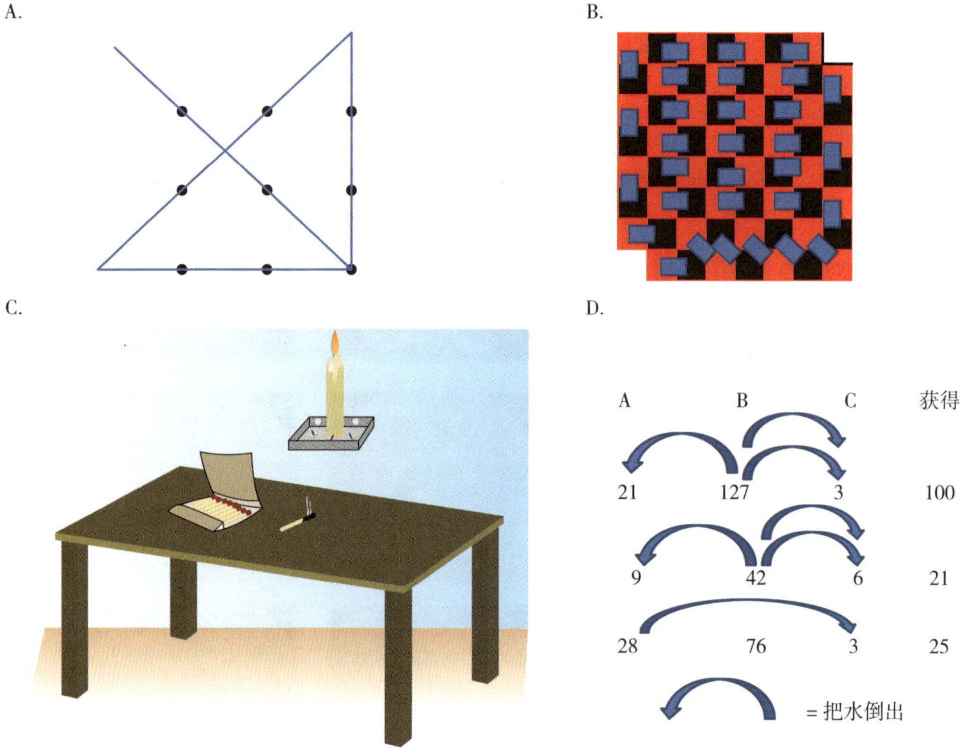

图 8.13　上述经典问题的答案

你做得怎么样？下文讲到问题解决和推理过程时我们将再次回到这些问题。（见正文第 158 页）

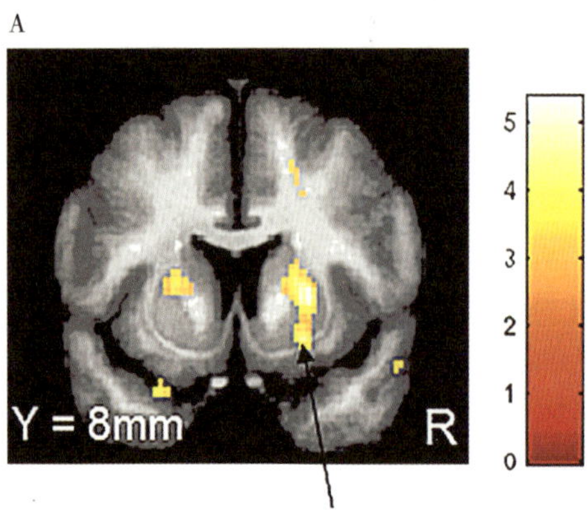

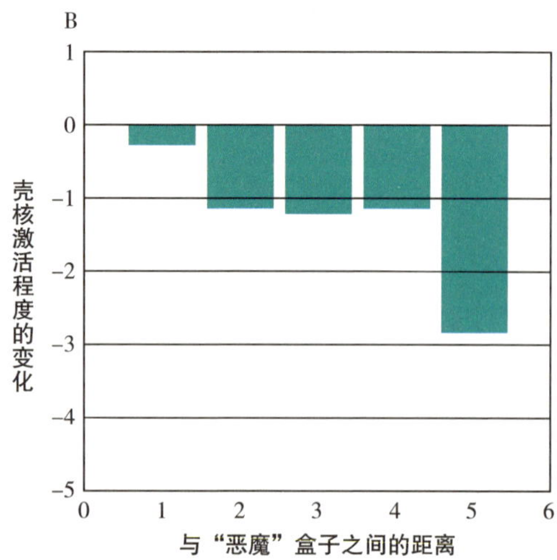

图 8.18　脑对错失机会的反应

参与者完成一项会错失相对较少或较多机会的任务。当错失的机会最多时，壳核的活动变化最大。（见正文第 184 页）

内容提要

《心理学与生活》是心理学导论类教材的典范之作，半个多世纪以来，在全世界心理学界一直享有盛誉。1937 年，美国斯坦福大学的弗洛伊德·鲁赫（Floyd L. Ruch）博士撰写了本书的第 1 版，大获成功，并独自修订至第 7 版。从第 8 版起，被誉为“当代心理学的声音和面孔”的美国社会心理学家菲利普·津巴多（Philip G. Zimbardo）开始加入本书的作者团队，并自第 9 版起成为第一作者。进入 21 世纪，认知心理学硕果累累，日益成为心理学的主流方向。为了使这部经典之作永立时代的潮头，自第 14 版始，津巴多教授盛情邀请耶鲁大学的认知心理学大家理查德·格里格（Richard J. Gerrig）加入，作为本书的第二作者。自第 16 版始，格里格任第一作者，主持本书的修订工作，并在最新的第 20 版成为唯一作者。

我国心理学界许多教师多年来一直将本书作为教材或主要教学参考书，北京大学自 1990 年起就一直采用本书作为普通心理学课程的教材。怀着对我国心理学基础教育和普及的使命感，北京大学心理与认知科学学院（原心理学系）19 位教授通力合作，每人根据自己的研究专长和兴趣，各选取一部分进行了精心翻译。正如时任北大心理学系主任的王垒教授所言：“这部教材的翻译是北大心理学系教授们集体智慧和团队凝聚力的结晶。”《心理学与生活》中译本（第 16 版和第 19 版）在国内出版 20 年来，累计发行突破 150 万册，赢得了广大心理学师生和普通读者的喜爱和认可。

第 20 版既反映了心理学的最新研究进展，也延续了本书一贯的传统——将最重要的心理学见解应用于生活中。相比于第 19 版，第 20 版有了大幅的修订，新增了近 120 个贯穿全书的“研究特写”，新增或修订了“生活中的心理学”与“生活中的批判性思维”两个专栏的主题或内容，更新了数万字正文内容和数百篇参考文献，以反映心理学领域日新月异的发展成果。同时，译者团队和编辑团队以更高更严苛的标准，对原文和译文分别进行了精心翻译和编辑。

由于原书部头比较大，为了方便读者携带和阅读，更好地满足不同读者的需求，我们将全书分拆为 4 册出版，分别对应原书第 1~5 章、第 6~9 章、第 10~13 章和第 14~16 章。本书为第 2 册，涵盖了学习、记忆、认知过程、智力与智力测量等内容。

目　录

前　言

教授心理学导论是每一位从事教学的心理学工作者面临的巨大挑战之一。事实上，由于这门课的主题涉及的范围极广，所以它可能是整个学术界最难教的课程。这门课既要涵盖对神经细胞活动的微观分析，也要包括对文化体系的宏观分析；不仅要展现健康心理学的活力，还需涉及精神疾病导致的人生悲剧。我们在写这本书时也面临着与教学同样的挑战，就是要赋予所有这些信息以形式和实质，而且还要将它们论述得生动有趣。

学生们常常带着一些错误的心理学观念来到我们的课堂上，这些错误观念来自“通俗心理学”（pop psychology）对我们社会的灌输。学生们还对他们能从心理学课程中获得的收益抱有很高的期望——他们希望能学到很多对个人有价值且有助于改善日常生活的知识。事实上，这对任何一位教师来说都是一项艰巨的任务。但我相信，你面前的这本《心理学与生活》能助你一臂之力。

我的目标一直是希望读者在通过本书学习心理学众多领域中那些激动人心和与众不同的内容时，能够真正享受阅读的乐趣。每个章节，每个句子，我都力图使之通俗易懂，引人入胜。同时，对于那些既重视研究又兼顾应用的教师，我还着力使本书能在他们的教学大纲中充分发挥作用。

《心理学与生活》的这个第 20 版虽然只有一位作者，但它保留了理查德·格里格（Richard J. Gerrig）与菲利普·津巴多（Philip G. Zimbardo）合作之初的构想。我们之所以能够建立稳固的合作关系，是因为我们都致力于将心理学作为一门与人类幸福密切相关的科学来传授。我和菲利普·津巴多都将自己的教学经验融入了本书，努力处理好科学的严谨性和心理学在现代生活中的实用性之间的平衡。这个第 20 版仍然延续了《心理学与生活》的传统——将最重要的心理学见解应用于你们的生活中。

教科书的主题：心理学是一门科学

《心理学与生活》就是要用坚实的科学研究来与心理学中那些错误的观念展开针锋相对的斗争。以我当教师的经验，教授心理学导论最可能出现的情况之一是，学生们会提出诸多对他们而言十分急迫的问题：

- 我母亲在服用百优解（Prozac），我们会学习这方面的内容吗?
- 你会教我们如何把功课学得更好吗?
- 我必须送儿子上日托才能返回学校学习，这样做对孩子是否妥当?
- 如果有朋友和我谈论自杀，我该怎么做?

令人欣慰的是，这些问题如今都已经有了严格的观察或实验研究。《心理学与生活》致力于科学分析读者们最关心的问题。因此，本书专栏的宗旨是：心理学是一门科学，同时关注这门科学在生活中的应用。

生活中的批判性思维

《心理学与生活》的一个重要目标就是教授心理学论证的科学基础。当学生们提出问题时，他们往往已经从大众媒体那里获得的信息中得出了部分答案。这类信息有的是准确的，但学生们常常不知道如何去理解它们。他们怎样才能学会解释和评价从媒体中听来的信息呢?

怎样才能明智地甄别那些浩如烟海的研究和调查呢？怎样才能判断这些信息来源是否可靠？为了抵制媒体对所谓的可靠研究的灌输，本书将向读者提供科学的工具，通过这些工具，他们能批判性地思考周围的信息，并得出符合研究目的和方法的结论。

“生活中的批判性思维”这个专栏力图使读者直面批判性结论的实验基础。其意图不是说每个专栏都对某个研究领域提供了确凿无疑的答案，而是邀请读者进行批判性思考，进一步提出更深入的问题。

每一章的“生活中的批判性思维”主题如下：

什么时候“暂停”可以改变孩子的行为（第 6 章）

记忆研究如何帮助你准备考试（第 7 章）

人为什么说谎，如何说谎（第 8 章）

为什么聪明的人更长寿（第 9 章）

生活中的心理学

我在上面罗列的都是现实中学生们提出的真实问题，都可以从本书中找到答案。这些都是多年来从学生那里收集来的具有代表性的问题。本书还采用“生活中的心理学”专栏的形式来展示和回答学生想知道的那些心理学知识，这个专栏也一直广受欢迎。我希望，通过阅读和学习专栏中的每个例子，读者能发现究竟为何心理学知识与他们日常生活中所做的决定直接相关。

每一章的“生活中的心理学”主题如下：

经典条件作用怎样影响癌症治疗（第 6 章）

你如何从“测试效应”中获益（第 7 章）

如何才能变得更富创造性（第 8 章）

高智力个体的脑有何不同之处（第 9 章）

研究特写

“研究特写”专栏介绍的那些重要研究，突出展示了心理学研究是如何开展以及为何开展的。这些研究被整合进了正文中，使得读者能够在上下文中充分理解它们的影响。这些研究的主题包括成年大鼠视皮层的可塑性，冥想对脑结构的影响，文化对判断典型类别成员的影响，情绪唤起对记忆的影响，学术情境中的自我妨碍，儿童焦虑障碍的家庭治疗，认知失调的跨文化差异，以及内隐偏见的后果，等等。全书共有近 120 个研究特写，其中许多都是新增的或为本版修订的。

教学专栏

半个多世纪以来，《心理学与生活》以具有挑战性，同时又为广大学生易于理解的方式介绍心理科学而久负盛名，第 20 版也不例外。为了提升学生们的学习体验，本书加入了一些教学专栏：

- *停下来检查一下*。这个专栏出现在每一主要章节的末尾，为学生提供了一些激发思考的问题，在继续阅读下一章节之前检验他们对内容的掌握情况。这些问题的答案见本书附录。
- *要点重述*。各章的结束部分是该章的总结，即*要点重述*，总结了该章的内容，是根据主要章节的标题来组织的。
- *关键术语*。关键术语在正文中以黑体字出现，而且注明了英文原文，每一章的结尾列出了本章所有的关键术语。

第 20 版的更新内容

各章变化

第 6 章

- 新增“生活中的批判性思维：什么时候‘暂停’可以改变孩子的行为”

- 更新“生活中的心理学：经典条件作用怎样影响癌症治疗”中的研究
- 将生物制约性整合进有关经典条件作用和操作性条件作用的章节
- 新增的“研究特写”：
  - “温度和味道在条件性厌恶中的交互作用”（Smith et al., 2010）
  - “测试鸽子在变化探测任务上的记忆”（Wright et al., 2010）

第 7 章

- 新增“生活中的心理学：你如何才能从‘测试效应’中获益”
- 新增关于工作记忆容量的研究（Kleider et al., 2010; Sörqvist et al., 2010）
- 采用新研究修订有关加工和内隐记忆的章节（Eich & Metcalfe, 2009）
- 新增有关学习判断的内容
- 新增的“研究特写”：
  - “在教室里写下对测试的担忧能提高考试成绩”（Ramirez & Beilock, 2011）
  - “概念的长期内隐记忆：10 年的证据”（Thomson et al., 2010）
  - “防止共同目击者污染：努力减少讨论目击者记忆所带来的负面影响”（Paterson et al., 2011）
  - “面孔特别但又不太过特别：遗忘症患者受损的面孔再认是基于熟悉性”（Aly et al., 2010）

第 8 章

- 更新“生活中的批判性思维：人为什么说谎，如何说谎”中的研究
- 新增对毗拉哈人的语言和思维的讨论
- 新增有关信念偏差效应的研究（Dube et al., 2010）
- 将有关创造性的章节移至本章
- 新增有关锚定启发式的研究（Adaval & Wyer, 2011）

- 新增的“研究特写”：
  - “口语交流中减少信息：说者图自己方便，还是受听者影响？”（Galati & Brennan, 2010）
  - “谁是‘真凶’？目击者记忆的跨语言差异”（Fausey & Boroditsky, 2011）
  - “以愉快收场：给辛苦的学习一个更好的结尾”（Finn, 2010）
  - “腹侧纹状体的信号变化代表错失的机会，并能预测未来的选择”（Büchel et al., 2011）

第 9 章

- 新增“生活中的批判性思维：为什么聪明的人更长寿”
- 新增“生活中的心理学：高智力个体的脑有何独特之处”
- 更新关于智力缺陷的内容
- 新增对斯滕伯格和加德纳智力理论的批评
- 新增有关遗传与环境交互作用的研究（Tucker-Drob et al., 2011）
- 新增有关对儿童早期干预项目评估的研究（Lee, 2011; Zhai et al., 2011）
- 新增的“研究特写”：
  - “企业家的实践智力：实践智力的前身及其与新的业务增长之间的关系”（Baum et al., 2011）
  - “体育领域的特质性情绪智力：通过心率变化起到对抗应激的保护作用”（Laborde et al., 2011）

个人致谢

尽管甲壳虫乐队可能在朋友们很少的帮助下就获得了成功，但这一版《心理学与生活》的修订和出版却是在许多同事和朋友的大力协助下才得以完成的。我要特别感谢 Brenda Anderson, Ruth Beyth-Marom, Susan Brennan, Turhan Canli, Joanne Davila, Anna Floyd, Tony

Freitas, Paul Kaplan, Daniel Klein, Anne Moyer, Timothy Peterson, Suzanne Riela, John Robinson, 以及 Aimée Surprenant。

我还要感谢本版和前几版的诸多审稿人，他们仔细阅读了初稿并且给出了有价值的反馈。

Nancy Adams, Marshalltown Community College
Debra Ainbinder, Lynn University
Robert M. Arkin, Ohio State University
Trey Asbury, Campbell University
Gordon Atlas, Alfred University
Lori L. Badura, State University of New York at Buffalo
David Barkmeier, Northeastern University
Tanner Bateman, Virginia Tech
Darryl K. Beale, Cerritos College
N. Jay Bean, Vassar College
Susan Hart Bell, Georgetown College
Danny Benbassat, George Washington University
Stephen La Berge, Stanford University
Karl Blendell, Siena College
Michael Bloch, University of San Francisco
Richard Bowen, Loyola University
Mike Boyes, University of Calgary
Wayne Briner, University of Nebraska at Kearney
D. Cody Brooks, Denison University
Thomas Brothen, University of Minnesota
Christina Brown, Saint Louis University
Sarah A. Burnett, Rice University
Brad J. Bushman, Iowa State University
Jennifer L. Butler, Case Western Reserve University
James Calhoun, University of Georgia
Timothy Cannon, University of Scranton
Marc Carter, Hofstra University
John Caruso, University of Massachusetts-Dartmouth
Dennis Cogan, Texas Tech University
Sheree Dukes Conrad, University of Massachusetts-Boston
Randolph R. Cornelius, Vassar College
Leslie D. Cramblet, Northern Arizona University
Catherine E. Creeley, University of Missouri
Lawrence Dachowski, Tulane University
Mark Dombeck, Idaho State University
Wendy Domjan, University of Texas at Austin
Dale Doty, Monroe Community College
Victor Duarte, North Idaho College
Linda Dunlap, Marist College
Tami Egglesten, McKendree College
Kenneth Elliott, University of Maine at Augusta
Matthew Erdelyi, Brooklyn College, CUNY
Michael Faber, University of New Hampshire
Valeri Farmer-Dougan, Illinois State University

Trudi Feinstein, Boston University
Mark B. Fineman, Southern Connecticut State University
Diane Finley, Prince George Community College
Kathleen A. Flannery, Saint Anselm College
Lisa Fournier, Washington State University
Traci Fraley, College of Charleston
Rita Frank, Virginia Wesleyan College
Nancy Franklin, Stony Brook University
Ronald Friedman, University at Albany
Eugene H. Galluscio, Clemson University
Preston E. Garraghty, Indiana University
Adam Goodie, University of Georgia
Ruthanna Gordon, Illinois Institute of Technology
Peter Gram, Pensacola Junior College
Jeremy Gray, Yale University
W. Lawrence Gulick, University of Delaware
Pryor Hale, Piedmont Virginia Community College
Rebecca Hellams, Southeast Community College
Jacqueline L. Hess, University of Indianapolis
Dong Hodge, Dyersburg State Community College
Lindsey Hogan, University of North Texas
Rebecca Hoss, College of Saint Mary
Mark Hoyert, Indiana University Northwest
Herman Huber, College of St. Elizabeth
Richard A. Hudiburg, University of North Alabama
James D. Jackson, Lehigh University
Stanley J. Jackson, Westfield State College
Tim Jay, Massachusetts College of Liberal Arts
Matthew Johnson, University of Vermont
Seth Kalichman, Georgia State University
Colin Key, University of Tennessee at Martin
Mark Kline, Indiana University
Jennifer Trich Kremer, Pennsylvania State University
Andrea L. Lassiter, Minnesota State University
Mark Laumakis, San Diego State University
Charles F. Levinthal, Hofstra University
Suzanne B. Lovett, Bowdoin College
Carrie Lukens, Quinnipiac University
Tracy Luster, Mount San Jacinto College
M. Kimberley Maclin, University of Northern Iowa
Gregory G. Manley, University of Texas at San Antonio
Leonard S. Mark, Miami University
Michael R. Markham, Florida International University
Karen Marsh, University of Minnesota, Duluth
Kathleen Martynowicz, Colorado Northwestern Community College
Laura May, University of South Carolina-Aiken
Dawn McBride, Illinois State University
Michael McCall, Ithaca College
Mary McCaslin, University of Arizona
David McDonald, University of Missouri
Mark McKellop, Juniata College
Lori Metcalf, Gatson College
Greg L. Miller, Stanford University School of Medicine
Karl Minke, University of Hawaii-Honolulu
Charles D. Miron, Catonsville Community College
J. L. Motrin, University of Guelph

Anne Moyer, Stony Brook University
Eric S. Murphy, University of Alaska
Kevin O' Neil, Florida Gulf Coast University
Barbara Oswald, Miami University
William Pavot, Southwest State University
Amy R. Pearce, Arkansas State University
Kelly Elizabeth Pelzel, University of Utah
Linda Perrotti, University of Texas at Arlington
Brady J. Phelps, South Dakota State University
Gregory R. Pierce, Hamilton College
William J. Pizzi, Northeastern Illinois University
Mark Plonsky, University of Wisconsin-Stevens Point
Cheryl A. Rickabaugh, University of Redlands
Bret Roark, Oklahoma Baptist University
Rich Robbins, Washburn University
Daniel N. Robinson, Georgetown University
Michael Root, Ohio University
Nicole Ruffin, Hampton University
Nina Rytwinski, Case Western Reserve University
Bernadette Sanchez, DePaul University
Patrick Saxe, State University of New York at New Paltz
Mary Schild, Columbus State University
Katherine Serafine, George Washington University
Elizabeth Sherwin, University of Arkansas-Little Rock
Stu Silverberg, Westmoreland County Community College
Norman R. Simonsen, University of Massachusetts-Amherst
Peggy Skinner, South Plains College
R. H. Starr, Jr., University of Maryland-Baltimore
Weylin Sternglanz, Nova Southeastern University
Priscilla Stillwell, Black River Technical College
Charles Strong, Northwest Mississippi Community College
Dawn Strongin, California State University, Stanislaus
Walter Swap, Tufts University
Jeffrey Wagman, Illinois State University
David Ward, Arkansas Tech University
Douglas Wardell, University of Alberta
Linda Weldon, Essex Community College
Alan J. Whitlock, University of Idaho
Paul Whitney, Washington State University
Allen Wolach, Illinois Institute of Technology
John Wright, Washington State University
John W. Wright, Washington State University
Jim Zacks, Michigan State University

撰写一本范围如此之广的著作无疑是一项艰巨的任务，只有依靠所有这些朋友和同事以及培生教育集团的编辑人员的专业帮助才有可能完成。我衷心感谢他们在本项目的每个阶段作出的宝贵贡献，不仅向他们这个集体表示感谢，还要向其中的个人单独致谢。我要感谢以下培生教育集团的工作人员：Amber Chow，策划编辑；Judy Casillo，执行编辑；Diane Szulecki，助理编辑；Brigeth Rivera，市场经理；Jeanette Koskinas，执行市场经理；以及 Annemarie Franklin，印制经理。

第 6 章

学习与行为分析

设想你正在电影院看一部恐怖电影。当男主人公走向一扇紧闭的房门时，片中音乐变得越来越阴森恐怖。你突然想大喝一声“别进去！”同时，你发现自己心跳加快了。这是为什么？如果你认真思考这个问题，可能会得出答案：“我已经学会电影音乐和电影事件之间的联系，这就是让我紧张的原因！”但之前你曾经想过这样的联系吗？可能没有。不知为什么，只要你看的电影足够多，无须特别的思考你就习得了这种联系。第6章的重要主题就是你在日常经验中不用特别努力就可以学习到的各类联系。

心理学家长期以来一直对学习（即有机体从外界经验中学习的方式）感兴趣。稍后我们将给学习下个更精确的定义。然后，我们将考察学习的两种具体类型：经典条件作用和操作性条件作用。你将看到，每种条件作用都代表有机体获取和使用与其生活环境有关的信息的一种不同方式。对于每种学习类型，我们将不仅描述在实验室中控制其运转的基本机制，也会介绍它在真实生活情境中的应用。

本章还将考察不同物种间学习方式的异同。你将看到，在许多不同的物种中条件作用的基本过程都是相同的。但是你也会发现，学习的某些方面受物种特定的遗传禀赋的限制。此外，你将看到认知（更高级的心理加工）如何影响人类和其他物种的学习过程。

关于学习的研究

在探讨学习之前，我们先给学习下个定义。然后我们考虑学习的两种基本形式。在本节最后我们会简述关于这一主题的心理学研究的历史。

什么是学习

学习（learning）是基于经验而使行为或行为潜能发生相对一致变化的过程。让我们更仔细地看看这一定义的三个关键部分。

基于经验的过程　学习只有通过经验才能发生。经验包括吸收信息（以及评估和转换信息）和做出影响环境的反应。学习包括受记忆中的经验教训影响的反应。习得的行为既不包括因为有机体年龄增长而出现的身体成熟或大脑发育所带来的变化，也不包括因疾病或脑损伤而引起的变化。某些持久的行为改变需要有机体足够成熟之后的经验才能发生。例如，思考一下婴儿何时准备好了爬、站、走、跑以及进行如厕训练。在儿童足够成熟之前，任何训练或者练习都无法使其产生这些行为。心理学家特别感兴趣的问题是，行为的哪些方面能够通过经验而改变，以及这些改变是如何发生的。

行为或行为潜能的变化　很显然，当你能够展示你的成绩，如开车或发短信时，学习便已经发生了。你无法直接观察学习本身（你通常不能看见你脑内的变化），但学习从你行为表现的进步中显而易见。不过，通常你的行为表现并不能显示出你学到的全部内容。有时候你形成了大体的态度，比如对现代艺术的欣赏或对东方哲学的领悟，这些并不一定在你可测量的行动中表现出来。在这些情形中，你获得的是一种改变行为的潜能，因为你学到的态度和价值观能影响你读什么样的书或怎样打发你的闲暇时光。这就是**学习—行为表现差异**（learning-performance distinction）的一个例子，即你学到的和你在外显行为中表

芭蕾舞者一致的舞姿如何符合学习的定义？

现出来的内容之间的差异。

相对一致的变化 要称得上发生了学习，行为或行为潜能的变化必须能在不同场合表现出相对一致性。比如，一旦你学会了游泳，你将可能一直会游泳。值得注意的是，一致的变化并非总是永久性变化。例如，如果你每天都练飞镖，你会成为一个水平相当稳定的飞镖手。然而，如果你放弃了这项运动，你的技能水平可能就会滑向初始水平。但如果你曾一度是一个冠军级的飞镖手，你再次学起来就会很容易。一些先前经验中的东西“保存”了下来。从这种意义上说，变化又可能是永久的。

习惯化和敏感化 为了帮助你掌握学习的定义，我们将描述学习的两种基本形式：习惯化和敏感化。假设你在查看一张愉悦场景的照片，比如滑水或冲浪。你第一次看到这张照片时，可能会产生相当强烈的情绪反应。然而，当你在短时间内连续看了很多次之后，你的情绪反应就会随时间逐渐变弱（Leventhal et al., 2007）。这就是**习惯化**（habituation）的一个例子：当刺激重复呈现时，你的行为反应会变弱。习惯化可以帮助你把注意焦点放在环境中的新异事件上——你不必把行为消耗在对那些陈旧刺激的重复反应上。

注意一下习惯化为何符合学习的定义。这里的行为改变（你的情绪反应变弱）是基于经验的（你重复看了这个画面），并且行为改变是一致的（你不会回到最初的情绪反应水平）。然而，情绪反应的变化不太可能是永久的。如果你在足够长的时间之后再看这张照片，你可能会发现它又能唤起强烈的情绪反应。

当**敏感化**（sensitization）发生时，你对重复出现的刺激的反应会变得更强烈，而不是更弱。例如，假设你在短时间内连续体验了几次同样的疼痛刺激。尽管刺激的强度保持不变，你也会报告最后一次刺激的疼痛感要比第一次强（Woolf, 2011）。敏感化同样符合学习的定义，因为世界中的经验（重复体验疼痛刺激）导致行为反应的一致变化（报告疼痛更强）。你可能想知道什么决定人们对不同刺激的反应是习惯化还是敏感化。一般来说，敏感化在刺激很强烈或令人不适时更可能发生。

行为主义与行为分析

现代心理学关于学习的许多观点都可以在**约翰·华生**（John Watson, 1878—1958）的作品中找到根源。华生创立了我们称之为行为主义的心理学流派。华生在 1919 年出版的《一个行为主义者眼中的心理学》一书中阐述了行为主义，自此之后美国心理学被行为主义观点统治了近 50 年。华生认为，内省（人们对感觉、表象和情感的言语报告）并不能作为一种研究行为的方法，因为它太主观了。科学家如何能够验证这种私人经验的准确性？然而，一旦我们放弃内省法，心理学的研究内容又该是什么呢？华生认为是可观察的行为。用华生的话来说，“意识状态，如所谓的精神现象，是无法被客观证实的，由于这一原因，它永远不能成为可供科学研究的资料”（Watson, 1919, p. 1）。华生还将心理学的首要目标定义为“预测和控制行为”（Watson, 1913, p. 158）。

斯金纳（B. F. Skinner, 1904—1990）继承了华生的事业并扩展了他的理论。在读过华生 1924 年的《行为主义》一书后，斯金纳开始在哈佛大学攻读心理学研究生，期间他开展的研究为他后来的观点奠定了基础。随着时间的推移，斯金纳形成了一种被称为激进行为主义的立场。斯金纳认同华生对内部状态和心理事件的不满。但是，斯金纳主要关注的不是它们作为科学数据的合理性，而是它们作为行为之原因的合理性（Skinner, 1990）。按照斯金纳的观点，心理事件（如思维和想象）并不能引起行为。相反，它们都是环境刺激所引起的行为的例子。

斯金纳扩展了华生的观点并将其应用于广泛的行为领域。为什么斯金纳的心理学侧重于环境事件，而不是内部状态？

假设我们在24小时里不让一只鸽子进食，然后把它放进一个让它可以通过啄食小圆盘来获得食物的设备里，我们发现鸽子很快就学会这么做了。斯金纳认为，鸽子的行为可以完全用环境事件（食物剥夺和以食物作为强化物）来解释。不能被直接观察和测量的主观饥饿感，并不是产生行为的原因，而是食物剥夺的结果。要解释鸽子所做的事情，你不必理解任何有关其内部心理状态的描述——你只需理解让鸽子在行为与奖赏之间形成联结的学习原则就可以了。这就是斯金纳式行为主义的精髓。

斯金纳创立的这一行为主义流派是**行为分析**（behavior analysis）的原始哲学基础，这一心理学领域强调寻找学习和行为的环境决定因子（Cooper et al., 2007）。一般而言，行为分析家试图去发现，在具有可比性的情境下，适用于包括人类在内的所有动物的普遍学习规律。这就是为什么开展非人类动物研究对该领域的进展一直非常重要。复杂形式的学习与简单学习过程没有质的区别，而是代表着简单学习过程的组合和精细化。在接下来的部分，我们将描述经典条件作用和操作性条件作用——产生复杂行为的两种简单学习形式。

STOP 停下来检查一下

❶ 学习—行为表现差异是什么意思？

❷ 习惯化的定义是什么？

❸ 为什么华生强调对可观察行为的研究？

❹ 行为分析的一个主要目标是什么？

经典条件作用：学习可预期的信号

再次设想你正在看那部恐怖电影。当声音预示着男主人公要遇上麻烦时，为何你心跳加速？当一个环境事件（如可怕的音乐）与另一个环境事件（如可怕的视觉场景）相关联时，你的身体通过某种方式学会了产生生理反应（心跳加速）。这种类型的学习被称为**经典条件作用**（classical conditioning）——由一个刺激或事件预示另一个刺激或事件即将到来的基本学习形式。有机体学会在两个刺激（一个先前不能诱发反应的刺激和一个天生能诱发反应的刺激）之间形成一种新的联结。正如你将看到的，将环境中的成对事件迅速联系在一起的先天能力具有深刻的行为意义。

巴甫洛夫的意外发现

首个严格的经典条件作用研究源于心理学中可能最著名的一次意外事件。俄国生理学家**伊万·巴甫洛夫**（Ivan Pavlov, 1849—1936）并未打算研究经典条件作用或任何其他心理现象。他在进行消化研究时偶然发现了经典条件作用，而他的消化研究于 1904 年获得了诺贝尔奖。

巴甫洛夫开发了一项技术来研究狗的消化过程：他在狗的腺体和消化器官中植入管子，将其中的分泌液导入体外的容器里，这样就可以对分泌液进行测量和分析了。为了让狗产生分泌液，巴甫洛夫的助手要把肉末放到狗的嘴里。这种程序重复几次以后，巴甫洛夫观察到狗表现出一个他未曾料到的行为——它们在肉末放进嘴

生理学家伊万·巴甫洛夫（与他的研究团队）在做消化功能的研究时，观察到了经典条件作用。巴甫洛夫对这种学习类型的研究有哪些主要的贡献？

里之前就开始分泌唾液了！它们仅仅在看见食物，后来在看到拿着食物的助手，甚至仅仅听见助手走过来的脚步声时，就开始分泌唾液了。事实上，任何先于食物出现的刺激往往都能诱发唾液分泌。非常偶然地，巴甫洛夫观察到学习可能是两种刺激相互关联的结果。

幸运的是，巴甫洛夫具有科学研究的技能和好奇心，他开始对这一奇怪现象进行严格的探索。当时的著名生理学家查尔斯·谢林顿爵士曾劝告他应该放弃对这种“心理的”分泌进行愚蠢的研究，但巴甫洛夫对此置之不理。相反，他放弃了自己对消化功能的研究，并因此永远地改变了心理学的进程（Pavlov, 1928）。巴甫洛夫后来一直在努力寻找影响经典条件作用的各种变量。由于主要的条件作用现象是巴甫洛夫发现的，也由于他在追踪影响条件作用之变量方面的卓越贡献，经典条件作用也被人们称为巴甫洛夫条件作用。

巴甫洛夫相当丰富的研究经验，使他能够遵循一个简单而精妙的策略去发现能使他的狗条件性地分泌唾液所必需的条件。如图 6.1 所示，实验时先给狗带上一个束缚它的挽具。以固定的时间间隔呈现一种刺激，如一个声音，然后再给狗一点食物。重要的是，在此之前，对狗而言声音与食物和分泌唾液没有任何关系。你可能会想到，狗对声音最初的反应仅仅是一个定向反应——竖起耳朵，转动脑袋，对声音进行定位。然而，随着声音反复在食物出现之前响起，定向反应停止了，唾液分泌反应开始出现。巴甫洛夫在先前的研究中观察到的现象并非偶然：在受控条件下，这种现象能够被重复。巴甫洛夫采用多种其他的中性刺激（相对于分泌唾液来说），如灯光和滴答作响的节拍器，证明了这

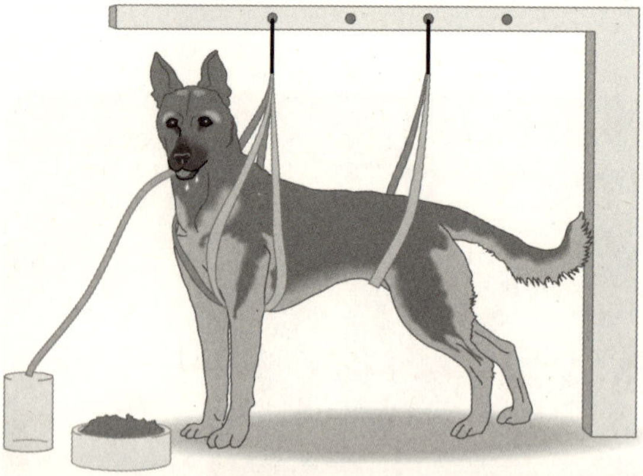

图 6.1 巴甫洛夫最初的研究程序

巴甫洛夫在最初的实验里使用了各种刺激（如纯音、铃声、灯光以及节拍器）作为中性刺激。实验者先呈现其中一种中性刺激，然后呈现食物。狗的唾液用一个导管来收集。

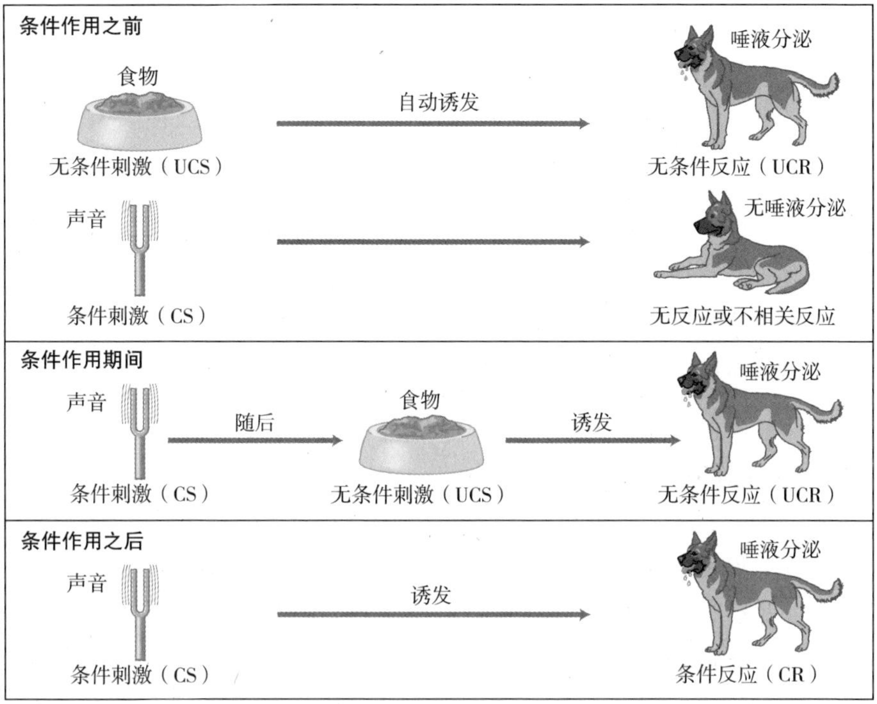

图 6.2　经典条件作用的基本特征

在条件作用之前，无条件刺激会自然地引发无条件反应，声音之类的中性刺激不会引发这种反应。在条件作用期间，中性刺激与无条件刺激相伴出现。中性刺激通过与无条件刺激联结变成了条件刺激，进而引发与无条件反应类似的条件反应。

种效应的普遍性。

巴甫洛夫经典条件作用程序的主要特征如**图 6.2** 所示。经典条件作用的核心是反射性反应，如分泌唾液、收缩瞳孔、膝跳反应或眨眼睛。**反射**（reflex）是一种由对有机体有生物学意义的特定刺激所自然诱发的反应。任何能自然地诱发反射行为的刺激（如巴甫洛夫实验中所用的食物）都称为**无条件刺激**（unconditioned stimulus, UCS），因为学习并非刺激控制行为的必要条件。由无条件刺激诱发的行为称为**无条件反应**（unconditioned response, UCR）。

在巴甫洛夫的实验中，灯光和声音等刺激一开始并没有触发唾液分泌的反射反应。然而随着时间推移，每个中性刺激反复与无条件刺激配对出现。这些中性刺激就成为**条件刺激**（conditioned stimulus, CS），它诱发行为的力量是以其与 UCS 的联系为条件的。经过若干次配对之后，CS 将引发**条件反应**（conditioned response, CR）。条件反应作为学习的结果是由条件刺激所诱发的任何反应，我们将在本节后面提供几个例子。让我们复习一下。有机体生就具有 UCS—UCR 联结，而经典条件作用下的学习创造了 CS—CR 联结。条件刺激获得了最初只有无条件刺激才具备的、影响行为的某些力量。现在让我们更仔细地看看经典条件作用的基本过程。

条件作用的过程

巴甫洛夫最初的实验激发了关于经典条件反应怎样出现和消失的大量研究。本节我们将回顾研究者得出的关于经典条件作用基本过程的一些重要结论，这些结论来自成百上千的针对各种动物物种的不同研究。

习得与消退　**图 6.3** 显示了一个假设的经典条件作用实验。第一栏内

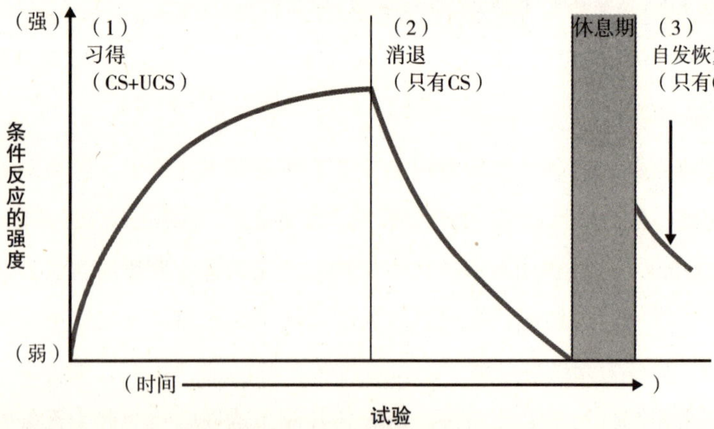

图 6.3　**经典条件作用的习得、消退和自发恢复**

习得期间（CS+UCS），CR 的强度迅速增加。消退期间，UCS 不再跟随 CS 出现，CR 的强度下降至零。经过一段短暂的休息之后，CR 可能会重新出现，即使 UCS 仍未出现。CR 的重现被称为自发恢复。

显示的是条件反应的**习得**（acquisition），即 CR 首次被诱发出来并且在重复试验中频率不断增加的过程。一般说来，CS 和 UCS 必须多次配对，才能可靠地诱发 CR。通过系统的 CS—UCS 配对，CR 被诱发出来的频率越来越高，于是便可以说有机体习得了条件反应。

在经典条件作用中，时机非常关键，这和讲笑话是一个道理。CS 和 UCS 的呈现必须在时间上足够接近，才能使有机体知觉到它们是相关联的。（我们在后面讨论味觉—厌恶学习时会讲述该规则的一个例外。）研究者们探讨了这两个刺激之间的四种时间模式，如**图 6.4** 所示（Hearst, 1988）。应用最广泛的一种条件作用类型是*延迟条件作用*，在这种条件作用中，CS 先出现并至少持续到 UCS 出现。在*痕迹条件作用*中，CS 在 UCS 呈现之前被取消。*痕迹*指的是有机体对 UCS 出现时已经消失的 CS 的记忆。在*同时性条件作用*中，CS 和 UCS 是同时呈现的。最后，在*倒摄条件作用*中，CS 出现在 UCS 之后。

通常，条件作用在延迟条件作用范式中且 CS 和 UCS 间隔时间短的情况下最有效。不过，产生最佳条件作用的 CS 和 UCS 之间的确切时间间隔取决于几个因素，包括 CS 的强度和被条件化的反应的类型。

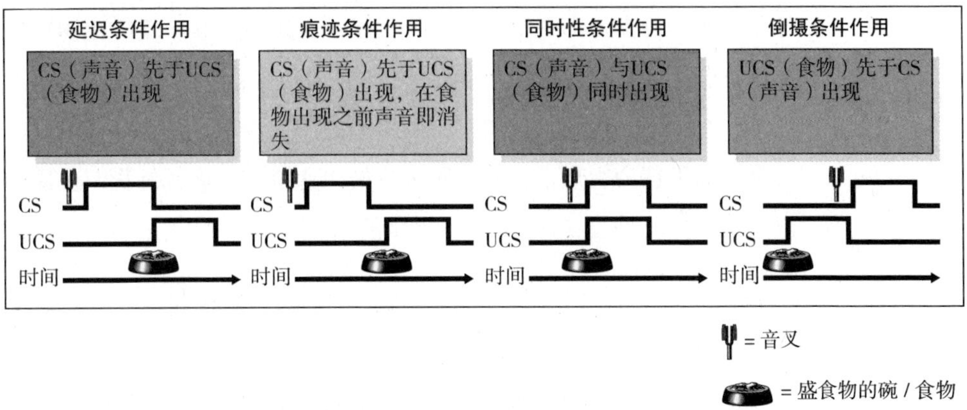

图 6.4　经典条件作用中 CS—UCS 时间安排的四种变式

研究者探讨了 CS 和 UCS 之间四种可能的时间安排。通常，条件作用在 CS 开始呈现到 UCS 开始呈现间隔很短的延迟条件作用模式下最有效。

资料来源：Baron, Robert A., *Psychology*, 5th Edition., © 2001. Printed and electronically reproduced by permission of Pearson Education Inc., Upper Saddle River, New Jersey.

让我们重点看看被条件化的反应。对于肌肉反应来说，如眨眼，1 秒或再短一点的时间间隔为最佳。但是，对于内脏反应而言，如心率和唾液分泌，5 秒到 15 秒的较长一点的时间间隔效果最好。

同时性条件作用的效果通常都较差，而倒摄条件作用则更差。倒摄条件反应在 UCS 和 CS 的几次配对后可能会出现，但大量训练后它就消失了，因为动物认识到在 CS 之后的一段时间里并没有 UCS 出现。这两种情形下，条件作用都很弱，因为 CS 实际上并不能预示 UCS 的出现。（下一节我们将再次谈到可预见性或相倚的重要性。）

当 CS（例如，声音）不再预示 UCS（食物）时会发生什么？在这类情形下，CR（唾液分泌）会随着时间的推移变得越来越弱，最终不再出现。当呈现 CS（而不呈现 UCS）却不见 CR 时，我们就说**消退**（extinction）过程已经发生了（见图 6.3 第二栏）。这样看来，条件反应并不必然是有机体行为库中的一种永久行为。不过，当 CS 之后再次单独呈现时，CR 又会以一种较弱的形式再次出现（见图 6.3 第三栏）。巴甫洛夫将在经过一段休息期或暂停期且未暴露于 UCS 的情况下 CR 突然重现的现象，称为消退后**自发恢复**（spontaneous recovery）。

当最初的配对在消退发生后又重新恢复时，CR 会迅速变强。这种更快速的再学习即是节省的一个例子：再次习得某一反应比初次习得该反应时所需的时间要少。如此看来，即使实验性消退似乎已将 CR 消除，有机体必然还是保留了一些最初的条件作用。换言之，消退仅仅是削弱了行为表现，并未彻底消除最初的学习。这就是我们在最初定义学习时强调学习和行为表现区别的原因。

刺激泛化 假设我们已经让狗知道某一频率的声音预示着食物的出现。狗的反应会仅局限于该特定刺激吗？答案是否定的。如果你略思考一下，就不会感到奇怪了。一般来说，CS 与 CR 之间一旦建立了条件作用，类似的刺激也可能引发这种反应。例如，如果条件刺激是一个高频声音，那么频率稍低的声音也会诱发条件反应。曾被大狗咬过的小孩很可能对小狗也感到恐惧。条件反应自动扩展到从未与初始

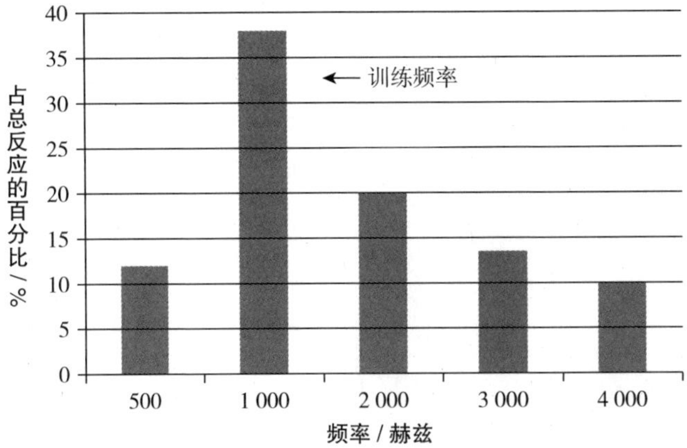

图 6.5 刺激泛化梯度

训练兔子在听到 1 000 赫兹的纯音时产生条件反应（闭上外眼睑）（Siegel et al., 1968）。在消退阶段，仍用训练纯音及与训练音相似度各异的声音对兔子进行测试。与训练音越相似的纯音，兔子产生的条件反应越多。

资料来源：Siegel, S., Hearst, E., George, N., & O'Neal, E. (1968). Generalization gradients obtained from individual subjects following classical conditioning. *Journal of Experimental Psychology, 78*, 171–174.

UCS 配过对的刺激上的现象，叫作**刺激泛化**（stimulus generalization）。新刺激与最初的 CS 越相似，反应就越强。当我们测量在某一维度上差异逐渐增大的刺激所诱发的反应强度时，如**图 6.5** 所示，就能得到一个泛化梯度。

泛化梯度的存在说明了经典条件作用在日常经验中发挥作用的方式。因为重要的刺激在自然界中很少每次都以完全相同的形式出现，所以通过将学习范围扩展到最初的特定经验之外，刺激泛化相当于一种内置的相似性安全系数。借助于该特性，即使新的刺激与同类事件之间存在明显差异，它们也可以被标定为有同样的意义或行为价值。例如即使捕食者发出的声音略有不同，或者被捕食者看到它的角度有差异，被捕食者还是能够识别它并迅速做出反应。

刺激辨别 然而，在某些情况下，有机体只对很小范围内的刺激进行反应是非常重要的。例如，有机体不应该因为过于频繁地逃离那些

为什么曾被一只狗惊吓过的小孩可能会对所有的狗都产生恐惧反应？

与它的天敌仅仅表面相似的动物而使自己精疲力竭。**刺激辨别**（stimulus discrimination）就是有机体学会对某些维度（例如色调或音高）上与 CS 不同的刺激做出不同反应的过程。有机体对相似刺激（例如，1 000、1 200 和 1 500 赫兹的声音）的辨别能力可通过辨别训练得到加强。在辨别训练中，只有一种刺激（如 1 200 赫兹的声音）能够预测 UCS，而其他刺激则在无 UCS 相伴的情况下反复出现。在条件作用的早期阶段，尽管反应不是很强烈，但与 CS 相似的刺激会诱发类似的反应。随着辨别训练的进行，对其他不太相似的刺激的反应会越来越弱：有机体渐渐知道了哪一种事件信号能够预测 UCS 的到来，哪些则不能。

有机体欲在环境中表现出最佳行为，就必须平衡泛化和辨别过程。你既不想选择性过强——意识不到捕食者的存在可能代价惨重；也不想反应过度——如果你害怕每一个阴影，你就会白白浪费时间和精力。经典条件作用提供了一种允许生物体对其环境结构做出有效反应的机制。

习 得

本节我们将更仔细地考察经典条件作用发生所必需的条件。到目前为止，我已经描述了经典条件反应的习得，但尚未对其产生的条件进行详细解释。巴甫洛夫认为，经典条件作用来自 CS 和 UCS 的简单配对。在他看来，如果要使一种反应成为经典条件反应，CS 和 UCS 的出现必须在时间上紧密相连，也就是说在时间上相邻。但是接下来我们将看到，当代的研究已修正了这一观点。

巴甫洛夫的理论一直主导着经典条件作用研究，直到 20 世纪 60 年代中期，**雷斯科拉**（Rescorla, 1966）用狗作为实验对象进行了一个非常有说服力的实验。雷斯科拉利用纯音（CS）和电击（UCS）设计了一个实验。对于一组动物 CS 和 UCS 只是相继出现（详见“研究特写”）——如果巴甫洛夫是正确的，这足以产生经典条件作用；对于另一组动物，纯音能可靠地预测电击的出现。

研究特写

在实验的第一阶段，雷斯科拉训练狗从穿梭箱的一端跳过障碍物到达另一端，以此逃避来自栅格地面的电击（见**图 6.6**）。如果狗不跳，它们就会遭到电击；如果跳过去了，电击将被推迟。雷斯科拉用狗跳过障碍物的频率作为测量恐惧条件作用的指标。

当狗有规律地地跳过障碍物时，雷斯科拉将其分成了两组，让它们接受另一种训练。对于随机组，UCS（电击）的施加是随机的且独立于 CS（声音）（见**图 6.7**）。尽管 CS 和 UCS 的出现在时间上经常很接近——它们偶然会紧接着出现——但 UCS 在没有 CS 和有 CS 呈现的情况下出现的概率是相等的。因此，CS 没有任何预测价值。然而，对于相倚组，UCS 总是出现在 CS 之后。这样，对相倚组而言，声音可以可靠地预测电击的出现。

一旦完成了这种训练，狗就被放回穿梭箱，但这次有点儿变化。现在，在第二次训练程序中使用的声音会偶尔出现，预示着电击出现。这次发生了什么？**图 6.8** 显示当声音出现时，与随机的 CS—UCS 关系中的狗相比，在相倚（可预期的）CS—UCS 关系中的狗跳跃的频率更高。相倚对于狗成功地将声音当作电击的线索至关重要。

图 6.6　穿梭箱

雷斯科拉用狗跳过障碍物的频率来测量恐惧条件作用。

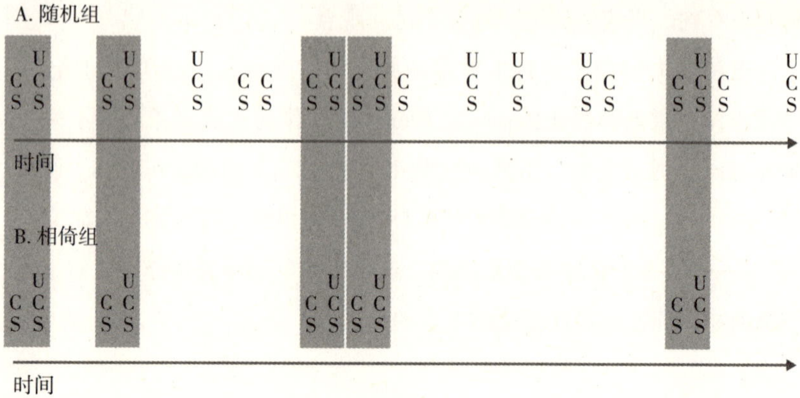

图 6.7 雷斯科拉证明相倚重要性的实验程序

对于随机组，实验者随机呈现 5 秒的声音（CS）和 5 秒钟的电击（UCS）。对于相倚组，狗仅仅经历声音预示电击出现（CS 比 UCS 早呈现 30 秒或更短）的那部分试验。只有相倚组的狗学会了将 CS 和 UCS 联系起来。

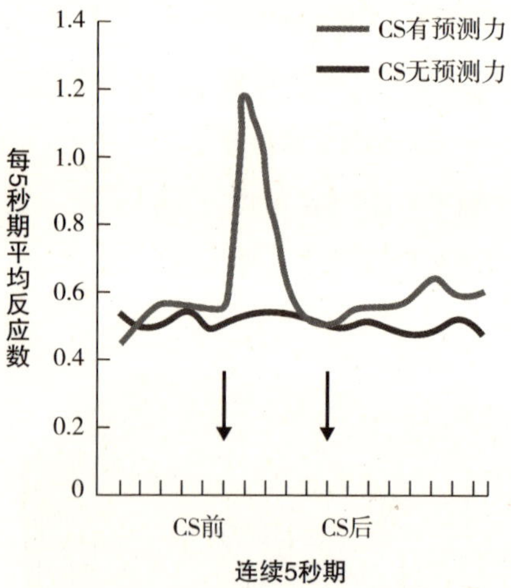

图 6.8 相倚在经典条件作用中的作用

箭头表示为期 5 秒的 CS 纯音的出现和消失。雷斯科拉证明：与在随机而非相倚 CS—UCS 关系中接受训练的狗相比，在相倚 CS—UCS 关系中接受训练的狗在纯音呈现时出现更多的跳跃行为（即条件性恐惧）。

因此，为使经典条件作用能够发生，除了 CS 与 UCS 相继出现（出现的时间接近）以外，CS 还必须可靠地预示 UCS 的出现（Rescorla, 1988）。这一发现很有意义。毕竟，有机体是在自然情境中学习以适应环境变化，而自然情境中的刺激并非像在实验室中那样以简单有序的组合出现，而是成群出现。

刺激作为经典条件作用基础的最后一个要求是：它必须在环境中能够提供信息。考虑这样一个实验情景：大鼠已经习得了声音预示着电击。现在，灯光加了进来，它和声音都在电击前出现。但是，当灯光随后独自出现时，大鼠似乎并未学会灯光预示着电击（Kamin, 1969）。对这些大鼠来说，实验第一阶段对声音的条件作用阻断了随后对灯光的条件作用。从大鼠的角度来看，灯光好像不曾存在；它没有比声音提供更多的信息。信息性的要求可以解释为什么当 CS 从许多可能存在于环境中的其他刺激中突显出来时，条件作用发生得最快。刺激越强，与其他刺激对比越强烈，越容易被注意到。

你可以看到，经典条件作用比巴甫洛夫最初了解到的更加复杂。中性刺激只有在具有适当的相倚性和信息性时，才能成为有效的 CS。现在，请转移一下你的注意力。我们来看看经典条件作用在现实生活中的作用。

经典条件作用的应用

关于经典条件作用的知识可以帮助你理解日常生活中的重要行为。在本节中，我们将帮你认识一些现实世界中有关情绪和个人偏好的例子，它们是此类学习的产物。我们还将探讨经典条件作用对药物成瘾的影响。

情绪和偏好　前面我们曾让你想象你在看恐怖电影时的体验。在那种情形下，你（无意识地）学会了恐怖音乐（CS）与某些可能事件（UCS——恐怖电影中那些能够引起反射性惊恐的事件）的联结。如果你对生活中的事件特别留心，你会发现在很多情况下你无法完全解释为什么自己会有这么强烈的情绪反应，或者为什么自己对某些东西有如此强烈的偏好。你可以问问自己：“这是不是经典条件作用的产物？”

想想以下情境（Rozin & Fallon, 1987; Rozin et al., 1986）：

- 你认为自己愿意吃做成狗屎形状的奶糖吗？
- 如果你知道一个装糖的容器被错误地标成了毒药，你认为你还会愿意喝这里面的糖冲兑的糖水吗？
- 你认为自己愿意喝浸泡过一只已消过毒的蟑螂的苹果汁吗？

如果你对每一种情境都说“决不！”，你其实并非个例。经典条件反应（感到恶心或者危险）胜过了这东西其实没问题的知识。由于经典条件反应不是通过有意识的思维形成的，它们也很难通过有意识的推理来消除！

恐惧条件作用（Hartley et al., 2011; Linnman et al., 2011）是现实世界中研究最广泛的经典条件作用的产物之一。在行为主义的早期，约翰·华生和他的同事罗莎莉·雷纳（Rosalie Rayner）曾试图证明，许多恐惧反应都可以理解为中性刺激与天然引发恐惧的事物配对出现的结果。为检验其观点，他们用一个被称为小阿尔伯特的婴儿进行了实验。

研究特写

华生和雷纳（Watson & Rayner, 1920）训练小阿尔伯特害怕一只他最初曾喜欢的小白鼠，他们将小白鼠的出现与一个令人讨厌的 UCS（用锤子在小阿尔伯特身后敲击一根大钢筋所发出的巨大噪声）配对。对这一有害噪声的无条件惊吓反应和情绪痛苦是小阿尔伯特对小白鼠习得恐惧反应的基础。仅仅经过 7 次试验，小阿尔伯特的恐惧便形成了。当小阿尔伯特学会逃避恐惧刺激时，情绪条件作用便扩展到了行为条件作用。后来，小阿尔伯特习得的恐惧泛化至其他有毛发的东西，如小兔子、小狗，甚至圣诞老人的面具！

约翰·华生和罗莎莉·雷纳是如何运用条件作用使小阿尔伯特害怕毛茸茸的小东西的？

小阿尔伯特的母亲当时在进行实验的医院里做奶妈，她在研究人员试图消除小阿尔伯特的实验性条件恐惧之前，就将他带走了。正如第 2 章提到的那样，心理学研究者必须在一些重要的伦理原则指导下工作。那些原则让他们在回顾华生和雷纳的实验时感到非常不舒服：有伦理道德的研究者绝不会重复这样的实验。

因为华生和雷纳从未公开小阿尔伯特的真实身份，人们一直想知道他后来的生活发生了什么。一组研究人员利用档案材料做了一些“侦查”工作(Beck et al., 2009)。基于这项工作,他们认为小阿尔伯特的真名叫道格拉斯·梅里特，于 1925 年不幸离世。然而，其他研究者并未被这一发现说服(Powell, 2011)。

恐惧条件作用对人们的生活有强烈的影响。单一的创伤性事件可以使你形成强烈的生理、情绪和认知上的条件反应——它们也许持续终生。在第 15 章我们将看到，心理治疗师为这类恐惧设计了一些治疗方案，其目的是对抗经典条件作用的效应。

我们不想让你留下“只有不良反应才会被经典条件化”的印象。实际上，我们猜想你也能将快乐或激动的反应解释为经典条件作用的实例。广告商无疑希望经典条件作用产生积极的影响。例如，他们努力在你的头脑中建立起其产品（如牛仔裤、跑车或软饮料）与激情之间的联系。他们期望广告中的元素（“性感”的人物或情境）能够作为 UCS 引发 UCR（性唤起的感觉）。他们希望产品本身会成为 CS，这样唤起的感觉就与他们的产品联系在一起。要找到更多积极情绪的经典条件作用的例子，留心生活中那些当你再次身临其境时美好的感觉油然而生的情境，比如故地重游。

广告商如何利用经典条件作用让你对他们的产品产生“激情”？

毒品成瘾是一个习得的过程 考虑一下这个场景：一具男性的尸体躺在曼哈顿的一个小巷里，胳膊上插着一支半空的注射器。死因是什么？验尸官声称是毒品注射过量，但这个人平常的注射量远高于他死亡前的注射量。这类事件常使调查者们迷惑不解。一个对毒品有着高耐受性的上瘾者怎么会在一剂还没有注射完时就死于过量?

我们在第 5 章对可能的解释进行了总结，通过对本章的学习，你现在已经掌握了理解这个解释的完整版本所需的概念。许多年前，巴甫洛夫（Pavlov, 1927）和他后来的同事贝可夫（Bykov, 1957）指出，当个体预期到鸦片的药理学作用时，对鸦片的耐受性就会提高。当代研究者**谢泼德·西格尔**（Shepard Siegel）完善了这些观点。西格尔认为，毒品使用的环境是一种条件刺激，在这种环境中身体学会了通过阻止毒品的常规效应来保护自己。当人们使用毒品时，毒品（UCS）会带来某些生理反应，而身体会采取相应的对策，以重建内稳态（见第 3 章）。身体对毒品的这种对抗性反应是无条件反应（UCR）。随着时间的推移，这种补偿反应也变成了条件反应。也就是说，在通常与毒品使用相关的环境中（CS），身体在生理上为毒品的预期效应做好了准备（CR）。在这种环境中，个体必须消耗一定量的毒品来克服补偿反应，然后才能开始出现“正”效应，因而便产生了耐受性。渐渐地，随着条件性补偿反应本身的增强，所需的毒品剂量也越来越大。

西格尔在实验室中通过引发实验鼠对海洛因的耐受性，检验了这些观点。

研究特写

在一项研究中，西格尔和他的同事通过经典条件作用，使大鼠在一种环境（CS_1）中预期注射海洛因（UCS），而在另一种环境（CS_2）中预期注射葡萄糖溶液（Siegel et al., 1982）。在训练的第一阶段，所有大鼠都产生了海洛因耐受性。测试那天，所有大鼠都接受了比平时更大剂量的海洛因——几乎是先前用量的两倍。一半的大鼠在先前给予海洛因的环境中接受注射，另一半则在条件作用阶段给予葡萄糖溶液的环境中接受毒品注射。结果发现，在接受大剂量海洛因注射后，后者的死亡数量是前者的两倍：64% 对 32%！

据推测，那些在平常注射海洛因的环境中接受大剂量注射的大鼠对这一潜在危险事件更有准备，因为这种环境（CS_1）引发了对抗毒品典型效应的生理反应（CR）。

为了弄清类似的过程是否也适用于人类，西格尔和一位同事采访了一些曾因“过量”而濒临死亡的海洛因成瘾者。当事情发生时，他们 10 人中有 7 人是在新的和不熟悉的环境中用药（Siegel, 1984）。虽然这项自然实验没有提供结论性数据，但它表明，吸毒者在一种环境中可以耐受的剂量，在一种不熟悉的环境中也许就成了过量。这种分析使我们可以认为，本小节开头提到的瘾君子可能是因为在一个不熟悉的环境中注射毒品而死亡的。

尽管我们只提到了海洛因研究，但经典条件作用是包括酒精在内的多种物质耐受性的重要成因（Siegel, 2005）。由此可见，巴甫洛夫在狗、铃声和唾液分泌中观察到的原则，同样有助于解释人类毒品成瘾的某些机制。

生物制约性

在你到目前为止看到的经典条件作用的例子中，似乎任何条件刺激（如音叉声）都可以作为任何无条件刺激（如食物）的信号。然而，有些条件作用不仅取决于刺激与行为的关系，还取决于有机体对环境刺激预置的遗传倾向。动物似乎在它们的遗传基因中就已经对最可能预示奖赏或危险的感觉线索类型（如味道、气味或外观）进行了编码。在这些情况下，研究者认为有机体具有**生物学的预备性**：特定物种进化的结果是，其成员只需比正常情况更少的学习经历便能获得条件反应。那些试图武断地打破这些遗传联系的实验者很难成功。在第 14 章我们将看到，研究者认为，人类在生物学上已经为习得对某些刺激物的强烈恐惧（被称为**恐怖症**）做好了准备，因为这些刺激物在人类进化过程中曾带来危险（如蛇和蜘蛛）。在此，我们考虑一个被称为**味觉—厌恶学习**的重要现象，它为经典条件作用的生物制约性提供了一个例子。

想象你会设计什么策略去品尝各种不熟悉的食物的味道。如果你有大鼠的遗传天赋，你做这事就会非常谨慎。出现一种新的食物或味道时，大鼠仅仅吃一点。只有当它没有感到不舒服时，才会回去更多地取食。反过来，假设我们提供的食物有一种新的味道，而它确实让大鼠生病了，它们将再也不会食用有这种味道的食物。这种现象被称为**味觉—厌恶学习**（taste-aversion learning）。由此你可以看到，为什么这种品尝和学习哪种食物安全、哪种食物有毒的遗传能力，对于动物来说具有重大的生存价值。

味觉—厌恶学习是一种非常强大的学习机制。与多数经典条件作用的例子不同，味觉厌恶仅仅通过 CS（新异味道）与其后果（潜在的 UCS——实际引发疾病的成分——导致的结果）的一次配对即可形成。即使大鼠取食该物与它生病之间的时间间隔较长，12 小时或更长，情况也是如此。最后，与许多非常脆弱的经典条件联结不同，只要经历一次，味觉厌恶便能永久保持。为了理解这些有违经典条件作用常规的现象，请再想一想这种机制如何极大地促进了物种生存。

约翰·加西亚（John Garcia）是第一位在实验室中证明味觉—厌恶学习的心理学家，他与同事罗伯特·库林（Robert Koelling）运用这种现象说明，一般而言，动物在生物学上已经做好学习某些关联的准备。他们发现，某些 CS—UCS 组合在特定物种中能形成经典条件作用，但其他组合则不能。

研究特写

加西亚和库林在实验的第一阶段，先让干渴的大鼠熟悉实验情境：舔舐管子会出现三种 CS，即有糖精味的水、噪声和明亮的光。第二阶段，当大鼠舔舐管子时，一半得到了甜水，另一半得到了噪声、灯光和无味水。两组中的每一组又分为两半：一半大鼠被施加电击产生疼痛，另一半大鼠被 X 光照射导致恶心和生病。

之后，将第一阶段大鼠的饮水量与出现疼痛和疾病的第二阶段大鼠的饮水量相比较（见**图 6.9**）。当味道与疾病相关联（味觉厌恶），以及噪声和灯光与疼痛相关联时，饮水量都出现了较大的减少。然而，在另外两种条件下——当味道预示疼痛或当“噪声—光—水”预示疾病时，大鼠的行为只有很小的变化。

这种结果模式表明，大鼠有一种将特定刺激与特定结果相关联的先天偏好（Garcia & Koelling, 1966）。

研究者已将味觉—厌恶学习机制的知识付诸应用。为了阻止郊狼吃绵羊（以及牧羊人开枪射杀狼），约翰·加西亚和他的同事把用羊皮包裹的有毒羊肉汉堡放到羊圈四周。吃到这些羊肉汉堡的狼都生了病，出现呕吐，并立即对羊肉产生了厌恶。后来，它们一看到绵羊就恶心，这使它们远离绵羊而不再攻击它们。

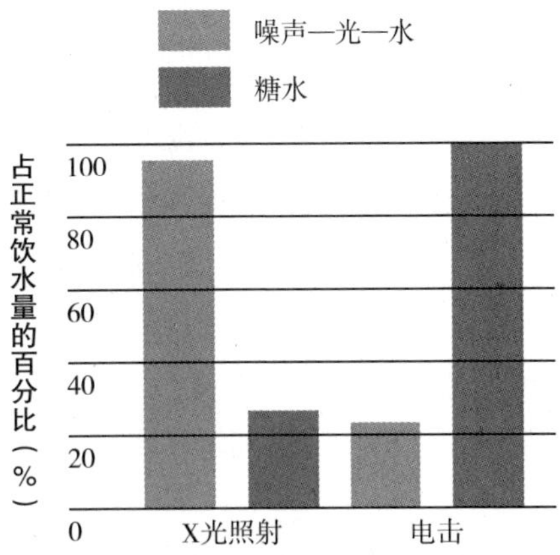

图 6.9　先天偏好

加西亚和库林（Garcia & Koelling, 1966）的研究结果表明，大鼠拥有将某些线索与某些结果联系起来的先天性偏好。当糖水预示着疾病时，大鼠会逃避糖水，但当它预示着电击时，大鼠则无逃避反应。相反，当“噪声—光—水”预示着电击时，大鼠会表现出逃避反应，但当其预示着疾病时，大鼠则无逃避反应。

在关于味觉—厌恶学习的经典研究中，研究者将新奇的味道和那些可使大鼠感觉恶心的东西配对。然而，味觉体验的其他方面也可以导致条件性厌恶，包括食物的温度。

研究特写

在一个预实验中，20 只大鼠可以从两个分别装有 10℃和 40℃水的瓶子里喝水（Smith et al., 2010）。这些大鼠表现出对冷水的一致性偏好。在接下来的实验中，16 只大鼠被分成两组。在喝了冷水后，一组被注射一种使大鼠生病的药物，另一组被注射没有任何负面影响的生理盐水。生病的大鼠出现对冷水的条件性厌恶。尽管它们起初不喜欢温水，但现在它们大多都喝温水。在后续实验中，研究人员引入了新的味道，即甜味。在喝了甜冷水后生病的大鼠，对这种新刺激的两种成分都产生了厌恶：它们之后会避免喝冷水和甜温水。

生活中的心理学

经典条件作用怎样影响癌症治疗

医学研究者在研发更有效的癌症疗法方面取得了巨大的进展。其中的许多疗法涉及化疗——一种杀死或极大弱化癌细胞的药物疗法。化疗病人通常会产生一些不良反应，如恶心和疲劳。你可能会认为那些副作用来自化疗药物的直接作用。尽管部分是这个原因，但研究者认为经典条件作用是使那些副作用长期保持的重要因素（Bovbjerg, 2006; Stockhorset et al., 2006）。

我们来思考一个具体的例子，即预期性恶心：随着癌症治疗的进行，病人甚至在接受化疗药物之前就开始出现恶心和呕吐。经典条件作用可以解释为什么会如此。化疗药物作为无条件刺激（UCS），会引发无条件反应（UCR），即治疗后的恶心。独特的诊所环境可作为一种条件刺激（CS）。在病人多次去诊所治疗的过程中，CS 与 UCS 搭配成对。结果一进入这个诊所，作为一种条件反应（CR），病人马上会体验到预期性恶心。一项对 214 名患者的研究发现，约 10% 的患者出现了预期性恶心（Akechi et al., 2010）。这种情况对他们的生活质量有很大的负面影响。

经典条件作用还可以解释为什么在治疗结束后化疗的一些副作用仍然持续存在。研究者调查了 273 名霍奇金病的存活者，他们结束治疗的时间从 1 年到 20 年不等（Cameron et al., 2001）。他们被问及近 6 个月有没有“注意到任何气味或者味道（任何他们看到过的东西或去过的地方；任何食物或饮料）”，让他们回想起治疗并且使他们“在情绪或身体上感觉良好或不适”（p. 72）。过半的参与者（55%）说，他们总是对与化疗有关的刺激产生不适感。研究者指出，这种持续出现的反应是由化疗经历的各个方面（CS）与药物注入（UCS）之间的经典条件联结引起的。

如你所见，这些研究证据有力地表明，经典条件作用放大了化疗的消极影响。这些研究结果还为研究者设计治疗方案提供了一个背景。有些研究者建立了大鼠的预期性恶心模型。他们的目标是研发出能阻断经典条件作用过程的药物疗法，以防止预期性恶心的出现（Chan et al., 2009; Ossenkopp et al., 2011）。其他研究者则应用第 15 章所述的行为疗法（Roscoe et al., 2011）。这些疗法使用心理干预来抵消最初的经典条件作用。例如，病人可以学习一些在条件刺激下让自己体验深度放松（而不是恶心）的技术。虽然这类干预不能消除化疗的消极后果，但它们有助于终止那些消极后果的持续。

研究者是如何运用味觉—厌恶条件作用来预防郊狼捕杀绵羊的?

你可以看到这些实验如何拓展了生物学准备性这一概念。食物既有味道又有温度。当疾病与任一维度有关时，大鼠都会迅速习得条件性厌恶。

STOP 停下来检查一下

❶ 反射性行为在经典条件作用中有什么作用?

❷ UCS 和 CS 的区别是什么?

❸ 刺激辨别是什么意思?

❹ 为什么相倚在经典条件作用中如此重要?

❺ 当经典条件作用在毒品成瘾中起作用时，条件反应是什么?

❻ 作为一种条件作用，味觉—厌恶学习的不同寻常之处是什么?

批判性思考：请思考证明大鼠条件性海洛因耐受性的实验，为什么在测试那天要给大鼠两倍于平时剂量的海洛因?

操作性条件作用：对行为结果的学习

让我们再次回到电影院。现在恐怖电影结束了，你从座位上站起来。一起观影的朋友问你是否希望有续集。你答道："我知道了我不该看恐怖电影。"你可能是对的，但这是一种什么样的学习？我们的回答将再次追溯到 19 世纪与 20 世纪之交。

效果律

几乎在巴甫洛夫运用经典条件作用让俄国的狗对铃声分泌唾液的同时，**爱德华·桑代克**（Edward L. Thorndike, 1874—1949）正在观察试图从迷笼中逃脱的美国猫（见图 6.10）。桑代克（Thorndike, 1898）报告了他的观察结果，并对在其被试身上所发生的学习的类型进行了推论。最初，猫仅仅是挣扎着想逃离禁闭，而一旦某些“冲动”的动作使它们得以打开笼门，“所有其他未成功的冲动便消失了，指向成功的特定冲动则因愉快的结果而保留了下来”（Thorndike, 1898, p. 13）。

桑代克的猫学会了什么？按照桑代克的分析，学习是环境中的刺激与动物学会做出的反应之间的一种联系：刺激—反应联结［stimulus-response（S—R）connection］。因此，猫学会了在这些刺激情境（迷笼的限制）中做出一种能够带来期望结果（暂时的自由）的适当反应（例如，抓按钮或门环）。请注意，随着动物不断盲目试错，并且体验其行为带来的结果，这些 S—R 联结的习得是以一种机械的方式逐渐和自动地发生的。导致满意结果的行为出现的频率逐渐增加，最终成为动物被放入迷笼后的主导反应。桑代克将这种行为与结果之间的关系称为**效果律**（law of effect）：带来满意结果的反应出现的可能性会增加，而带来不满意结果的反应出现的可能性会减小。

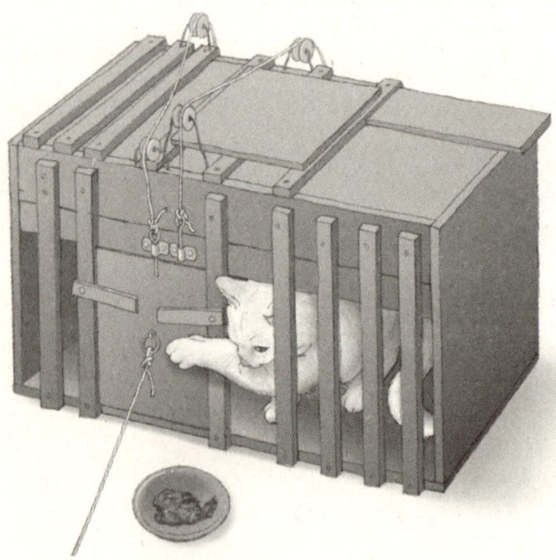

图 6.10 **桑代克的迷笼**

想要逃出迷笼并获得食物，桑代克的猫必须操纵一种装置来释放一个重物，以打开笼门。

资料来源：Zimbardo/Johnson/McCann, *Psychology: Core Concepts*, © 2009. Reproduced by permission of Pearson Education, Inc.

行为的实验分析

斯金纳支持桑代克的观点，即环境结果对行为有着强烈影响。斯金纳勾勒了一个研究计划，其目的是通过系统地改变刺激条件，以发现不同环境条件如何影响既定反应发生的可能性：

> 行为科学的立论基础是某一特定行为在某一特定时间出现的概率。实验分析所要做的就是分析行为出现的频率或反应率……实验分析的任务就是发现影响反应概率的所有变量。（Skinner, 1966, pp. 213–214）

斯金纳的分析是实验性的而不是理论性的。理论家根据理论来推导和预测行为；而经验主义者，如斯金纳，则推崇自下而上的探索。他们的研究始于在实验情境中收集和评价数据，而不是为理论所驱动。

为了通过实验分析行为，斯金纳创立了**操作性条件作用**（operant conditioning）实验程序，在该程序中，他操纵有机体行为的结果，以考察这些结果对有机体随后行为的影响。**操作**（operant）指有机体做出的任何行为，可依据其对环境的可观察的影响来描述。按照字面意思，操作意指影响环境，或对环境进行操作（Skinner, 1938）。操作性行为与经典的条件化行为不同，它不是由特定的刺激所诱发的。鸽子啄食，老鼠觅食，婴儿哭泣或咯咯笑，一些人说话时做手势，一些人讲话结结巴巴。所有这些行为在将来发生的可能性，都可以通过操纵其对环境的影响来增加或减少。例如，如果一个婴儿的咯咯声能够使父母过来与他接触，那么他以后就会发出更多的咯咯声。因此，操作性条件作用根据行为产生的环境结果，可以改变不同类型的操作性行为出现的概率。

为了进行新的实验分析，斯金纳发明了一种能让他操纵行为结果的装置——操作箱。**图 6.11** 说明了这种操作箱如何工作。当老鼠做出实验者规定的一种适当行为（按压杠杆）后，该装置便释放一粒食物丸。这种仪器能让实验者考察哪些变量决定老鼠学习或不学习他们规

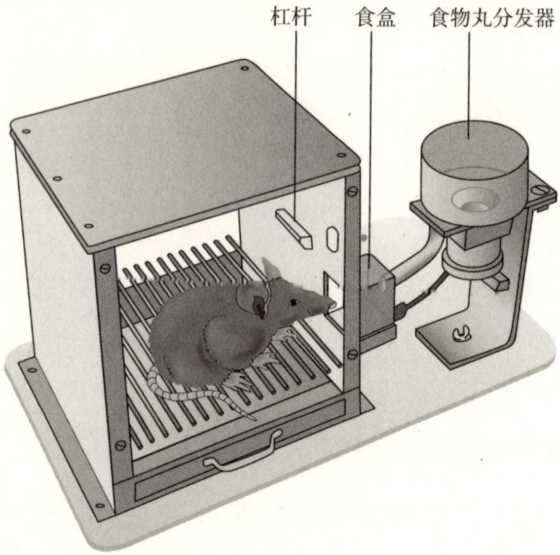

图 6.11 操作箱

这种特别设计的装置常用于研究大鼠，按一次杠杆可能会出现一粒食物丸。

定的行为。例如，如果只有老鼠先在箱中旋转一圈，然后再按压杠杆，食物丸才会出现，那么老鼠会迅速学会在按压杠杆前先转圈（通过一个我们稍后谈到的塑造过程来实现）。

在许多操作性实验中，研究者感兴趣的测量指标是动物在一段时间内进行了多少特定行为。研究者记录实验过程中出现的行为模式和总量。这套方法让斯金纳得以研究强化相倚对动物行为的影响。

强化相倚

强化相倚（reinforcement contingency）是某一反应与其引发的环境变化之间的一致关系。例如，设想在一个实验中，鸽子啄食一个圆盘（反应）通常都伴有谷物出现（环境的相应变化）。这种一致的关系或者说强化相倚，通常能增加鸽子随后的啄食概率。要想让谷物的呈现仅仅增强鸽子的啄食概率，谷物的呈现必须就只能与啄食反应相倚——谷物必须在啄食反应而不是其他反应（如转身或弯腰）之后有规律地出现。基于斯金纳的工作，现代行为分析家企图依据强化相倚来理解行为。让我们仔细看看关于相倚都有哪些发现。

正强化物和负强化物　假设你现在沉迷于让你的宠物鼠在笼中转圈的想法。为了增加转圈行为出现的可能性，你会想要使用**强化物**（reinforcer），即能通过与某一行为相倚而增加该行为之后出现可能性的任何刺激。强化指的是在反应出现之后给予强化物。

研究者总是根据实际情形来定义强化物，即根据它们改变反应概率的效果。如果你观察这个世界，你可能会发现三类刺激：那些对你来说是中性的刺激，那些让你渴望的刺激（它们让你有“胃口”），以及那些令你厌恶的刺激（你想避开它们）。显然，这三类刺激的构成对每个人来说是不一样的：渴望或厌恶是由单个有机体的行为来定义的。以草莓为例，尽管很多人都觉得它很美味，但笔者本人却认为它几乎难以下咽。如果你打算用草莓来改变我的行为，那么你就得知道它令我厌恶而不是渴望。

当某一行为之后出现的是令人渴望的刺激时，我们称这一事件为**正强化**（positive reinforcement）。如果你的宠物鼠在转圈之后得到了它想要的食物，那么它将学会转圈。如果人们讲笑话会带来让他们愉快的笑声，那么他们以后还会讲笑话。

什么环境相倚可能会让婴儿更多地微笑?

当某一行为之后伴随的是令人厌恶的刺激的消除时，我们称这一事件为**负强化**（negative reinforcement）。例如，如果某种行为能让我停止吃草莓，那么我做出该行为的可能性就会增加。使用负强化的学习情境有两大类。在**逃脱型条件作用**（escape conditioning）中，动物学到某种反应可以使它们逃离令其厌恶的刺激。大雨倾盆时撑一把雨伞就是逃脱型条件作用的一个常见例子，你学会使用雨伞以逃脱厌恶刺激即淋湿。在**避免型条件作用**（avoidance conditioning）中，动物学到令它们厌恶的刺激免于出现的反应。当你乘车未扣安全带时，安全带蜂鸣器就会响个不停，于是你学会系上安全带，以避免再听到那讨厌的噪声。

为了清楚地区分正强化和负强化，请记住如下事实：正强化和负强化都会*增加*在其出现之前的反应的概率。正强化通过在反应之后呈现令人渴望的刺激来增加反应的概率；负强化的作用机制则相反，它通过反应之后解除、减少或预防厌恶刺激来增加反应概率。

请回想一下经典条件作用的情况：当无条件刺激不再呈现时，条件反应就会消退。同样的规则也适用于操作性条件作用——若将强化撤销，**操作性消退**（operant extinction）就会出现。因此，如果某一行为不再产生可预期的结果，那么它就会退回到操作性条件作用之前的水平——它消退了。你可能会发觉，自己的行为就有过被强化后又消退的情况。你是否曾有过往自动售货机里投了硬币却什么饮料也没得到的经历？假如你有一次踢了一脚自动售货机，你买的饮料就出来了，那么踢的行为就会被强化。然而，如果后来几次你踢自动售货机时不再有饮料出来，那么你这种踢的行为很快就会消退。

与经典条件作用一样，*自发恢复*也是操作性条件作用的一个特征。假设你已经给一只鸽子这样的强化：当绿灯亮的时候啄一个键会得到食物丸。如果你不再强化，这种啄的行为就会消失。但是，下次你把鸽子放回亮着绿灯的装置时，鸽子很可能自发地再啄那个键。这被称为自发恢复。对人类来说，在最初的消退经验之后，过一段时间你可能再次去踢自动售货机。

正惩罚和负惩罚　你大概很熟悉用来降低某一反应概率的另一种技术——惩罚。**惩罚物**（punisher）指能通过与某一反应相倚而降低该反应将来发生概率的任何刺激。*惩罚*就是在反应之后施加惩罚物。正如

我们可以区分正强化和负强化一样，我们也可以区分正惩罚和负惩罚。某一行为之后伴随着厌恶刺激的出现时，我们称这一事件为**正惩罚**（positive punishment）（你可以这样想，“正”是因为某种东西加到了该情境中）。例如，触摸热炉子会产生疼痛，疼痛是对之前触摸行为的惩罚，这样你下次就不大可能再摸热炉子了。当某一行为之后伴随令人渴望的刺激的消除时，我们称这一事件为**负惩罚**（negative punishment）（你可以这样想，“负”是因为某种东西从情境中被移除了）。因此，当一个小女孩打了自己的小弟弟后被父母取消零花钱时，这个小女孩便学会以后不再打弟弟。哪一类惩罚可以解释你不再看恐怖电影了呢?

尽管惩罚和强化是密切相关的操作，但它们在一些重要方面却有所不同。区分它们的一个好方法是考虑它们对行为的影响。惩罚在定义上总是*减少*某一反应再次发生的概率；强化在定义上总是*增加*某一反应发生的概率。例如，一些人喝了含咖啡因的饮料后会有严重的头痛。这种头痛就是正惩罚，它减少再次出现此类行为的概率。然而，一旦出现头痛，人们经常服用阿司匹林或其他止痛药来消除头痛。阿司匹林的止痛效应就是阿司匹林服用行为的负强化物。

辨别性刺激与泛化　你不太可能在任何时候都想改变某一行为的概率。相反，你可能只想改变该行为在某一特定情境中的概率。例如，你经常想增加儿童在课堂上安静地坐着的概率，却不想改变他们在课间喧哗和活跃的概率。通过与强化或惩罚相联系，某些先于特定反应的刺激——**辨别性刺激**（discriminative stimuli）——便能为行为设定背景。有机体认识到，当某些刺激而不是另一些刺激出现时，他们的行为可能会对环境产生特定影响。例如当绿灯出现时，机动车驶过十字路口的行为会受到强化。而当红灯出现时，这类行为则会受到惩罚——它会招来罚单或引发交通事故。斯金纳将辨别性刺激—行为—结果这一序列称为**三项相倚**（three-term contingency），并认为它能解释人的大多数行为（Skinner, 1953）。**表 6.1** 描述了三项相倚如何用来解释多种不同类型的人类行为。

表 6.1 **三项相倚：辨别性刺激、行为及其结果之间的关系**

	辨别性刺激	自发反应	刺激结果
1. 正强化：对有效信号的反应产生了期待的结果。反应概率增加。	饮料售卖机	将硬币插入槽口	得到饮料 
2. 负强化（逃脱）：通过操作性反应逃脱厌恶情境。逃脱反应概率增加。	炎热	扇扇子 	逃脱炎热
3. 正惩罚：反应后伴随着厌恶刺激。反应被消除或抑制。	吸引人的火柴盒	玩火柴 	被灼伤或被发现后打屁股
4. 负惩罚：反应后跟随的是令人渴望的刺激的解除。反应被消除或抑制。	球芽甘蓝 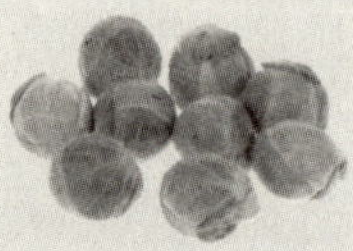	拒绝吃它们	餐后无甜点

在实验室条件下，当辨别性刺激出现时操纵行为的结果，可以对行为施加有力的控制。例如，当绿灯而不是红灯出现时，鸽子啄食圆盘会得到谷粒。绿灯就是一种设定啄食时机的辨别性刺激；红灯则是一种设定非啄食时机的辨别性刺激。有机体很快就能学会在这些条件之间进行辨别，有规律地在一种刺激出现时进行反应，而在另一种刺激出现时不予反应。通过操纵三项相倚的各个成分，你可以将某一行为约束在某一特定背景之下。

有机体也会将反应泛化到类似于辨别性刺激的其他刺激上去。一旦某一反应在一种辨别性刺激出现时被强化，相似的刺激也能成为同一反应的辨别性刺激。例如，经过训练在绿灯出现时啄食圆盘的鸽子，在出现比最初的辨别性刺激稍亮或稍暗的绿灯时也会啄食圆盘。类似地，你会将“继续驾驶”的辨别性刺激泛化到不同明暗的绿灯上。

运用强化相倚　你准备好将新学的强化相倚知识付诸实践了吗？你可能想到了下面这些内容：

- 你如何界定想强化或消除的行为？你必须始终仔细地针对你想要改变其概率的特定行为。强化应该准确地与那一行为相倚。当强化物的呈现与该行为不相倚时，强化物对行为几乎没有作用。例如，如果父母在孩子做得好和做得坏时都给予表扬，那孩子就不会懂得在学校里更努力地学习——相反，由于正强化的缘故，其他行为很可能会增加。（那些行为会是什么呢？）
- 你如何界定某种行为恰当或不恰当的情境？请记住，你很少想让某一行为在所有场合都出现或都不出现。例如，我们前面提到，你可能想增加小孩子在教室里安静就座的概率，而不改变他们在课间喧哗和活跃的概率。你必须界定辨别性刺激，并研究所期望的行为反应在多广的范围里会泛化到其他相似刺激上。例如，假如儿童学会了安静地坐在教室里，这种行为会泛化到其他“严肃”场合吗？
- 你是否在不知不觉中强化过某些行为？假设你想要消除某一行为。试试看你是否能够找出该行为的强化物。如果能，你可以尝试通过撤除那些强化物来消除该行为。例如，假设有一个小男孩经常发脾气。你可以问问自己：“当他尖叫时，我对他格外注意，这是否强化了他发脾气？”这种额外的关注可被视为不良行为的二级获益（也就是说，男孩可能已经学到，当他发脾气时，他将获得额外的关注）。如果情况如此，你可以通过移除强化来消除他乱发脾气的行为。如果你能将消退与对更受社会认可的行为的正强化结合使用，就更好了。

源于父母的某些强化物可能使孩子更容易出现行为问题（如乱发

父母如何用强化相倚来影响孩子的行为？

脾气），认识到这一点很重要。事实上，关于教养的研究发现，父母不知不觉的强化是孩子出现严重行为问题的原因之一。比如，帕特森和他的同事（Granic & Patterson, 2006）提出了反社会行为的威压模型（coercion model）。家庭观察发现，如果父母对孩子小的不当行为（如哭闹、淘气或喊叫）发出威胁却没有后续跟进，孩子做出不当行为的风险会增加。然而，在某些时候，这些父母却会对同样的行为施以严厉或爆发性的管教。孩子们似乎学到了一点，即相对严厉的攻击和威压行为对于实现目标是适当的和必要的，这将导致其反社会行为更加严重，形成恶性循环。

威压模型表明，父母试图通过惩罚来影响孩子的行为往往是无效的。心理学家反对惩罚还有其他原因。例如，大量研究表明，体罚会给孩子带来消极后果（Gershoff & Bitensky, 2007）。一项包括 1 000 多名儿童的研究调查了儿童在 15 个月大时所受的体罚数量与他们在 36 个月大以及一年级时表现出的行为问题之间的关系（Mulvaney & Mebert, 2007）。考虑到有的孩子比其他孩子更难相处——因而更容易引发惩罚——的事实，该研究侧重于每个孩子的行为变化。研究结果显示，无论是“乖孩子”还是“不乖的孩子”（根据其父母的报告），小时候挨打越多，在 36 个月大以及一年级时攻击性行为增加的可能性越大。这些研究证据解释了为什么专家（Benjet & Kazdin, 2003, p. 215）建议家长先尝试正强化而非惩罚：“许多不良行为可以通过对替代的和不相容的行为的正强化来完全抑制。”比如，与其因为孩子到处乱跑而打屁股，倒不如在他安静就座时表扬他。因而与惩罚孩子的不良表现相比，对孩子的良好行为进行正强化常常是一种更好的长期策略。“生活中的批判性思维”讨论了另一种不用体罚来改变孩子行为的手段，即“暂停”。

最后一点思考是，现实生活中往往会出现强化和惩罚的复杂组合。比如，假设青少年过了规定时间还不回家，父母就会给予他两周内不许出去的负惩罚。为了软化父母的态度，他在家里帮父母做比平日更多的家务。假设他的帮助行为取悦了父母，那他就是在试图强化父母的“减刑”行为。如果这个策略成功地把惩罚减为一周，青少年的帮助行为将会受到负强化，因为帮助行为解除了禁足这一令人厌恶的刺激。不管什么时候青少年再次被禁（辨别性刺激），他的帮助行为出现的可能性都将增加。你是否看出所有这些相倚事件如何一起改变了青少年和父母的行为？

现在让我们来看看许多物体和活动是如何作为强化物发挥作用的。

强化物的特性

强化物是操作性条件作用的“政治掮客”——它们改变和维持着行为。强化物有许多有趣和复杂的特性。它们可以通过经验来学习，而不是由生物因素决定；它们可以是活动而不是物体。某些情况下，那些平时有力的强化物也不足以改变主导的行为模式（这种情形下，我们说行为的结果并非真正意义上的强化物）。

条件性强化物　当你来到这个世界时，仅有少数**初级强化物**（primary reinforcer），比如食物和水，其强化特性是由生物因素决定的。然而，随着时间的推移，原本的中性刺激渐渐与初级强化物联系在一起，对操作性反应起着**条件性强化物**（conditioned reinforcer）的作用。条件性强化物本身可作为目的。事实上，与生物学上重要的初级强化物相比，大量的人类行为受各种条件性强化物的影响更大。金钱、分数、赞许的微笑、奖章以及各种地位的象征都是影响人们行为的强有力的条件性强化物。

几乎任何刺激都可以通过与初级强化物配对而成为条件性强化物。

在一项动物实验中，人们用简单的代币作为条件性强化物。

研究特写

先用葡萄干作初级强化物，训练黑猩猩学习解决问题（Cowles, 1937）。然后，代币随葡萄干一起发放。当后来仅给代币时，黑猩猩能继续为“金钱”而工作，因为它们之后可以把辛苦挣得的代币投进一台机器里，以换取葡萄干。

教师和实验人员常常发现，条件性强化物比初级强化物更有效且更易使用，因为：（1）在课堂情境中，可供使用的初级强化物非常少，而教师控制的任何刺激事件几乎都可以被用作条件性强化物；（2）条件性强化物可以快速发放；（3）条件性强化物容易携带；（4）条件性强化物的强化效果可能更直接，因为它仅依赖于对得到强化物的感知，而不像初级强化物那样依赖于生理过程。

在一些机构，如精神病院或戒毒中心，人们基于这些原理建立了**代币制**。工作人员对期望的行为（如梳洗或服药）进行了详细的说明，当病人表现出这些行为时，就为他们发放相应的代币。病人以后可以用这些代币换取各种各样的奖品和特殊待遇（Dickerson et al., 2005; Matson & Boisjoli, 2009）。这些强化系统对改善病人的自我照料和环境维护等行为特别有效，更重要的是，它们能有效地促使病人参与积极的社交活动。

反应剥夺和正强化物 假设你需要让一个孩子做某件事。你不想付他报酬或给他一个奖章，因此你提出一项交易：“你完成作业后，可以玩电子游戏。”为什么这个策略会起作用？根据**反应剥夺理论**，当阻止动物进行某项行为时，这种行为会变得更受喜爱并因此具有强化作用（Klatt & Morris, 2001）。比如，当老鼠奔跑后会有饮水的机会时，被剥夺饮水的老鼠能够学会在训练轮中提高奔跑速度。反之，当饮水后会有奔跑机会时，被剥夺了运动机会的老鼠则能学会增加饮水（Premack, 1965）。你是否发现完成作业后可以玩电子游戏的承诺也遵循同样的模式？在一段时间内，孩子遭受了“电子游戏剥夺”，即儿童玩游戏的频率被限制在低于平常的水平。为了克服这种剥夺，孩子将学会去做家庭作业。

这一分析给出两个重要提示。第一，这些例子提醒你，为什么不能想当然地认为同样的活动在任何时候都会对动物起到强化物的作用。比如，你需要知道，在你准备使用食物作为强化物之前，动物是否已经被禁食。第二，这些例子说明了为什么几乎任何活动都能成为强化物。你可以在任何方面经历剥夺。事实上，如果你一段时间不允许孩子做家庭作业，她会学习其他行为来克服对做作业的剥夺。

强化程式

当你不能或不想在你的宠物每次表现出某种特殊行为都对其进行强化时，会发生什么？请听一个斯金纳年轻时的故事吧。好像有一个周末，他被关在了实验室，里面没有足够的食物奖赏给那些埋头苦干的老鼠。为了节省食物，他仅仅在经过某一时间间隔后才给老鼠食物丸——无论这期间老鼠按压了多少次杠杆，它们都不会得到更多的食物。即使这样，老鼠在这种部分强化程式（partial reinforcement schedule）中的反应却与连续强化一样多。当这些动物接受消退训练时（即在它们反应之后食物根本没有出现），你猜猜会发生什么？与那些每次反应都得到奖赏的老鼠相比，那些按压杠杆的行为只得到部分强化的老鼠反而更积极地按压，并且能坚持更长的时间。斯金纳捕捉到了某种重要的东西！

部分强化效果的发现促使人们广泛地研究不同的**强化程式**（reinforcement schedule）对行为的影响（见图 6.12）。你在日常生活中就曾经历过不同的强化程式。当你在课堂上举手时，老师有时候叫你，有时候不叫你；即使强化物出现的次数很少，一些玩家还是不断地将硬币放进老虎机的槽口。在现实生活或实验室里，强化物的呈现可以按照比率程式，即在一定次数的反应之后给予强化；或者按照间隔程

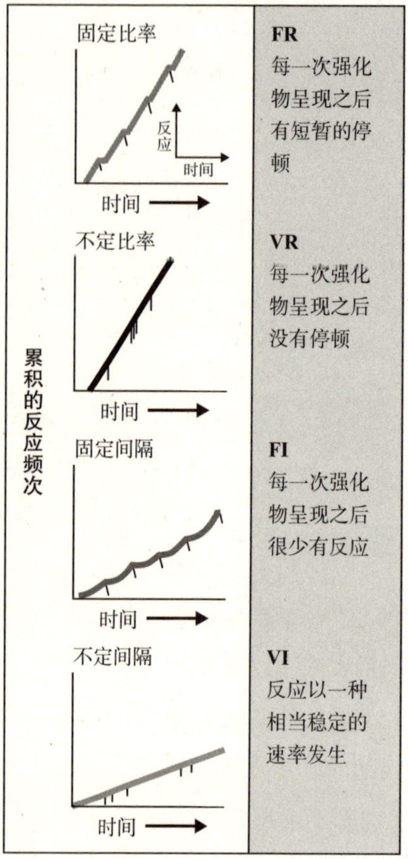

图 6.12　强化程式

这些不同的行为模式是由四种简单的强化程式产生的。小斜线表示呈现强化物的时间。

式，即在第一次反应后经过一个指定的时间间隔之后给予强化。在每种情况下，既可以有不变的或者说固定的强化模式，也可以有不规则的或者说不定的强化模式，它们构成了强化程式的四种主要类型。至此，你已经了解了**部分强化效应**（partial reinforcement effect）：在部分强化程式中习得的反应比那些在连续强化中习得的反应更能抵抗行为的消退。让我们看看关于不同的强化程式，研究者还发现了什么。

固定比率程式　在**固定比率程式**[fixed-ratio(FR) schedule] 中，强化物在有机体做出一定次数的反应后出现。如果每次反应后都伴有强化，我们称这种程式为 FR-1 程式（即原来的连续强化程式）。若每经过 25 次反应后才给予强化，这种程式称为 FR-25 程式。由于反应与强化直接相关，FR 程式产生的反应率很高。如果鸽子的啄食行为足够频繁，它在一段时间里想得到多少食物就能得到多少食物。图 6.12 显示，FR 程式在每次强化后会有一个停顿。间隔的次数越多，每次强化后的停顿时间就越长。如果将比率拉得太悬殊，动物需要做出大量反应才能得到强化物，而事先却没有训练动物做出如此大量的反应，就可能导致消退。很多销售人员都在接受 FR 程式强化：他们必须卖出一定数量的货物，才能得到报酬。

不定比率（VR）程式　在**不定比率程式** [variable-ratio(VR) schedule] 中，强化物之间的平均反应次数是预先确定的。一个 VR-10 程式是指：平均每 10 次反应后即伴随 1 次强化，但强化可能是在 1 次反应后即出现，也可能是在 20 次反应后才出现。不定比率程式产生的反应率最高，最不容易消退，尤其是当 VR 值较大的时候。假设你从一个低 VR 值（例如，VR-5）开始训练鸽子，然后逐渐提高 VR 值。训练到 VR-110 程式的鸽子，每小时啄食反应的次数能达到 12 000 次，即使取消强化，它的反应仍会持续几小时。赌博似乎受 VR 程式控制。老虎机给出回报所需的硬币数量未知且不定，于是投币反应便被维持在一个稳定的高水平。VR 程式让你去猜测奖赏何时出现——你打赌它下次就出现，而不是许多次反应后才出现。

固定间隔程式　在**固定间隔程式** [fixed-interval (FI) schedule] 中，强化物在间隔一段固定时间的第一次反应后出现。在 FI-10 程式中，被试在得到强化后，必须等待 10 秒钟（无论其反应次数是多少），之后再有反应才能得到强化。FI 程式中的反应率表现为扇形模式。每次强化反应一结束，动物几乎不再做出反应。随着回报时间的临近，动物的反应越来越多。当你加热一块比萨时，假设你将计时器设为 2 分钟，那么你在前 90 秒里可能很少去看它，但在最后 30 秒，你会更多地查看。此时，你就是在经历固定间隔程式。

不定间隔程式　在**不定间隔程式** [variable-interval (VI) schedule] 中，平均时间间隔是预先确定了的。例如，在 VI-20 程式中，强化物平均每 20 秒出现一次。这种程式的反应率中等但很稳定。VI 程式中的消退是渐进的，并且比固定间隔程式要慢得多。在一个个案中，强化中止后，鸽子在最初的 4 小时里啄食了 18 000 次，经过 168 小时后反应才完全消退（Ferster & Skinner, 1957）。如果你上过一位教授的课，他偶尔会来个不定期的突击测验，那么你已经体验过 VI 程式了。上这门课时，你是否每天上课前都复习笔记？

行为塑造

作为实验的一部分，我们谈到了大鼠按压杠杆以获取食物。然而，

这位妇女有一只猴子“助手”，它接受过操作性行为塑造，它能帮她拿食物或饮料，找回掉落的或够不着的物品，开关灯。对上述每一种目标行为，你能想出需要强化的一系列连续接近的行为吗？

即使按压杠杆也是一种习得行为。大鼠被放进操作箱后，自发地按压杠杆的可能性非常小；大鼠已学会以多种方式使用爪子，但它以前可能从未按压过杠杆。你应该怎样训练大鼠做出一种它平时几乎从未自发做过的行为呢？你已选定了强化物（食物）以及强化程式（FR-1），现在该做什么呢？要想训练新的或复杂的行为，你需要使用一种称为**连续接近塑造法**（shaping by successive approximations）的方法，你要对任何连续接近并最终与预期反应匹配的行为进行强化。

这里讲讲你该怎样做。首先，你对大鼠进行一天的食物剥夺。（没有食物剥夺，食物不太可能成为强化物。）然后，你有计划地让食物丸呈现在操作箱中的食物漏斗里，让大鼠知道去那儿找食物。现在，你可以在大鼠表现出特定行为（如身体朝向杠杆方向）时给予食物，以此来开始真正的行为塑造。接下来，当大鼠离杠杆越来越近时，你才给它呈现食物。不久之后，你就要在大鼠实际触摸杠杆后，才给它食物进行强化。最后，大鼠必须压下杠杆才能得到食物。通过逐渐提高要求，大鼠学会按压杠杆可以获得食物。因此，要让塑造起作用，你必须规定什么算接近目标的行为，并运用区别强化来使这一过程中的每一步都更为精确。

让我们看另一个例子，这次塑造法被用于提高加拿大国际级撑竿跳高运动员的成绩。

研究特写

一名 21 岁的大学生撑竿跳高运动员向一个研究小组求助，希望纠正他的跳高技术问题（Scott et al., 1997）。他的具体问题是，在撑竿起跳之前不能充分地把胳膊（抓着竿）举过头顶。在干预初期，起跳前他手够到的高度平均是 2.25 米。使用塑造程序的目标是帮他达到最高生理潜能 2.54 米。研究者设定了一束光柱，当这名运动员达到理想的伸展范围时，光柱断掉，装置发出哔哔声。哔哔声作为一种条件性的正强化物。起初光柱设为 2.3 米，当这名运动员超过这个高度的成功率达到 90% 时，光柱变为 2.35 米。进一步的成功可使光柱继续升高，从 2.40 米，2.45 米，2.50 米直到 2.52 米。这样，研究小组成功地塑造了这名撑竿跳高运动员的行为，使他达到了理想的目标。

你可以想象一下运动员自发地提高 0.27 米是多么困难。行为塑造程序可以通过连续接近的方法达到这一目标。

让我们的话题回到你的大鼠吧。回忆一下，我们曾提到你可能想训练大鼠在笼子里转圈。你能想出一个计划，运用行为塑造法让这种行为发生吗？考虑一下每一种连续接近的行为各是什么。比如，一开始，你可以对老鼠朝某一方向转头的行为予以强化。接下来，只有当老鼠的整个身体都朝着正确方向转动时，才给它食物。此后，你该做什么呢？

人们在研究操作性条件作用时通常假定所有动物的学习过程都是一致的。事实上，我们已经引用了不同物种的例子来表明这种一致性。然而，研究者已开始认识到，学习过程可能受某一物种的特定生物学能力的影响。接下来让我们考察一下这种现象。

生物制约性

毫无疑问，你一定在电视上或马戏团里见过动物表演各种把戏。有的动物会打棒球或乒乓球，有的会开微型跑车。许多年来，**凯勒·布里兰**（Keller Breland）和**玛丽昂·布里兰**（Marion Breland）运用操作性条件作用技术训练了成千上万的动物表演各种非凡的动作。他们认为，使用几乎任何类型的反应从实验室研究得出的一般原理，都可以在实验室外直接用来控制动物的行为。

然而，在训练后的某个时候，一些动物开始“行为不端”。例如，我们训练浣熊捡起一枚硬币，把它放入玩具储钱罐中，以得到好吃的东西。可是，当需要投放两枚硬币时，条件作用失灵了，浣熊根本不会投放硬币。相反，它将硬币放在一起揉搓，把硬币插入储钱罐，随后再拔出来。不过，这种现象真的很奇怪吗？浣熊在移除自己最喜爱的食物（小龙虾）的外壳时，通常会做出揉搓和冲洗的动作。类似地，当给小猪一项任务，让它把自己辛苦得到的代币放进一个大储钱罐时，它们不但不这么做，反而将硬币扔到地上，用鼻子去拱（戳）它们，并把它们抛到空中。同样，你觉得这很奇怪吗？拱食或搅食行为是猪通过遗传获得的摄食行为的自然组成部分。

这些经验使布里兰夫妇确信，即使动物学会了完美地做出操作反应，随着时间的推移，“习得的行为也会向本能行为漂移”。他们称这种倾向为**本能漂移**（instinctual drift）（Breland & Breland, 1951, 1961）。上述动物的行为无法用普通的操作性条件作用原理来解释，但如果我们考虑到生物制约性，即遗传基因型所决定的物种特异性倾向，这些行为就可以理解了。这些行为倾向比操作性条件作用所带来的行为改变更重要。

本能漂移如何影响浣熊能够习得的行为？

大部分关于动物学习的传统研究专注于使用方便可得的刺激物和任意选定的反应。布里兰理论及其本能漂移的实例说明，并非学习的所有方面都受实验者的强化物控制。有些行为容易改变，有些行为难以改变，这取决于该行为与遗传设定的动物对其环境的常规反应是否相似。当目标反应的设定有生物学意义时，条件作用就

生活中的批判性思维

什么时候“暂停”可以改变孩子的行为

孩子们收到的典型威胁之一是，如果他们不“开始听话”，他们就会被强迫“到墙角罚站”。这种威胁就是专家所称的“暂停”策略中的一种。它的正式定义如下：“暂停是指因某一不当行为的后果，根据情况剥夺行为者得到奖赏刺激物——包括父母的注意——强化的机会”（Morawska & Sanders, 2011, p. 2）。你现在已有了足够的关于操作性条件作用的知识来理解这个定义了！这里的重要观点是让孩子们知道，如果行为不当，他们将失去获取奖赏刺激的机会。因此，“暂停”属于惩罚。

我们来考虑一个叫蒂莫西的虚构的男孩。为了实施“暂停”，蒂莫西的父母要求他坐在厨房的椅子上。这能起到作用吗？研究者探索了影响“暂停”有效改变孩子行为可能性的多个变量（Everett et al., 2010）。首先，“恢复”和“暂停”之间的对比很重要（Morawska & Sanders, 2011）。如果蒂莫西实际上不觉得与父母互动是一种奖赏，那么暂停这些互动并不会减少他的不当行为（事实上，暂停还可能导致他更多的不当行为）。

研究还表明，我们应该考虑蒂莫西的年龄。“暂停”对 3 到 7 岁的孩子可能最有效（Everett et al., 2010）。蒂莫西的父母应该选择 1 到 5 分钟的“暂停”时间。这应该足以改变行为（Morawska & Sanders, 2011）。蒂莫西的父母可能想要向他解释为什么要给他“暂停”。然而，更重要的是，他们应该是决定“暂停”何时结束的人。这样，蒂莫西的父母可以确保他达到了“暂停”的要求（比如，3 分钟不说话）。

同样重要的是，不要让蒂莫西觉得“暂停”可以让他逃避自己不想完成的任务（Everett et al., 2007）。假设蒂莫西的父母想让他打扫房间。当他拒绝服从时，他们让他“暂停”。在这种情况下，蒂莫西可能更喜欢“暂停”而不是完成家务——他将学到，更多情况下如果他愿意挨过“暂停”期，就可以逃避令人厌恶的任务。蒂莫西的父母必须确保“暂停”一结束就重申他们的要求。

如前所述，专家通常建议父母在考虑改变孩子的行为时首先尝试正强化。然而，当孩子的行为方式使父母不得不用其他策略时，“暂停”为减少孩子的不当行为提供了另一个可靠的选项。

- 为什么父母必须在实施“暂停”之前了解什么对孩子是一种奖赏？
- 父母如何觉察孩子接受“暂停”是为了逃避令人厌恶的任务？

很有效。例如，要让猪把代币放到储钱罐里，你应做出何种改变呢？对于一头口渴的猪来说，若将代币与水相配，猪就不会把代币当作食物去拱，而会把它作为资产投到储钱罐里。

现在你已经知道为什么现代行为分析师必须留意每个物种最适合的反应类型。如果你想教给一只老狗新花样，最好让这些花样适合狗的遗传行为库！不过，我们对学习的考察还未完成，因为我们还没有涉及可能需要更复杂的认知过程的学习类型。接下来我们来看看这类学习。

STOP 停下来检查一下

❶ 什么是效果律？

❷ 强化和惩罚如何影响行为出现的概率？

❸ 辨别性刺激在操作性条件作用中的作用是什么？

❹ 强化的固定比率和固定间隔程式有什么区别？

❺ 什么是塑造？

❻ 什么是本能漂移？

批判性思考：在黑猩猩的实验中，为什么研究者在转向代币前，最初使用葡萄干进行训练？

认知对学习的影响

我们对经典条件作用和操作性条件作用的回顾表明，很多行为都可以被理解为简单学习过程的产物。不过你也许会问：某些类型的学习是否需要更复杂的、涉及认知活动的过程？**认知**指参与知识表征和加工的任何心理活动，如思维、记忆、知觉和语言运用。本节将探讨动物和人类的那些无法仅仅用经典或操作性条件作用来解释的学习形式。这些学习形式的存在表明，行为部分地是认知过程的产物。

比较认知

本章一直在强调，撇开物种特异性的限制不谈，从对大鼠和鸽子的研究中获得的学习规则也适用于狗、猴子和人类。研究**比较认知**（comparative cognition）的学者关注更广泛的行为，以便追踪不同物种认知能力的发展轨迹，以及能力从非人类动物到人类的连续性（Wasserman & Zentall, 2006）。这一领域之所以被称为*比较认知*，是因为研究者经常比较不同物种的能力；由于关注非人类动物，该领域也被称为*动物认知*。达尔文在最初阐述进化论时就指出，动物的认知能力同它们的身体形态一同进化。本节我们将描述两类令人印象深刻的动物行为，它们进一步表明了非人类动物的认知能力与人类有着连续性。

认知地图　**爱德华·托尔曼**（Edward C. Tolman, 1886—1959）开创了在学习领域对认知过程进行研究的先河。他创设了一种实验情境，在这种情境中，特定刺激与反应之间机械的一对一联结无法解释观察到的动物行为。参看**图 6.13** 所示的迷津。托尔曼和他的学生证明，当迷津中最初的目标通路受阻时，先前走过迷津的大鼠会以最短的路径绕过障碍，即使这种特定的反应此前从未被强化过（Tolman & Honzik, 1930）。因此，大鼠的行为就像是在对一个内部的**认知地图**（cognitive map）——对迷津整体布局的表征——做反应，而不是通过试误盲目地探索迷津的各个不同部分（Tolamn, 1948）。托尔曼的研究结果显示，条件作用不仅涉及刺激与强化物或反应与强化物的联结，还包含对整个行为背景其他方面的学习与表征（Lew, 2011）。

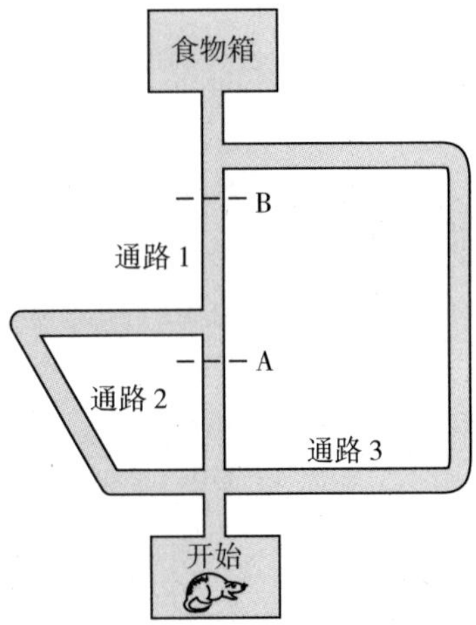

图 6.13　迷津学习中认知地图的运用

通路 1 畅通时，老鼠倾向于选择这条直达通路。当 A 处设置了障碍物时，老鼠会选择通路 2。当 B 处设置了障碍物时，老鼠通常选择通路 3。老鼠的行为似乎表明，它们拥有获取食物的最佳线路的认知地图。

沿袭托尔曼传统的研究一致证明，鸟类、蜜蜂、大鼠、人以及其他动物都有着令人印象深刻的空间记忆能力（例如，见 Joly & Zimmermann, 2011; Menzel et al., 2011）。为了理解空间认知地图的有效性，让我们来看看它们的功能（Poucet, 1993）：

- 动物运用空间记忆来辨认和识别环境特征。
- 动物运用空间记忆来发现环境里重要的目标物。
- 动物运用空间记忆来设计环境里的行进路线。

你可以从许多鸟类的行为中看到认知地图的这些不同功能，这些鸟类在非常分散的区域储存食物，但当它们有需要时，又能非常准确地找到这些食物。例如，松鸦每年秋天都会埋藏成千上万颗松子，在4~7个月后它们会重拾这些松子过冬，直到进入早春（Stafford et al., 2006）。这些鸟在8个月大的时候似乎就获得了空间记忆能力，正是凭借该能力它们才能找回藏起来的松子。还有一些鸟类利用它们的空间能力来分散储存种子，以防被其他的动物偷吃。比如，煤山雀依据自己对旧存储地点的记忆来决定把种子存放在哪些新的地点（Male & Smulders, 2007）。这些存储种子的鸟类，绝不是随意地在环境中走动，碰巧找到这些种子。只有认知地图准确的鸟类，才能找到自己储藏的种子，从而存活下来并繁殖后代。

概念性行为 我们已经看到，认知地图在一定程度上能帮助动物保存其环境中物体空间位置的细节。但是，面对环境中多样化的刺激动物还能利用哪些认知加工过程来发现它们的结构？让我们考虑一下对相同与不同的判断。请花点时间思考一天中你做出这些判断的所有时刻：你倒在麦片上的牛奶有奇怪的味道吗？你的朋友会意识到你连续两天穿了同样的衣服吗？你已经看过这个视频了吗？研究人员已经开始证明，人类并不是唯一能够对相同和不同做出一些判断的物种（Wasserman & Young, 2010）。让我们来看一项研究，它记录了鸽子探测显示器颜色变化的能力。

研究特写

给鸽子观看包含两个彩色圆圈的阵列（Wright et al., 2010）。这些阵列在视线中停留 5 秒。短暂延迟后呈现第二个阵列，其中一个圆圈改变了颜色，比如从紫色变为橙色。鸽子要获得奖赏，必须啄颜色变了的圆圈。用一组颜色训练鸽子，经过若干试次后，鸽子就可以学会这种反应。重要的是，这种啄食行为也迁移到了一套新的颜色上，而鸽子并没有为此接受过专门训练。这些结果表明，鸽子已经获得了颜色相同和不同的概念。

请回想一下，操作性条件作用的一个基石是，动物会重复那些得到强化的行为。以上研究结果特别有趣的一点是，鸽子学会了啄新的颜色，这种颜色以前明显没有得到过强化。鸽子不是对每一种颜色做出反应，而是获得了更高阶的颜色变化概念。我们将在第 7 章和第 8 章对人类的认知过程进行分析。然而，这个证明鸽子概念习得的实验应能使你确信，人类并不是唯一拥有令人印象深刻和有用的认知能力的物种。

在结束本章之前，让我们将话题转到另一类需要认知过程的学习上。

观察学习

为了介绍这种更深层次的学习，我们再来比较一下大鼠和人类尝试新异食物的方法。几乎可以肯定的是，大鼠比你谨慎，但这主要是因为它们缺少一种宝贵的信息源——来自其他大鼠的信息。当你品尝一种新食物时，你几乎总是处在这样一种背景下，即有很好的理由相信别人已经吃过并且认为很好吃。因而你对其他个体强化模式的了解会影响你的“进食行为”出现的可能性。这个例子说明，你有一种通过替代强化和替代惩罚进行学习的能力。你可以将你的认知能力用于记忆和推理，从而依据他人经验来改变自己的行为。

事实上，许多社会学习都发生在传统条件作用理论无法预测学习的情境中，因为学习者没有做出主动的反应，也未得到有形的强化物。个体仅仅是观察到他人的行为被强化或被惩罚，就会在之后做出或者抑制类似的行为。这就是**观察学习**（observational learning）。在观察学习中，认知通常以预期的形式出现。本质上，在观察一个榜样之后，你可能会想：如果我也像她那样做，我会得到同样的强化物，或者避免同样的惩罚。弟弟妹妹可能比姐姐表现得更好，因为他们从姐姐的错误中吸取了教训。

这种既能从实际做，又能从观察中学习的能力极其有用。它使你无须经历逐渐消除错误并获得正确反应的冗长试误过程，就可以获得大型集成的行为模式。你可以立即从他人的错误和成功中获益。研究者已证明，观察学习并非人类所独有。其他物种，如狐猴（Carlier & Jamon, 2006），乌鸦（Schwab et al., 2008）和拟蝗蛙蝌蚪（Ferrari & Chivers, 2008），都能在观察同类其他个体的表现后改变自己的行为。

人类观察学习的一段经典演示发生在**阿尔伯特·班杜拉**（Albert Bandura）的实验室里。在看过一个成人榜样对一个大型塑料玩偶拳打脚踢之后，与未目睹过攻击性榜样的控制组儿童相比，实验组儿童表现出更高频率的类似行为（Bandura et al., 1963）。后来的研究表明，儿童仅仅通过观看影视中榜样的行为片段，就会模仿这些行为，即使榜样是卡通人物。

毫无疑问，我们通过观察榜样能学到很多东西——既包括亲社会

从左到右：成人示范攻击；男孩模仿攻击；女孩模仿攻击。关于榜样在学习中的作用，这一实验说明了什么？

（帮助）行为，也包括反社会（伤害）行为。然而现实世界中存在很多潜在的学习榜样。那么，在决定哪个榜样最可能影响你时，哪些变量很重要？研究发现，四个过程决定了什么时候观察到的榜样行为最有影响力（Bandura, 1977）：

- 注意。观察者必须注意到榜样的行为及其后果。如果观察者和榜样的特点和特质很相像，注意就更容易发生。
- 记忆。观察者必须能够把榜样的行为储存在记忆里。
- 重现。观察者必须在身体和心理上有能力重现榜样的行为。
- 动机。观察者必须有理由重现榜样的行为。比如，观察者认为榜样的行为可带来具有强化作用的结果。

想象自己处在一个有榜样的情境中，看看上述每个过程是如何发挥作用的。例如，假设你正在通过观察一位经验丰富的医生来学习做手术。这里的每一个过程会如何影响你的学习能力？

人们能非常高效地从榜样身上学习，因此你也就不难理解，为什么有大量的心理学研究探讨电视对行为的影响：观众会受他们看到的得到奖赏或受到惩罚的行为的影响吗？研究者的注意集中在电视暴力——谋杀、强奸、攻击、抢劫、恐怖活动和自杀——与儿童和青少年行为的联系上。观看暴力行为是否会助长模仿？我们来看看研究发现了什么。

研究特写

该项目始于 1977 年，当时一个研究小组调查了 557 名一年级或三年级学生两年的电视观看量。研究者特别计算了孩子们观看暴力电视节目的数量。15 年后，研究者对其中的 329 名孩子进行了访谈，此时他们的年龄在 20 岁到 22 岁（Huesmann et al., 2003）。研究者试图确定这些人在童年期观看的暴力电视的数量与他们成年早期的攻击水平是否存在联系。他们成年后的攻击性水平是通过他们的自我报告和他人（如配偶）的报告来衡量的。如**图 6.14**所示，不论男性还是女性，在童年期观看暴力电视最多的人都表现出最高的攻

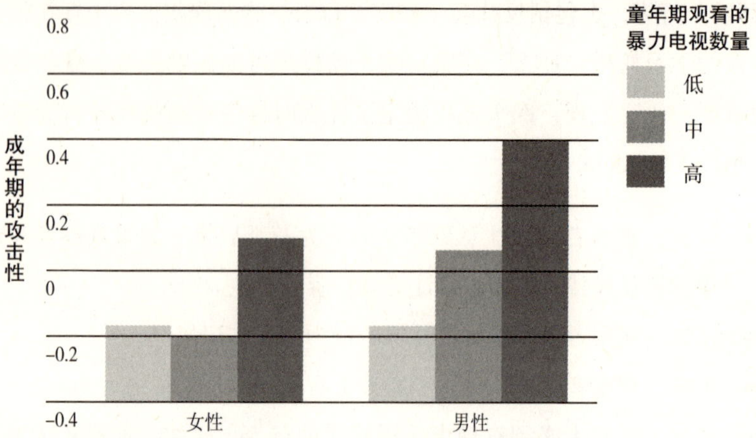

图 6.14 电视暴力与攻击性

无论男性还是女性，在童年期观看暴力电视节目最多的人，在成年期都表现出了最高的攻击水平。攻击性指标是一个综合分数，反映了自我评价及他人的评价，分数越高表示攻击性水平越高。

击水平。这些研究数据表明，早期观看暴力电视节目导致了以后的攻击行为。但是你可能会想，因果联系是否是反方向的：本身有攻击性的孩子更喜欢看暴力电视？幸运的是，研究者收集的数据使他们能够反驳这种可能。比如数据发现，小时候的攻击性与成年期观看暴力电视只有很小的关系。

这项研究有力地证明，观看暴力电视的儿童有成人后攻击性过高的风险。

几十年的研究表明，电视暴力通过三种方式对观看者的生活产生负面影响。第一，正如我们刚刚看到的，通过观察学习机制，观看暴力电视节目会增加攻击行为。就儿童来讲，这种因果联系具有特别重要的启示：早期大量看暴力电视而产生的攻击习惯可能会为长大后的反社会行为埋下种子。第二，观看暴力电视节目导致观看者高估日常生活中的暴力事件，因而可能过于害怕成为现实世界暴力的受害者。第三，观看暴力电视节目会导致脱敏，即再看到暴力行为时，情绪唤起和痛苦水平比以前看的时候低。

值得注意的是，研究还表明，儿童在观看有亲社会行为榜样的电视节目时，他们也可以学习亲社会的、助人的行为（Mares & Woodard, 2005）。儿童会学习他们在电视中看到的行为这一观点值得认真对待。作为父母或监护人，你也许想帮助儿童选择适当的电视榜样。

对观察学习的分析一方面承认强化原理影响行为，另一方面也承认人类有能力利用认知过程，借助替代奖赏和替代惩罚来改变行为。这种理解人类行为的方式被证明是极有力的。在第 15 章我们将看到一些对适应不良的行为模式的成功治疗方案，而这些治疗方案正是运用了认知矫正技术。

让我们通过回顾一次看恐怖电影的经历来结束这一章。行为分析会如何解释你的经历呢？假如你去看电影是因为朋友的推荐，那便是替代强化在起作用。假设你找到了电影院，但走的是一条与往常不同的路线，那么认知地图的作用便在你身上得到了证实。假设恐怖的音乐声让你感到越来越焦虑。如果音乐在短时间内重复播放，那么你将感受到敏感化效应。如果整部电影都充斥着那种音乐，那么你感受到的更可能是经典条件作用。如果你无法欣赏这部电影，并发誓以后再也不看恐怖电影了，那么你就发现了惩罚物对你之后行为的影响。

你准备好再回到电影院了吗？

STOP 停下来检查一下

❶ 托尔曼从他的开创性研究中得出了什么结论？

❷ 什么证据证明了鸽子能学会相同和不同的概念？

❸ 替代强化是什么意思？

❹ 为什么在观察学习的背景下评估儿童看电视的情况很重要？

批判性思考：请思考关于观看暴力电视节目的研究。研究者采取了什么步骤来坚称他们对数据中揭示的相关关系进行了正确的因果解释？

要点重述

关于学习的研究

- 基于经验，学习使行为或行为潜能发生相对一致的变化。
- 行为主义者认为，很多行为可以用简单的学习过程来解释。
- 行为主义者还认为，许多学习原理适用于所有的生物。

经典条件作用：学习可预期的信号

- 在巴甫洛夫开创的经典条件作用研究中，无条件刺激（UCS）诱发无条件反应（UCR）。一个中性刺激与UCS配对后变成了条件刺激（CS），它诱发的反应称作条件反应（CR）。
- 当UCS不再尾随CS出现时，消退便会出现。
- 刺激泛化是指与CS相似的刺激诱发CR的现象。
- 辨别学习缩小了有机体对其做出反应的CS的范围。
- 为使经典条件作用发生，在CS和UCS之间必须有一种相倚的和信息性的关系。
- 经典条件作用可以解释很多情绪反应和毒品耐受性现象。
- 味觉—厌恶学习表明，物种在遗传上为某些形式的联结做好了准备。

操作性条件作用：对行为结果的学习

- 桑代克证明了能导致满意结果的行为倾向于重复出现。
- 斯金纳的行为分析方法强调操纵强化相倚并观察其对行为的影响。
- 正强化和负强化使行为更可能出现。正惩罚和负惩罚降低行为出现的可能性。
- 适宜于环境的行为可以用辨别性刺激—行为—结果的三项相倚来解释。
- 初级强化物是那些即使有机体从未经历过但仍可起到强化作用的刺激。条件性强化物是通过与初级强化物相联系而形成的。
- 某些活动可以成为正强化物。
- 强化程式（不定的还是固定的、按时间间隔还是按比率提供）会影响行为。
- 复杂的反应可以通过行为塑造来学习。
- 本能漂移可能比某些反应—强化学习更重要。

认知对学习的影响

- 某些学习形式反映出比经典或操作性条件作用更复杂的过程。
- 动物形成认知地图以使它们能在复杂的

环境中活动。

- 其他物种或许也能编码概念，例如相同与不同。
- 行为可以被替代性地强化或惩罚。人类和其他动物可以通过观察进行学习。

关键术语

学习
学习—行为表现差异
习惯化
敏感化
行为分析
经典条件作用
反射
无条件刺激（UCS）
无条件反应（UCR）
条件刺激（CS）
条件反应（CR）
习得
消退
自发恢复
刺激泛化
刺激辨别
味觉—厌恶学习
效果律
操作性条件作用
操作
强化相倚
强化物
正强化
负强化
逃脱型条件作用
避免型条件作用
操作性消退
惩罚物
正惩罚
负惩罚
辨别性刺激
三项相倚
初级强化物
条件性强化物
强化程式
部分强化效应
固定比率（FR）程式
不定比率（VR）程式
固定间隔（FI）程式
不定间隔（VI）程式
连续接近塑造法
本能漂移
比较认知
认知地图
观察学习

第 7 章

记忆

当你开始学习“记忆”这一章时，请花点儿时间回想一下自己最早的记忆。这段记忆产生于多久以前？你回忆起的场景有多生动？你的记忆是否受到其他人对同一事件回忆的影响？

现在，做一个略微不同的练习。请想象一下，如果突然忘记了自己的过去（包括你认识的人或你经历过的事件），将会是什么样子。你将不记得好朋友的脸，不记得10岁庆生的场面和高中毕业舞会。没有了这些“时间锚”，你将怎样保持你是谁（即自我同一性）的感觉？或者你也可以想象自己失去了形成新记忆的能力，那么你最新近的经历将有怎样的归宿？你能跟上一段对话或理解一部电视剧的情节吗？一切都将烟消云散，就像这些事件从未发生过一样，就像你头脑里从未有过任何想法一样。

如果你没太关注过自己的记忆，那也许是因为它在相当好地工作着——你认为这是理所当然的，正如消化或呼吸等其他身体功能一样。但是就像胃痛或过敏一样，当你注意到自己的记忆时，很可能是它出现问题了：你忘了你的轿车钥匙、一个重要的约会、剧本中的台词，或忘了你认为你“确实知道”的试题答案。没有理由认为你不该为这些状况恼火，但是你也应该花些时间考虑一下：人脑平均能够存储100万亿比特的信息，管理如此海量的信息是一项艰巨的任务。当你需要时却回想不出一个答案，也许你不该为此感到太吃惊！

本章的目标是解释你通常如何能记得如此之多的事情，以及为什么你会忘记一些曾经知道的事情。我们将会探究你的日常体验是怎样进出记忆的。你将会了解关于不同类型的记忆以及这些记忆是怎样工作的，心理学都发现了些什么。在学习记忆的诸多知识点的过程中，你很可能会感慨记忆是多么神奇。

最后一件事：因为这是关于记忆的一章，我们要求你的记忆马上投入工作。请努力记住数字 51，想尽办法记住数字 51。是的，后面将会进行测验！

什么是记忆

记忆（memory）是指编码、存储和提取信息的能力。在本章我们将把记忆视为一种信息加工。因此，我们将侧重于探讨进出我们记忆系统的信息流。我们将考察引导信息获得和提取的过程，这能让你准确地理解记忆的含义。

记忆的功能

当你想到记忆的时候，最可能首先进入你脑海的情境是你使用自己的记忆去回想（或试图回想）特定的事件或信息：你喜欢的电影、第二次世界大战的日期、你的学生证号码。事实上，记忆的一个重要功能是让你有意识地回想起个人和集体的过去。但记忆的功能远不止于此，它还能使你毫不费力就有了从某一天到下一天的经验连贯性。例如，当你步行穿过周边的街区时，正是这记忆的第二种功能使沿途的建筑看起来熟悉。在定义记忆类型时，我将向你说明，为实现这些功能，记忆在多么辛苦地工作，而且这个过程通常在意识觉知之外发生。

内隐记忆和外显记忆　请看**图 7.1**，这幅画有什么问题？也许使你感觉不寻常的是厨房里有一只小兔子。但是这种感觉从何而来？你很可

图 7.1 这幅画有什么问题?

你是否马上想到："为什么兔子会在厨房里？"假如兔子立即从中突显出来，这是因为你的记忆加工完成了一次无意识的情景分析，发现兔子是该情景的异常部分。

能并未逐一检查画中的物体并自问："多士炉放对位置了吗？""橱柜放对位置了吗？"相反，兔子由于不得其所而突显出来。

这个简单的例子可以让你理解记忆的外显使用与内隐使用的区别。有意识地努力编码或提取信息的情形是**记忆的外显使用**（explicit use of memory）；无须意识努力地编码或提取信息的情形是**记忆的内隐使用**（implicit use of memory）。你发现兔子的过程是内隐的，因为你并未进行特别的努力，你的记忆过程将原有的厨房知识应用到了你对图画的理解上。现在假设我问你："图画里缺少什么？"要回答这个问题，也许你不得不运用外显记忆：典型的厨房都有什么？现在缺少什么？（你想到水池或炉子了吗？）因此，当涉及到使用存储在记忆中的知识时，有时使用是内隐的（信息不需要有意识的努力就可以获得）；而有时是外显的（你有意识地努力去恢复信息）。

记忆最初的获取阶段也存在内隐与外显的区分。你如何知道厨房里应该有什么？你曾经记过厨房里应该有哪些物品和适当的厨房布局吗？可能并没有。你可能并未做出有意识的努力就获得了大部分的此类知识。相形之下，你也许以外显的形式学习了厨房里很多物体的名称。如第 10 章所述，在学习词语与经验之间的联系时，年纪较小的你需要进行外显的记忆加工。你学会了“冰箱”这个词，因为有人将你的外显注意吸引到那一物体的名称上。

演员们如何能够记住他们表演的所有方面——动作、表情和台词?

内隐记忆和外显记忆的区分极大地拓展了研究者对记忆过程的研究范围（Roediger, 2008）。大部分早期的记忆研究侧重于信息的外显获得。最常见的是，实验者给参与者提供需要记住的新信息，而记忆理论致力于解释参与者在这些情景下能记住什么和不能记住什么。然而，正如你在本章将看到的，研究者们现在也发明了研究内隐记忆的方法。因此我们可以更全面地说明记忆的各种用途。事实上，在人们编码或提取信息的大多数情形中，既有记忆的内隐使用，也有记忆的外显使用。现在让我们转向记忆分类的第二个维度。

陈述性记忆和程序性记忆　你会吹口哨吗？来吧，试一试。如果你不会吹口哨，试试打响指。哪一种记忆使得你能做这类事情？你也许记得自己曾努力学习这些技能，但现在运用起来似乎毫不费力。之前外显和内隐记忆的例子都是关于事实和事件的记忆，这类记忆被称为**陈述性记忆**（declarative memory）。现在我们看到，你还有关于怎样做事情的记忆，这类记忆被称为**程序性记忆**（procedural memory）。因为本章大部分内容将侧重于你是怎样获得和使用事实或知识的，所以现在让我们花一点时间思考你是如何学会做事的。

程序性记忆是指你对如何做事的记忆。通过足够多的练习，你能够获得、保持和使用关于知觉技能、认知技能和运动技能的程序性记忆。程序性记忆理论通常关注你需要多少次练习和多长的练习时间：你关于某一活动的一系列有意识的陈述性知识怎样转化为无意识的、自动的行为表现（Taatgen et al., 2008）？为什么在学会了一项技能之后，你会发现返回去再谈论陈述性知识往往很困难？

即使在一个很简单的活动中，比如拨一个电话号码（随时间推移而变得非常熟悉），我们也会看到这些现象。刚开始，你也许不得不从头至尾考虑每一个数字，一次拨一个数字。你不得不按照一个陈述性事实的清单去做：

首先，我必须拨 2，
接着，我必须拨 0，
然后，我拨 7，
等等。

为什么假装去拨一个电话号码有助于你记起它？

然而，当你拨这个号码的次数足够多时，你就开始把它视为一个单元了——在按键上快速按压的一个动作序列。这一过程被称作生成汇编（production compilation）：生成不同动作的心理指令汇编在一起（Taatgen & Lee, 2003）。由于不断练习，你可以在无须意识参与和心理努力的情况下完成更长的动作序列（Stocco et al., 2010）。但是你也意识不到这些汇编单元的内容：再回到打电话这个问题上，经常有人如果不假装拨一下就记不起某个电话号码。一般而言，生成汇编使得你很难与他人分享程序性知识。如果你父母曾试着教你驾车，你可能会注意到这一现象。尽管他们自己可能是好司机，但他们并不擅长传达汇编好的驾驶程序知识。

你可能也注意到生成汇编会导致错误。如果你打字很熟练，你也许遇到过“*the* 问题”：只要你一敲 *t* 和 *h* 键，你的手指就会飞向 *e* 键，即使你真正要打的单词是“*throne*”或“*thistle*”。一旦你将“*the*”的打法充分地转化为程序性记忆，你基本上就只能完成这个动作序列了。如果没有程序性记忆，生活将变得非常艰难——你将注定要一步接一步地完成每一项活动。然而每次你错打“*the*”时，都可以反思一下效率与潜在错误之间的取舍。现在让我们对适用于所有这些不同类型的记忆的基本过程做一个概述。

记忆过程概述

无论记忆的类型如何，要想在以后的某个时间使用存储的知识，都需要三个心理过程的运作：编码、存储和提取。**编码**（encode）是对信息的初始加工，从而在记忆中形成一种表征。**存储**（storage）是指编码后的材料随时间的保持。**提取**（retrieval）是指存储的信息在随后某一时间的恢复。简言之，编码让信息输入，存储是信息的保持（到你需要时可以提取），而提取就是把信息取出来。现在让我们展开探讨这些过程。

*编码*要求你对来自外部世界的信息形成*心理表征*。如果我们用头脑外的表征做一个类比，你就能理解心理表征的概念了。假设我想知道你在上一次生日聚会上得到的最好礼物是什么。（假设你没有把它带在身边。）你会怎样向我介绍这件礼物呢？你可能会描述它的特征，或者画一幅图，或者假装你正在使用它。无论你怎样介绍，这些都是原来物体的表征。尽管没有一个表征能像实物呈现那样好，但它们能让我们了解该礼物的一些最重要的方面。心理表征的作用大致相同。它们保存过去经验的最重要的特征，从而使你能把这些经验在头脑中再现出来。

如果信息被恰当地编码，它将存储一段时间。存储需要你的脑结构发生短时和长时的变化。在本章末尾，我们将会看到研究者们如何定位负责存储新记忆和旧记忆的脑结构。在描述个体无法存储新记忆的部分，我们还将看到在极端遗忘症的个案中会发生什么。

提取是对你之前所做努力的回报。当它奏效时，能让你得到早先存储的信息，这一过程通常只需一瞬间。你能记起存储之前是什么吗：解码还是编码？现在答案很容易提取，但当几天或几星期后测试你所存储的关于这一章的知识时，你还能如此迅速而又自信地提取答案吗？弄清楚人们如何能从记忆库的大量信息中提取一点特定的信息，是所有想了解记忆如何工作的心理学家们所面临的挑战。

尽管把编码、存储和提取定义为独立的记忆过程并不难，但三者的相互作用却相当复杂。例如，为了能对“你看到了一只老虎”这一信息进行编码，你必须首先从记忆中提取虎的概念。同样，为了记住某句话的意思，比如“他和本尼迪克特·阿诺德一样忠诚”，你必须提取每个词的含义，提取词语组合在一起的语法规则，提取特定的文化背景信息——本尼迪克特·阿诺德（美国独立战争时期的一个臭名昭著的叛徒）有多忠诚。

现在我们准备更详细地考察信息的编码、存储和提取。我们的讨论将从短暂保存信息的记忆过程开始，比如感觉记忆和工作记忆，然后转向更为持久的长时记忆（见图 7.2）。你将了解你是如何记忆的，以及为什么会遗忘。我们的计划是让你永远对自己使用记忆能力的各种方式有一种自我意识。我们希望这种新的认识甚至能在某些方面提高你的记忆技能。

图 7.2 进出长时记忆的信息流

记忆理论描述了进出长时记忆的信息流，包括信息在感觉记忆和工作记忆中的初始编码，向长时记忆的转移（存储），以及从长时记忆向工作记忆的转移（提取）。

STOP 停下来检查一下

❶ 记忆的外显使用和内隐使用有什么区别？
❷ 假如你是一名有经验的杂耍演员，你的技能更多依赖于陈述性记忆还是程序性记忆？
❸ 你突然记不起电子邮箱的密码，这最有可能是哪种记忆过程造成的？

记忆的短时使用

首先让我们演示一下某些记忆的短暂性。请看**图 7.3**，我们给你呈现了一幅很杂乱的视觉场景。请你快速扫视（约 10 秒）后把它盖起来。假设我们要问你关于该图的一些问题：

1. 最下面的小男孩拿的是什么工具？
2. 最上方中间的男士在干什么？
3. 右下角女士手中的雨伞柄弯向左还是右？

要回答这些问题，如果能再瞥一眼这幅图，你会感觉更轻松一些，难道不是吗？

这一快速的演示让你明白，你感知到的很多信息并不会安全地存储在记忆中。相反，你只能在短期内拥有和使用这些信息。本节我们将讨论三种不太持久的记忆：映像记忆、短时记忆和工作记忆。

映像记忆

当你第一次遮盖图 7.3 时，你是否有这样的感觉：在短暂的时间内，你仍然能“看到”整幅图？人脑对图像的这种额外一瞥是由你的**映像记忆**（iconic memory）提供的——它是一种视觉领域的记忆系统，能使大量信息存储非常短的时间（Neisser, 1967）。映像记忆是感

图 7.3　你能从这个场景中记住多少？

在观看这幅场景图 10 秒之后，请把它遮住，然后试着回答正文提出的问题。通常情况下，场景图被移开后，映像记忆会短暂地保持对视觉世界的一瞥。

觉记忆的一个例子：研究者推测，每种感觉系统都有一种记忆库，它可以保存环境刺激的物理特征的表征，持续时间至多几秒（Radvansky, 2006）。例如，人们会对指尖触碰的刺激保持短暂的感觉表征（Auvray et al., 2011）。我们之所以关注映像记忆，是因为有关它的研究最多。

视觉记忆或映像只能持续约半秒。映像记忆最初是在一项实验中发现的，该实验让参与者从只有二十分之一秒的视觉呈现中提取信息。

研究特写

乔治·斯佩林（Sperling, 1960, 1963）给参与者呈现一些由三行字母和数字构成的阵列：

7	1	V	F
X	L	5	3
B	4	W	7

要求参与者完成两种不同的任务。一种是全部报告程序，参与者要努力尽可能多地回忆看过的项目。通常他们能报告的大约只有四个项目。另外的参与者遵循部分报告程序，他们只需报告一行而非整个阵列的内容。在阵列呈现后立即发出一个高音、中音或低音信号，参与者根据声音提示报告三行中的一行。斯佩林发现，不管要求参与者报告哪一行，他们的回忆成绩都很好。

因为参与者能根据声音信号准确地报告三行中的任一行，所以斯佩林得出结论：呈现的所有信息一定都进入了映像记忆，这证明了映像记忆的大容量。同时，全部和部分报告程序的差异表明信息会迅速衰退：全部报告程序组的参与者并不能回忆出阵列的所有信息。第二点在指示信号（声音信号）略微延迟的实验中得到了进一步证实。**图 7.4** 表明，随着延迟时间从 0 秒增加到 1 秒，准确报告的项目数稳步下降。研究者们相当精确地测量了信息必须从衰退中的图像转移出去的时间进程（Graziano & Sigman, 2008）。要利用这种视觉世界的“额外一瞥”，你的记忆过程必须非常迅速地将信息转入更为持久的记忆库。

请注意，映像记忆与一些人声称自己拥有的“照片式记忆”并不一样。“照片式记忆”的专业名称是遗觉像（eidetic imagery）：体验遗觉像的人能够在远比映像记忆要长的时段内回忆一幅图画的细节，就好像他们还在看着那幅图画。这里的“他们”实际上是指儿童。研究者们估计，约 8% 的青春期前的儿童有异常清晰的遗觉像，但成人几

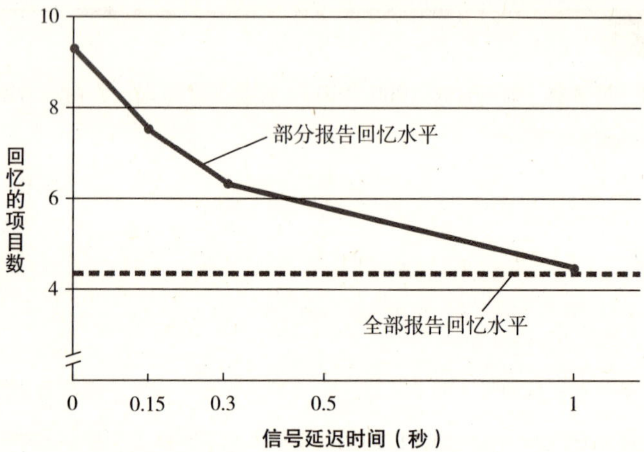

图 7.4 用部分报告法回忆

实线表示使用部分报告法回忆的平均项目数，包括呈现后立即回忆和四种延迟时间条件下的回忆。作为对比，虚线表示用全部报告法回忆的项目数。

资料来源：Sperling, 1960.

乎没有这种能力（Neath & Surprenant, 2003）。迄今为止还没有令人满意的理论可以解释为什么遗觉像会随年龄而衰退。但是，如果你是一个高中生或大学生，几乎可以肯定你有的是映像记忆而不是遗觉像。

短时记忆

在你开始读这一章之前，你可能尚未意识到你有映像记忆。但是你很可能意识到了某些记忆你只能保存较短的时间。请思考一件经常发生的事情：去网上查找某部电影的播出时间。如果你没立即根据信息采取行动，那你通常会不得不再次返回网页，重新查找。当你考虑这一经历的时候，就很容易理解为什么研究者假设存在一种称为**短时记忆**（short-term memory, STM）的特殊记忆类型。

你不应该把短时记忆视为记忆前往的某个特定地方，而应视为集中认知资源于一小部分心理表征的内在机制（Shiffrin, 2003）。但是，正如你忘记电话号码的经历所表明的那样，短时记忆的资源是易变的。

你必须十分注意，以确保记忆被编码为更持久的形式。

短时记忆在你向 ATM 输入密码时起着什么作用?

短时记忆的容量限制 我们在第 4 章描述了你的注意资源怎样致力于从外部世界选择那些你将投入心理资源的客体和事件。就像你的注意能力有限，只能注意一小部分可获取的信息一样，你的短时记忆能力也有限，只能让一小部分信息处于激活状态。短时记忆有限的容量迫使你高度集中注意力。

为了估计短时记忆的容量，研究者们首先借助记忆广度测验。在一生中的某一时刻，你也许被要求过完成这样一项任务：

> 将下面的一组随机数字读一遍，然后把它们盖住，按照出现的顺序把它们尽可能多地写下来：
>
> 8 1 7 3 4 9 4 2 8 5
>
> 你写对了几个?
>
> 现在再读下面的一组随机字母，进行相同的记忆测验：
>
> J M R S O F L P T Z B
>
> 你写对了几个?

如果你像大部分人一样，你也许能回忆出 5 到 9 个项目。**乔治·米勒**（Miller, 1956）认为 7（±2）是一个“神奇的数字”，可以描述人们对一组随机的字母、单词、数字或几乎任何种类的有意义的熟悉项目的记忆表现。

然而，记忆广度测验高估了短时记忆的真正容量，因为参与者能够使用其他的信息源来完成任务。研究者们估计，当记忆的其他来源被剔除的时候，短时记忆对（大约）7 个项目的记忆广度的纯粹贡献只有 3 到 5 个（Cowan, 2001）。但是如果 3~5 个项目是你能获得新记忆的全部容量，为什么你往往注意不到这种限制呢？尽管短时记忆有容量限制，但至少有两个原因使你的记忆能有效运作。正如我们在后面将会看到的，短时记忆中的信息编码能通过复述和组块得到增强。

复述 你也许知道，记住电影播出时间的一个好方法是，在你的头脑里循环重复那些数字。这种记忆方法称作**保持性复述**。未复述的信息的“命运”在一个精巧的实验中得到了展示。

研究特写

参与者听到 3 个辅音字母，如 F、C 和 V。在间隔 3~18 秒后，参与者会听到一个提示他们回忆这些辅音字母的信号（Peterson & Peterson, 1959）。为了防止复述，研究者在刺激输入和回忆信号之间安排了一个分心任务——呈现给参与者一个 3 位的数字，告诉他们进行连续减 3 的运算，直到回忆信号出现。实验中各个试次系列用到了不同的辅音字母组合和不同的延迟时间间隔。

如**图 7.5** 所示，要求保持信息的时间越长，回忆成绩就越差。甚至在 3 秒后，相当多的记忆就已丧失，18 秒后，记忆几乎全部丧失。当没有机会复述信息时，短时回忆随时间推移而减弱。

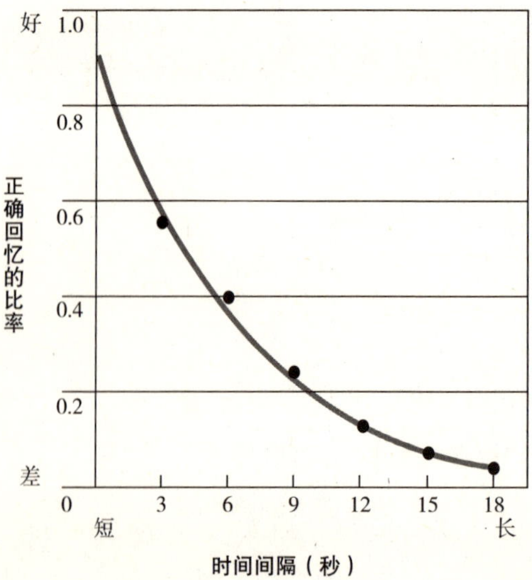

图 7.5 没有复述的短时记忆回忆

在刺激呈现与回忆之间插入一项分心任务时，回忆成绩会随着时间间隔变长而变差。

成绩下降既是由于信息不能被复述，也是由于受到来自分心任务的竞争性信息的干扰（在本章的下一节我们把干扰作为一种遗忘的原因来讨论）。你可能注意到了一种现象，一个新认识的人说了他的名字——接着你很快就忘记了。造成这种情况的一个很普遍的原因是你没有专心地复述，而这种复述是你获得新记忆所必需的。解决办法是设法在继续交谈之前仔细编码并复述新名字。

到目前为止我们得出的结论是，复述可以帮助你防止信息从短时记忆中衰退。但是假设你想要获得的信息太冗长以至于不能得到复述，那么你就得借助组块策略。

组块　一个组块就是一个有意义的信息单元。组块可以是单个的字母或数字、一组字母或其他项目甚或一组单词或一个完整的句子。例如，序列 1-9-8-4 由四个数字构成，它能用尽短时记忆的容量。但是，如果你把这些数字看作一个年份或者乔治·奥威尔的著作《1984》，它们就构成了一个组块，从而留出更多的容量给其他的信息块。**组块**（chunk）依据相似性或其他组织原理将项目分组或是组合成更大的模式，是一个重新组织项目的过程（Cowan et al., 2010）。

看看在这样一个由 20 个数字组成的序列中你能发现多少个组块：19411917186118121776。如果你把这个序列视为一组互不相关的数字，你会回答“20 个”；而如果你把这个序列分解为美国历史上几次重大战争发生的日期，你会回答“5 个”。如果你按后者来做，那么你会很容易在快速扫视之后按正确顺序回忆出所有的数字。如果你把它们视为 20 个无关联的项目，就不可能在短暂呈现后将它们全部回忆起来。

如果你能找到一些办法将大量信息组成少量的块，你的记忆广度将大大增加。一个著名的参与者 S.F. 是狂热的长跑爱好者，他利用关于赛事成绩的知识将数字组块，能够记住 84 个随机数字（Chase & Ericsson, 1981; Ericsson & Chase, 1982）。就像 S.F. 一样，你也可以根据输入信息对你个人的意义来组织它们（例如，将它们与朋友或亲戚的年龄联系在一起）；或者你可以将新刺激与

在听课时你可以怎样很好地利用组块?

存储在长时记忆中的各种编码信息进行匹配。即使你不能将新刺激与长时记忆中的规则、意义或编码相联系，你仍然可以利用组块。你可以利用节奏模式或时间模式简单地对项目进行分组（181379256460 可以变成 181，停顿，379，停顿，256，停顿，460）。依据日常生活经验，你知道这种分组原理对于记忆电话号码相当有效。

工作记忆

我们的焦点之前一直放在短时记忆上，特别是短时记忆在获得新的外显记忆中所起的作用。然而你每时每刻都需要更多的记忆资源，而不仅仅是那些使你获取事实的记忆资源。例如，你还需要能够提取先前已有的记忆。本章伊始，我曾要求你记住一个数字。你现在能记起它是多少吗？如果你能记起（如果不能，看一眼），你让那个记忆的心理表征又激活了一次，这是另一种记忆功能。如果你做一些更复杂的事情（假设你在转手传球的同时要从 132 开始连续减 3），你就会对自己的记忆资源提出更高的要求。

基于对人们应对生活所需的记忆功能的分析，研究者们阐明了**工作记忆**（working memory）理论——用来完成诸如推理和语言理解等任务的记忆资源。设想你在试图记住电影的播出时间，同时在寻找笔和便签将它记下来。短时记忆过程可以让你把播出时间保存在头脑里，而更广义的工作记忆资源使你能够执行心理操作来完成有效的搜索。工作记忆为思维和行为每时每刻的流畅性奠定了基础。

艾伦·巴德利（Baddeley, 2002, 2003）为工作记忆的四个成分提供了证据：

- *语音环路*。这一资源保持和处理基于言语的信息。语音环路与短时记忆重叠得最多。当你通过在脑中“听”一个电话号码来复述它时，你就在使用语音环路。
- *视觉空间画板*。这一资源对视觉和空间信息起着与语音环路类似的功能。例如，如果有人问你，在你上心理学课的教室里有多少张桌子，你可能会使用视觉空间画板勾勒教室的心理图像，然后根据该图像估计桌子数。

- 中央执行系统。这一资源负责控制注意并协调来自语音环路及视觉空间画板的信息。你每次执行需要若干心理过程联合的任务（如有人要你描述记忆中的一幅画）时，你就得依赖中央执行系统的功能，把心理资源分配到任务的不同方面（在第 8 章中我们会回到对这一观点的讨论）。
- 情景缓冲区。这是由中央执行系统控制的、容量有限的一个存储系统。情景缓冲区使你可以从长时记忆中提取信息，并将其与当前情境中的信息结合起来。大多数生活事件包括景象、声音等元素的复杂排列。情景缓冲区提供资源，使人们能够将不同类型的知觉刺激与过去的经验相整合，对每个情境做出统一的解释。

将短时记忆纳入工作记忆这一更宽泛的背景有助于强化这样一种观点，即“短时记忆不是一个场所而是一个过程”。在进行语言加工或问题解决等认知活动时，你必须将很多不同的元素快速连续地组合在一起。你可以将工作记忆理解为对必要元素的短时间的、特殊的聚焦。如果你希望更好地查看一个物理客体，你可以用更亮的灯照射它；工作记忆将更亮的心理灯光照向你的心理客体——记忆表征。工作记忆还可以协调各项活动，以便针对这些客体采取行动。

在日常生活中，你经常受制于工作记忆的容量限制。让我们看看这对考试成绩的影响。

研究特写

当你坐下来准备考试时会发生什么？通常你会想到自己为考试准备得有多充分，考试可能有多难，等等。两位研究者希望检验以下假设：这些焦虑的想法常常会耗尽学生的工作记忆容量，使其很难在考试中取得好成绩（Ramirez & Beilock, 2011）。为了检验此假设，研究者创造了一个测试情境：（通过承诺如果他们表现好就给予金钱奖励）给学生们施加特定的压力。研究者将一部分学生分配到控制组。那些学生静静地坐了 10 分钟，等待考试开始。其他学生则经历了一种干预：他们用这 10 分钟写下“他们对即将要做的数学题的想法和感受”（p. 212）。研究者认为，这些想法和感受一旦被表达出来，在考试开始后就不会再争夺学生的工作记忆容量。研究结果发现，表达性写作组的学生在一系列数学问题上的成绩要比控制组的学生好 20%！

下次在你出现考前焦虑时，可以考虑花几分钟时间将自己的想法和感受写出来。这样做你可以释放出取得好成绩所需的工作记忆容量。

研究者们已证明工作记忆容量因人而异。他们设计了几种程序来测量这些差异（Conway et al., 2005）。我们以*运算广度*（operation span）为例（Turner & Engle, 1989）。首先看**表 7.1**，为了确定运算广度，研究者要求参与者大声读出每道数学题，然后用“对”或“错”来说明答案是否正确。在回答完每道题之后，参与者需要记住题目后面给出的单词。（在实际测试中，参与者算完数学题后才能看到单词，且每次只看到一道题。）在完成所有题目后，参与者需要按照正确的顺序回忆看到的单词。你可以试着做表 7.1 中的题目来感受一下这个任务。运算广度要求人们在从事一个任务（如解数学题）的同时进行另一个任务（如记单词）。正因如此，它可作为一种指标，用以衡量中央执行系统将心理资源分配给不同任务的效率的个体差异。

研究者们会利用工作记忆容量（working memory capacity, WMC）指标来预测人们在各种任务上的表现。例如，在一项研究中，参与者要尽量理解简短文本的意思，同时耳机里播放着无关的演讲内容（Sörqvist et al., 2010）。因为工作记忆容量更大的人能更好地聚焦自己的注意力，所以他们的阅读理解较少受到干扰。另一项研究则考察了工作记忆容量对警察工作表现的影

表 7.1 运算广度测验的项目示例

对数学题回答“对”或“错”，然后记住题目末尾的单词。一旦你做完所有 4 道题，就把它们挡起来并试着回忆 4 个单词。
（6 ÷ 2）– 2 = 2?SNOW
（8 × 1）– 5 = 3?TASTE
（9 × 2）– 6 = 12?KNIFE
（8 ÷ 4）+ 3 = 6?CLOWN

响（Kleider et al., 2010）。研究者让警察观看一系列持枪和未持枪男子的幻灯片。当警察处于消极情绪时（通过观看一段令人不安的视频唤起），那些工作记忆容量较小的警察更可能射击未持枪的目标，且更不可能射击持枪的目标。研究者认为，消极情绪占用了工作记忆资源。对于那些工作记忆容量较小的警察来说，消极情绪使他们没有足够的资源做出准确的决策。

对工作记忆的最后一点说明是，工作记忆有助于你保持心理上的现在感。它为新事件设置了背景，并将分离的情节连接成一个连续的故事。它使你能保持并不断更新你对变化情境的表征，使你能在交谈中跟随相应的话题。所有这些都是真实的，因为工作记忆在此起到一个通道的作用，供信息进出长时记忆。现在让我们把注意转向那些能够持续一生的记忆。

STOP 停下来检查一下

❶ 为什么研究者认为映像记忆的容量很大？

❷ 当前对短时记忆容量的估计值是多少？

❸ 把项目进行组块是什么意思？

❹ 工作记忆的成分有哪些？

批判性思考：回忆那个证明了复述对保持短时记忆信息的重要性的实验。在那个实验中，为什么要让参与者连续减 3（例如 167、164、161……）而不是减 1（例如 167、166、165……）？

长时记忆：编码和提取

记忆能保持多久？本章开始的时候，我让你回忆你自己最早的记忆。这段记忆保持了多久？ 15 年？ 20 年？还是更久？当心理学家谈到长时记忆时，他们知道记忆通常会持续一生。因此，凡是说明长时记忆如何获得的理论，也必须说明这些记忆在一生中是如何保持可提取性的。**长时记忆**（long-term memory, LTM）是从感觉记忆和短时记忆中获得的所有经验、事件、信息、情绪、技能、单词、范畴、规则和判断的存储库。长时记忆构成了每个人关于世界和自我的全部知识。

心理学家知道，如果将一个重要结论提前陈述出来，获得新的长时信息通常会更容易。先得到一个结论后，你就有了一个框架来理解随后的信息。关于记忆我们可以下一个恰当的结论：当你编码信息的背景与你试图提取它的背景存在很好的匹配时，你的记忆能力最强。在下面几个部分，我们将会看到什么是“好的匹配”。

提取线索

为了探究编码与提取之间的匹配，我们先来讨论一个一般性问题：你是怎么“找到”一段记忆的？最基本的答案是利用提取线索。**提取线索**（retrieval cue）是指你搜索一段特定记忆时可以利用的刺激。这些线索可以是外部提供的，比如测验中的问题（“巴德利和斯佩林的研究分别使你联想到什么记忆概念？”），也可以是内部产生的（“我以前在哪儿见过她？”）。每当你试图提取一个外显记忆的时候，你肯定是为了某个目的，而那个目的通常会提供提取线索。毫无疑问，记忆提取的难易取决于提取线索的质量。如果你的一个朋友问你：“我记不得的那个罗马皇帝是谁？”你可能会开始一场猜谜游戏。如果她更换问法：“克劳狄乌斯之后的那个皇帝是谁？”你可能马上回答：“尼禄。”

为了让你更好地了解提取线索的重要性，我们将重复经典的记忆实验，要求你学习一些词对，一直学到你能正确无误地连续 3 次背出 6 个词对。

Apple—Boat

Hat—Bone

Bicycle—Clock

Mouse—Tree

Ball—House

Ear—Blanket

从长时记忆中提取信息与从庞大的图书馆里检索资料有哪些相似之处？

既然你已经记住了这些词对，是时候让测验变得更有趣了。你需要有一段保持间隔，即你必须把信息保留在记忆中的一段时间。因此，让我们花一点儿时间来讨论研究中用来测试你的记忆的一些程序。你可能以为，你要么知道某些事，要么不知道，任何测量你知道什么的方法都将产生相同的结果。事实并非如此。我们来看看两种外显记忆测验：回忆和再认。

回忆和再认　当你**回忆**（recall）的时候，你要再现先前接触到的信息。“工作记忆的成分是什么？”就是一个回忆问题。**再认**（recognition）是指认识到某个特定的刺激事件是你以前看到过或听到过的。这是一个再认问题：“以下哪个是视觉记忆的术语：（1）回声；（2）组块；（3）映像；（4）抽象编码？”你可以将回忆和再认与你日常的外显记忆体验联系起来。在试图确认一个罪犯的时候，如果警察要求受害者凭记忆描述罪犯的一些显著特征：“你是否注意到袭击者有什么不寻常的地方？”他们就是在使用回忆的方法。如果他们向受害者出示来自犯罪嫌疑人档案的照片，一次一张，或者如果他们让受害者在一队嫌疑人中指认罪犯，他们就是在使用再认的方法。

现在让我们用这两种程序测试你几分钟前学习的词对。词对中缺失的词是什么？

Hat—?　　Bicycle—?　　Ear—?

你能从下列选项中选出正确的词对吗？

Apple—Baby	Mouse—Tree	Ball—House
Apple—Boat	Mouse—Tongue	Ball—Hill
Apple—Bottle	Mouse—Tent	Ball—Horn

再认测验比回忆测验更容易吗？应该是。让我们根据“提取线索”来解释这一结果。

回忆和再认都需要使用线索进行搜索，但再认的线索要有用得多。对于回忆，你只能寄希望于凭借线索去定位信息。而对于再认，你只需要做一部分工作。当你查看词对 *Mouse—Tree* 的时候，你对“我见过这个词对吗？”这一问题只需要回答是或否；而如果看到 *Mouse*—？时，则需要回答“我见过的词对是什么？”这样一个问题。从这点来看，你可以看到我使这个再认测验变得相当容易。设想我给你呈现的词对改为原始词对的重新组合，下列词对哪些是正确的？

Hat—Clock	Ear—Boat
Hat—Bone	Ear—Blanket

现在你不但必须认出你以前见过这个单词，而且还要认出你是在一个特定背景下见到它的（稍后我们会回到关于背景的观点）。如果你多次遇到过棘手的选择题测验，你就会明白，即便是再认测验也不会那么容易。然而在大多数情况下，你的再认成绩会比回忆成绩好，因为再认的提取线索更直接。让我们来看看提取线索的一些其他方面。

情景记忆和语义记忆 在之前关于记忆功能的讨论中，我们对陈述性记忆和程序性记忆进行了区分。根据从记忆中提取所必需的线索这一维度，我们可以对陈述性记忆进行进一步的区分。加拿大心理学家**图尔文**（Tulving, 1972）首先提出将陈述性记忆分为情景记忆和语义记忆（见图 7.6）。

情景记忆（episodic memory）独立地保存你亲身体验过的特定事件。例如，你对最快乐的生日和对初吻的记忆就被存储在情景记忆之中。要恢复这类记忆，你需要那些指明事件发生的时间和事件内容的

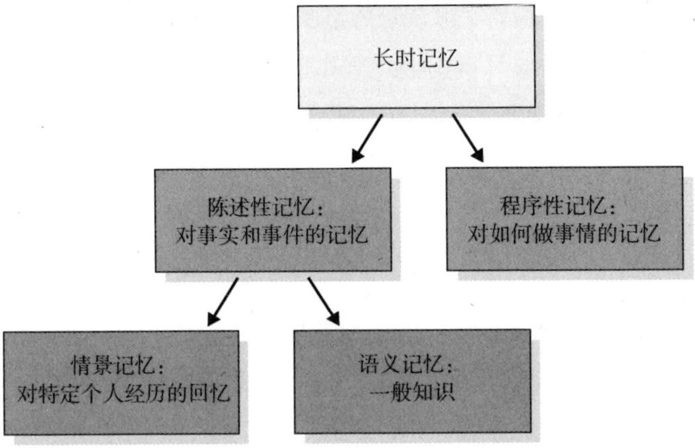

图 7.6　长时记忆的维度

研究者提出人们存储着不同类型的记忆。

提取线索。你未必能对一个事件形成特定的记忆表征，这取决于信息是如何编码的。例如，你有没有什么特定的记忆可以区分从现在往前数的第 10 次刷牙与第 11 次刷牙的情景？

你所知道的一切，最初都是在特定的背景下获得的。然而，有大量的信息，随着时间的推移，你会在不同的背景下遇到。这类信息的提取逐渐变得与多次体验它们的时间和地点无关。这些**语义记忆**（semantic memory）是通用的或类别的记忆，比如词语和概念的含义。对大部分人而言，像公式 $E = MC^2$ 和“法国的首都是巴黎”这样的事实，是不需要参照获取这些记忆时的情景（最初的学习背景）之类的线索来提取的。

对于个人重要的事件保持在情景记忆中，比如与好朋友分离一年后的第一次见面。语义记忆中什么类型的信息可能会促成重聚？

当然，这并不意味着你对语义记忆的回忆是万无一失的。你很清楚自己会忘记很多已经脱离学习背景的事实。当你不能恢复一个语义记忆的时候，有效的策略是再次把它当作情景记忆来对待。你心想，“我知道我在西方文明课中学过罗马皇帝的名字”，这样也许能提供搅动记忆的额外提取线索。

背景和编码

为了继续我们对编码与提取的探讨，我们现在来考虑一下可以称之为“背景冲击”的现象。你看到一个人穿过拥挤的房间，你知道你认识这个人，但就是想不起她是谁。终于，在经过了一段较长时间的凝视后，你记起了她是谁——你意识到问题产生的原因在于你从未在这一特定的背景下见过她。这位平常给你送邮件的女士，在你好朋友的聚会上做什么？当你有这类体验时，你便发现了**编码特异性**（encoding specificity）原理：当提取的背景与编码的背景匹配时，记忆能最有效地浮现。让我们看看研究者是如何证明这一原理的。

编码特异性 在特定的背景下学习信息的结果是什么？图尔文和汤姆森（Tulving & Thomson, 1973）通过颠倒回忆与再认之间通常的成绩关系，首次证明了编码特异性的力量。

研究特写

要求参与者学习配对的单词，比如 *train—black*，但告诉他们只需要记住每个词对中的第二个单词。在随后的实验阶段，要求参与者由某个单词（如 *white*）自由联想出四个单词。选择这些单词的目的是要使得最初被记忆的单词（如 *black*）可能出现在联想词中。在参与者完成单词联想后，要求他们从联想的单词序列中再认出哪些是在实验第一阶段被要求记忆的词。参与者完成此任务的正确率为 54%。然而，当随后给参与者提供每对单词中的第一个单词，如 *train*，并要求他们回忆与之配对的单词时，他们完成该任务的正确率是 61%。

为什么回忆比再认的成绩还好？图尔文和汤姆森认为，关键在于背景的变化。参与者在 *train* 的背景下学了单词 *black* 后，当背景变为 *white* 时，记忆表征就难以恢复。鉴于即便这么微小的背景都能产生如此显著的影响，你可以预期，丰富多变的现实生活背景将会对你的记忆产生更大的影响。

研究者提供了几个引人注目的背景依赖性记忆（context-dependent memory）的例证。在一个实验中，研究者让佩戴水下呼吸器的潜水员在海滩上或在水下学习一些单词，然后在其中一种背景下测试他们对这些单词的保持成绩。当编码与回忆的背景匹配时，成绩要比不匹配时高近 50%——尽管记忆材料与水或潜水根本无关（Godden & Baddeley, 1975）。当编码和提取的背景在心理学教学楼的第 3 层到第 5 层变化时，研究者证实了对词表也存在类似的背景依赖性记忆效应（Unsworth et al., 2012）。但并非只有词表如此：当学习钢琴的学生在他们第一次学习某小段乐曲的钢琴上再演奏那一段时，其准确性更高（Mishra & Backlin, 2007）。

在我们提供的每个例子中，记忆都是根据外界环境中的某个背景进行编码的，比如测试的房间或钢琴的类型。然而，编码特异性还会基于人们的内部状态而产生。例如，在一项研究中，参与者完成一个自由回忆任务，他们在学习和测试之前饮酒或者服用安慰剂（Weissenborn & Duka, 2000）。一般而言，酒精会损害记忆表现。但是在学习和测试前均饮酒的参与者比只在学习或测试前饮酒的参与者回忆的信息更多。当内部状态提供了编码特异性的基础时，这种效应被称为状态依赖性记忆（state-dependent memory）。研究者证实，

从这个人那里收到一次交通警告之后，为什么在一个聚会上再撞见他时你可能认不出他？

人们对大麻和安非他明等药物也会发生状态依赖性记忆。而且，如果你服用抗组胺药治疗过敏，你或许会很乐于了解，它们也会带来状态依赖性记忆（Carter & Cassaday, 1998）。当过敏季节到来时，你会如何利用这一知识？

上述编码特异性的例子都指向同一个结论：当你能够重新置身于编码信息时所处的背景或状态时，提取信息最容易。

系列位置效应　背景的变化还可以解释记忆研究中的一种经典效应：**系列位置效应**（serial position effect）。假设一位教授要求你学习一系列无关联的单词。如果你试图按顺序回忆这些单词，你的成绩几乎肯定会与**图 7.7** 中的模式一致。你对前几个单词的回忆将非常好（**首因效应**，primacy effect），对最后几个单词的回忆也非常好（**近因效应**，recency effect），但对词表中间部分的回忆相当差。如图 7.7 所示，当要求参与者按照“序列回忆”（“按照你听的顺序背诵单词”）或“自由回忆”（“尽可能多地背诵单词”）回忆不同长度的单词序列（6 个、10 个和 15 个单词）时，这一模式具有普遍性（Jahnke, 1965）。研究者们在各种测

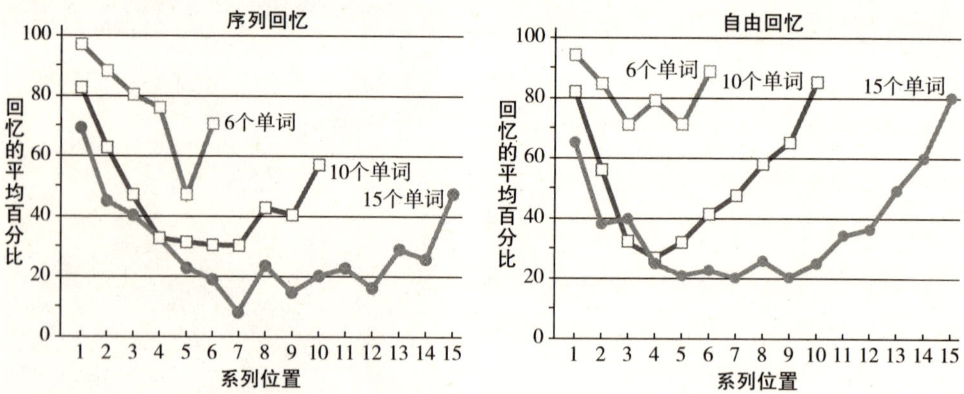

图 7.7　系列位置效应

此图显示了系列位置效应的普遍性。要求学生尝试使用序列回忆（“按照你听的顺序背诵单词”）或自由回忆（“尽可能多地背诵单词”）来记住不同长度的词表（6 个、10 个和 15 个单词）。每条曲线都显示学生对词表的开头（首因效应）和末尾（近因效应）记得更好。

验情境下都发现了首因效应和近因效应（Neath & Surprenant, 2003）。今天是星期几？你是否相信，在一周的开始或末尾回答这个问题要比在一周的中间快几乎 1 秒（Koriat & Fischoff, 1974）？

背景对系列位置曲线形状的影响与词表中不同项目、生活中不同体验等的时间区辨性有关（Guérard et al., 2010; Neath et al., 2006）。**时间区辨性**（temporal distinctiveness）是指某一特定项目在时间上凸显于或不同于其他项目的程度。理解时间区辨性概念的最简单方法是，将它与空间上的区辨性进行类比。**图 7.8** 提供了这种空间类比。在 A 部分，设想你在凝视火车铁轨，你能看到它们看起来好像在地平线处汇集在一起，尽管它们是等间隔分开的。远处的铁轨没有区辨性，混在一起。相形之下，最近处的铁轨最突出，区辨性最强。

现在设想你要回忆自己看过的十部电影。电影就像火车铁轨。大多数情况下，你对最后一部电影的回忆最好（近因效应），因为它在时

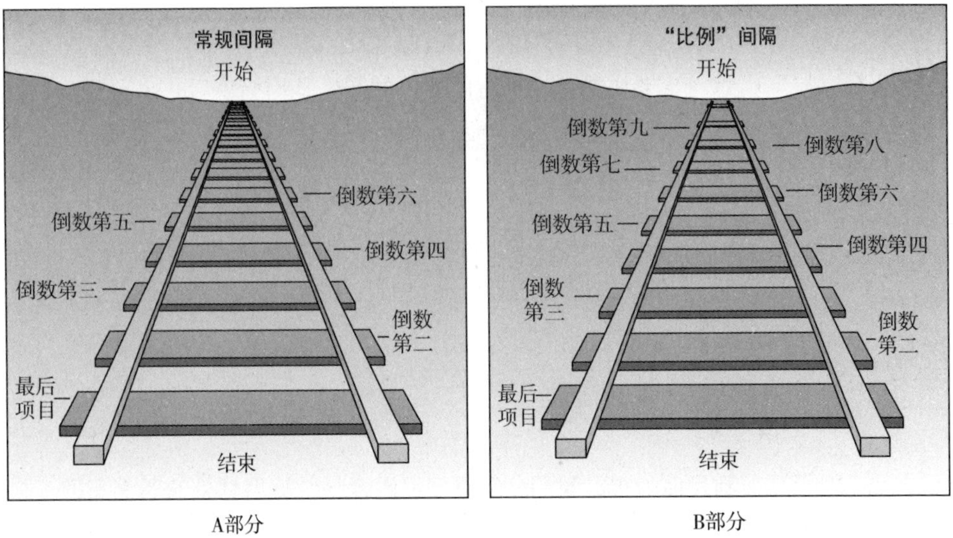

图 7.8 时间区辨性

你可以把存入记忆的项目看作火车铁轨。在 A 部分，你可以设想时间上较早的记忆变得混在一起，就像远处的铁轨。在 B 部分，你看到防止这种效果的一种方法是使“早期的铁轨”在物理距离上相隔更远，这样距离看起来成比例。类似地，你可以通过在心理上把它们分隔开而使早期记忆更有区辨性。

间上最清晰地凸显出来。同时，这一逻辑表明，如果使每个项目都更有区辨性，那么“中间”信息将变得更容易记住。用类比来表示这一想法就是，如图 7.8 的 B 部分所示，使火车铁轨看似等距离相隔。

研究特写

要使铁轨看似等距相隔，工程师们将不得不使远处的铁轨相隔更远。研究者们利用空间与时间的类比，把同样的逻辑运用到记忆测验中（Neath & Crowder, 1990）。他们让参与者设法学习一些字母，但他们操纵了这些字母出现的时间间距。这一操纵是通过让参与者读出呈现在计算机屏幕上的一些随机数字实现的，这些数字出现在字母之间。常规条件下（如图 7.8 的 A 部分），每对字母被两个数字隔开。比例条件下（如 B 部分），第一对字母被 4 个数字隔开，最后一对字母间没有数字。这将使得早期数字更有区辨性，就像把远处的铁轨移得更开一样。事实上，当列表上的早期项目被分得更开时，参与者对它们的记忆更好。

这个实验表明，标准近因效应的产生是因为最后几个项目几乎自动具有区辨性。同样的原理也可以解释首因效应：每次你开始记忆新东西的时候，你的活动就建立了一个新的时间背景。在那个新背景下，开始的几次经验特别有区辨性。因此，你可以把首因效应和近因效应视为同一段铁轨的两个视图——两端各一个。

编码和提取的过程

到目前为止，我们已经看到编码背景与提取背景的匹配有助于提高记忆表现。现在我们将通过考察信息进出长时记忆的实际过程来完善该结论。本部分将采取一种名为**迁移适宜性加工**（transfer-appropriate processing）的视角：当编码时的加工类型迁移至提取时所需的加工时，记忆表现最好（Roediger, 2008）。我们来回顾一下阐明这一视角的研究。

加工水平　让我们首先谈一个观点，即你对信息的加工类型——编码时你对信息的注意类型——将会影响你对信息的记忆。**加工水平理论**（levels-of-processing theory）表明，信息的加工水平越深，越可能进入记忆（Craik & Lockhart, 1972; Lockhart & Craik, 1990）。如果加工涉及更多的分析、理解、比较和阐释，那么记忆效果就应该更好。

加工深度通常根据参与者对实验材料所做判断的类型来定义。以单词 GRAPE 为例，你可以做个外形判断：这个单词是用大写字母写的吗？或者做一个押韵判断：这个单词和 tape 押韵吗？或者做一个语义判断：这个单词代表一种水果吗？你是否发现上述每一个问题都要求你对单词 GRAPE 进行更深入一些的思考？事实上，参与者最初的加工越深，他们记住的单词就越多（Lockhart & Crail, 1990）。

为什么加工深度会影响记忆？一种解释是，人们“更深”水平的加工与提取时所需的加工更为匹配（Roediger et al., 2002）。当你使用外显的记忆过程去记一个单词时，你通常使用关于其语义的信息（而非外形等信息）。这样，编码时的语义判断就能更好地匹配提取过程。这种解释使加工水平效应成为了一种迁移适宜性加工。

基于加工水平的记忆表现证实了信息存入记忆的方式——你用于编码信息的心理过程——影响着你以后能否提取那一信息。但是，到目前为止我们只讨论了外显记忆。接下来我们将会看到，编码加工与提取加工的匹配对内隐记忆尤其重要。

加工和内隐记忆　回忆一下，内隐和外显这一维度既适用于编码也适用于提取过程（Bowers & Marsolek, 2003）。例如，在很多情况下，你会以内隐的方式来提取你最初以外显方式编码的记忆。你喊出某个好朋友的名字时并不需要花费任何特定的心理努力。即便如此，内隐记忆也揭示了内隐编码加工与内隐提取加工匹配的重要性。

研究者经常通过证明同样的编码背景对人们外显和内隐记忆任务的表现影响不同来探索内隐记忆的特性。让我们思考一项测量马拉松运动员记忆表现的研究（Eich & Metcalfe, 2009）。马拉松组的成员刚刚完成了纽约市的马拉松比赛；控制组的成员也是马拉松运动员，但他们在马拉松比赛的前一到三天就完成了记忆测验。每一组的成员在实验开始时都要评价 26 个单词的愉悦度。愉悦度评价要求参与者思考单词的语义，但不必刻意记住单词。接下来，参与者要完成一项叫作词干补笔的内隐记忆测验。在该任务中，参与者看到一个词干，比如 *uni*________，然后写下他们想到的第一个词。假设 *unicorn* 在最初的单词列表中。人们对 *uni*________的反应可能是 *unicorn*，但没有意识到最初词表的影响。最后，参与者需要完成一项外显记忆任务，他们要以外显的方式尽力回忆他们之前评过分的单词。

跑马拉松会对记忆表现有何影响？研究者认为，跑步压力会使人们更难编码外显信息。因此，外显记忆在跑完马拉松后应该会受不利影响。然而，内隐记忆任务只依赖于原始刺激与测验所给信息的物理匹配。无论使人们将 *unicorn* 编码为物理刺激的知觉过程是什么，当人们完成 *uni*________的词干补笔任务时，同样的知觉过程也会使人们记起该物理刺激。基于这一分析，内隐记忆应该不受马拉松过后的压力的影响。事实上，研究者提出，马拉松组的内隐记忆甚至可能优于控制组：跑完马拉松后的压力可能使他们更关注单词的物理特性而非词义。

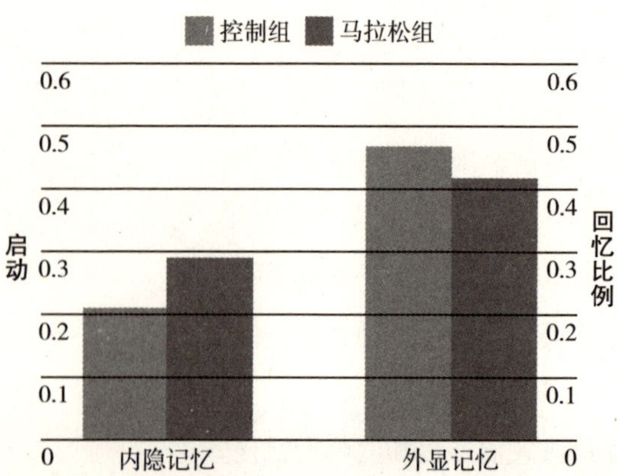

图 7.9 内隐和外显记忆表现的比较

在跑完马拉松后，运动员的外显记忆表现较差。然而，他们的内隐记忆表现要优于控制组的成员。

实验结果如**图 7.9** 所示。如你所见，马拉松组确实有着较差的外显记忆和较好的内隐记忆。你可能对用“回忆比例”作为外显记忆的测量指标比较熟悉，但对内隐记忆的测量指标不太熟悉。这一测量指标被称作**启动**（priming），因为参与者对单词的第一次经历会在随后的经历中*启动*记忆。这一测量指标表示，与 *unicorn* 不在最初的单词列表里相比，当 *unicorn* 在最初的单词列表中时，参与者用 *unicorn* 来补全 *uni*________的可能性大了多少。（对某些参与者来说，*unicorn* 未出现在他们所见的单词列表中。）图 7.9 显示了马拉松组和控制组的启动效应，马拉松组的要强一些。

这个实验展示了基于知觉加工（编码单词的物理特性）的启动。当概念加工在编码和提取阶段都起作用时，也会出现启动效应。

研究特写

一组研究者希望证明概念信息的启动可以维持 4~8 周（Thomson et al., 2010）。他们在加拿大的一所大学教书，故而用美国某些州的名字作为刺激材料。研究者每年在学期初向几个班介绍美国的一个州（每年介绍的州都不同），连续 10 年。他们在一个关于记忆提取的讲座中介绍这个目标州。例如有一年，他们在讲座上建议，记住美国各州的一个好方法就是按照字母表进行回忆。他们提到，“当你看到字母‘D’时，你很有可能会想起 Delaware”（p. 43）。每个学期，在讲座的一到两个月后，研究者要求学生写下所有 50 个州。通过多年的比较，研究者证明，如果某个州在前面的讲座被提到过，学生们想起它的可能性要大得多。

你可能认为，参与者之所以能想起目标州，是因为他们记得教授在课堂上提到过它。然而，当研究者询问学生关于他们先前的记忆时，基本没有学生记得学期初发生了什么。基于上述反应，研究者得出结论：特定州的概念启动保持了一到两个月的时间！

内隐记忆的保持时间之长给你留下了深刻印象吗？你应该记住这些结果，因为我们接下来将讨论记忆加工不遂人意的情况。

我们为什么会遗忘

大多数时间，我们的记忆运转良好。当你看到新结识的一个人向你走来时，你能立刻从记忆中提取她的名字。不幸的是，有时你只能尴尬地向她点点头——你发现自己想不起她的名字。为什么会这样？有些答案我们已经讨论过。例如，你可能是在一个与你当初知道这个名字时非常不同的背景下试图回忆这个人的名字。不过，研究者们已考察了遗忘的其他原因。事实上，发表于 1885 年的最早的正式记忆研究直接探讨了这一主题。让我们首先看看这一工作。

艾宾浩斯对遗忘的量化　遗忘研究的先驱是德国心理学家**赫尔曼·艾宾浩斯**（Hermann Ebbinghaus, 1850—1909）。他以自己为研究对象。在每次学习的开始阶段，他会从头到尾通读无意义音节（如 *CEG* 或 *DAX*）词表，一个一个地读，直到读完整个序列。然后按照相同的顺序再通读这个序列，不断重复，直到他能按正确顺序背诵所有的条目。然后，他强迫自己学习其他的词表来分心，不让自己去复述最初的音节词表。在这段间隔后，艾宾浩斯通过计算重学最初的音节序列所需要的遍数来测量他的记忆。如果他重学需要的遍数比最初学习需要的遍数少，那就说明最初学习的信息已被保存。（你在第 6 章中应该已经熟悉这个概念了。回想一下，当动物重学一个条件反应的时候通常会节省一些时间。）

举例来说，如果艾宾浩斯学会一个序列用了 12 遍，而几天后重学这一序列只用了 9 遍，那么他在那段流逝的时间里的节省成绩为 25%（12 遍 – 9 遍 = 3 遍；3 遍 ÷ 12 遍 = 0.25，即 25%）。使用节省成绩作为测量指标，艾宾浩斯记录了不同时间间隔后的记忆保存程度。他获得的曲线如**图 7.10** 所示。正如你所看到的，他发现记忆在最初迅速流失。事实上，在 1 小时后，艾宾浩斯就已经不得不花最初一半的学

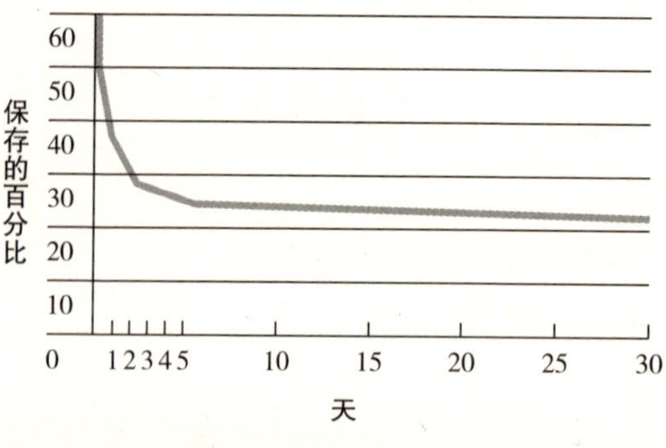

图 7.10　艾宾浩斯遗忘曲线

艾宾浩斯使用节省法计算了他在 30 天内的无意义音节保存量。曲线显示了他在起初的快速遗忘后进入变化很小的稳定期。

习时间来重学词表。在起初的快速遗忘阶段之后，遗忘速度逐渐下降（Ebbinghaus, 1885/1964）。

你在生活中曾无数次体验过艾宾浩斯遗忘曲线所揭示的模式。请思考一下你是多么不情愿在复习完一周后才进行考试。因为你从经验中知道所学的大多数东西都将想不起来了。同样,刚刚记住一个名字后，你很容易就能回忆起来;但是，如果你一直不回忆，一周后你可能会想，"我曾经记得她的名字啊"！

干扰　你忘记自己一周前记得的某个名字，还有其他原因吗？一个重要的原因是，你不是只习得了这个名字。在你知道这个名字之前，你大脑中已经存储了许多其他人的名字；当你知道这个名字后，你可能又习得了一些新的名字。其他名字对你提取此刻所需的名字产生了不利影响。为了更正式地说明这一点，我想让你学一些新的词对。还是老办法，记忆下列词对直到你能正确无误地连续重复它们三次。

Apple—Robe

Hat—Circle

Bicycle—Roof

Mouse—Magazine

Ball—Baby

Ear—Penny

你做得怎么样？仔细看看这个词对表。你可以看出发生了什么——每个旧的提示词配了一个新的反应词。学习这些新词对对你来说是否更难？你是否认为现在回忆那些旧词对对你来说也变得更难了？（不妨试一试。）这两个问题的典型答案都是肯定的。这个简短的练习能让你感觉到记忆之间是如何互相竞争或干扰的。

当你努力区分你对各次刷牙情景的记忆时，你就已经考虑了干扰问题在现实生活中的例子。这些特定记忆是相互干扰的。**前摄干扰**（proactive interference）（前摄是指"对今后的作用"）是指过去获得的信息使你获得新信息更为困难（见图 7.11）。**倒摄干扰**（retroactive

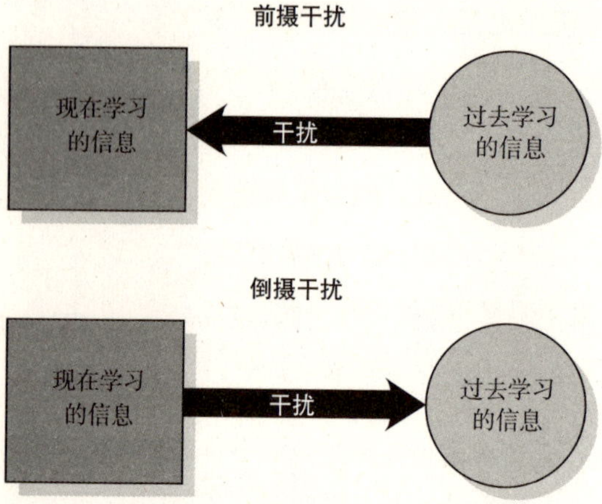

图 7.11 前摄干扰和倒摄干扰

前摄干扰和倒摄干扰有助于解释为什么编码和提取记忆有时会很困难。你过去所学的东西让你现在编码新信息更困难（前摄干扰）。你现在所学的东西让你提取旧信息更困难（倒摄干扰）。

资料来源：Baron, Robert A., *Psychology*, 5th Edition, © 2001. Printed and electronically reproduced by permission of Pearson Education Inc., Upper Saddle River, New Jersey.

interference）（倒摄是指“对以前的作用”）是指新信息的获得使你对旧信息的回忆变得更困难。我给出的词表证明了这两类干扰的存在。如果你曾换过电话号码，你便体验过前摄和倒摄干扰。刚开始，你也许发现记住新号码很难——旧号码总是从脑海中跳出来（前摄干扰）。然而，在你最终能够可靠地再现新号码之后，你也许会发现自己不能记起旧号码——即使你已经用了很多年（倒摄干扰）。

艾宾浩斯是第一位通过实验严格证明记忆干扰现象及很多其他记忆现象的研究者。艾宾浩斯在学习了几十个无意义音节序列之后，发现自己遗忘了约 65% 的正在学习的新音节序列。50 年后，美国西北大学的学生学习了艾宾浩斯的音节序列后得到了同样的结果——在用很多序列做了很多次试验之后，学生前面学习的内容对他们回忆当前的一些序列产生了前摄干扰（Underwood, 1948, 1949）。

本小节给出了一些你可能会遗忘信息的原因。现在似乎是转向另一些研究的好时机，它们就如何改善记忆功能提供了一些建议。

改善对非结构化信息的记忆

读完这部分之后，你应该会对如何提高日常的记忆表现——怎样能记得更多，忘得更少——有一些具体的想法。（本章稍后的“生活中的批判性思维”专栏将结合如何准备考试来帮你巩固这些想法。）你已经知道，若要恢复某个信息，最好在一个与最初获得它时相同的背景下进行，或者做一个与最初获得时同一类型的心理任务。但是我们仍要帮你解决一个略微不同的问题。它涉及编码非结构化的或随意的信息。

例如，想象一下你是一家商店的职员。你必须设法记住每位顾客想要的东西："那位穿绿色宽松上衣的女士需要一把篱笆剪和一条花园用的浇水软管。那位穿蓝色衬衫的男士需要一把钳子、六枚小螺丝钉和一把油漆刮刀。"事实上，这一情节非常接近于研究者要求你记忆词对的那种实验。你是怎样着手学习我前面呈现的词对的？任务也许有些令人厌烦，因为这些词对于你并没有特别的意义，而没有意义的信息是很难记忆的。要设法把正确的东西给正确的顾客，你需要使这些配对看起来不那么随意。让我们来探讨精细复述和记忆术。

精细复述　改善编码的一般策略叫作**精细复述**（elaborative rehearsal）。这一技术的基本理念是，当你复述信息，也即你第一次将它存入记忆时，你精细地加工材料以丰富编码。一种方法是，创造一种关系使联想看起来不那么随意。例如，如果你想记住词对 Mouse—Tree，你可以想象一幅画面：一只老鼠窜到树上去寻找奶酪。当你把分离的信息片段编码成这类小故事时，你的回忆表现就会更好。在商店情境中，你能否快速编造一个故事将每位顾客与恰当的货物联系起来？（只要多加练习就可以做到。）你可能已经猜到，给你的故事配上一幅心理画面，即一个视觉表象，对改善记忆通常也非常有用。视觉表象可以促进你的回忆，因为它同时给你提供了言语和视觉记忆的编码（Paivio, 2006）。

精细复述还可以帮助你避免所谓的"下一个"效应。例如，当人们排在下一个发言时，他们经常不记得正好在他们前面的那个人所说的话。如果你曾有过这样的经历，一圈人站在一起，每个人报出自己的名字，你也许非常熟悉这种效应。紧挨在你前面的那个人的名字是什么？这种效应的原因可能是你把注意力转移到了准备自己的发言或者说出你自己的名字上（Bond et al., 1991）。为了应对这种转移，你应该使用精细复述的策略，把注意集中于你前面的人，丰富你对她名

服务员如何使用精细复述或记忆术来准确地上菜？

字的编码："丽莎——她像蒙娜丽莎一样微笑。"

记忆术　另一种改善记忆的方法是利用一些被称为记忆术的心理策略。**记忆术**（mnemonics，来自希腊语，意思是"记住"）是指通过将事实与熟悉的、以前编码过的信息联系在一起，来编码一长串事实的技术。很多记忆术奏效是因为可以提供现成的提取线索，帮助组织原本无序的信息。这些记忆术也鼓励你使用视觉表象：如前所述，视觉表象可在你复述新信息时提供有效的精细加工。

考虑一下地点法（method of loci），它最初被古希腊演讲家所采用。Loci 的单数是 locus，指"地点"。地点法是将你需要记的一系列名字或物体的顺序（或者对演讲家来说，是长篇演讲的各个部分），与你熟悉的一些地点的某种顺序联系起来。为了记住一个购物清单，你可以在心中将每个物品沿着你从家到学校的路线顺序排列。以后要回忆这个清单的时候，你在心中走过这条路线，找到与每个地点相联系的物品（见图 7.12）。

桩－词法（peg-word method）与地点法类似，只是你要把序列中的项目与一系列线索而不是熟悉的地点相联系。桩－词法的线索通常是一系列将数字与单词相联系的押韵词。例如，你可以记"one is a *bun*""two is a *shoe*""three is a *tree*"等。然后，你可以将序列中的每个项目与适当的线索关联在一起。例如，历史老师要求你按顺序记住罗马帝国的统治者。你可以想象奥古斯都正在吃一盘面包（buns），提比略穿着超大号的鞋（shoe），卡里古拉坐在树（tree）上，等等。可以看出，学习无序信息的关键是以一种能为你自己提供有效提取线索的方式来编码信息。

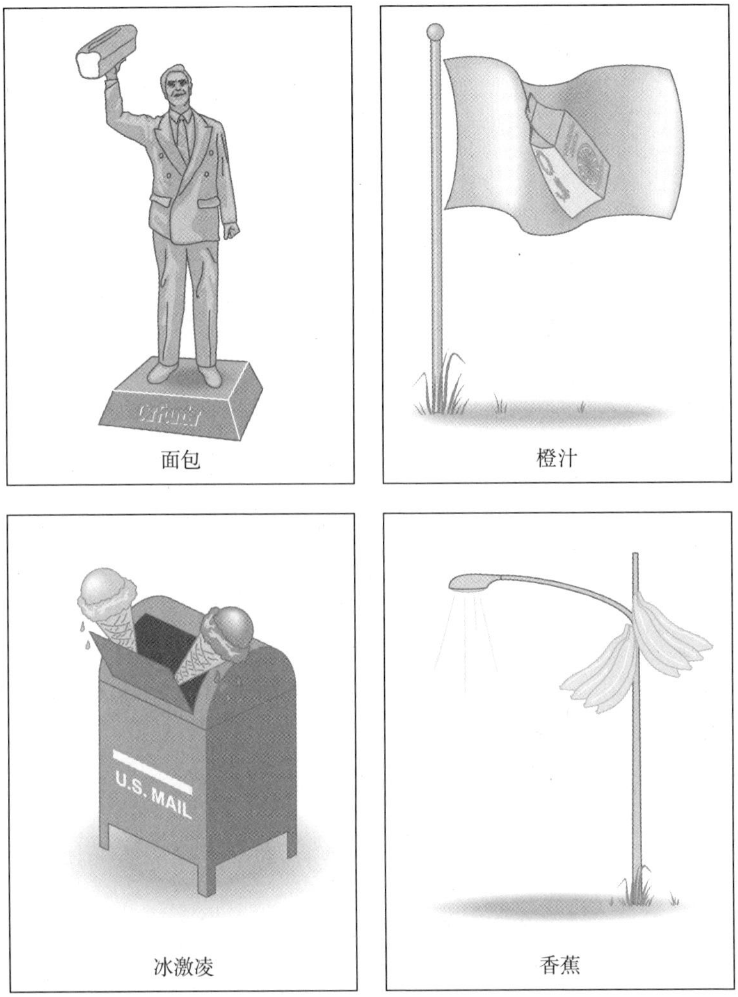

图 7.12　地点法

在地点法中，你将要记忆的项目（比如购物清单上的物品）与一条熟悉的路线（例如你往返学校的路线）上的各个地点联系起来。

元记忆

假设你现在非常想回忆起某事，你尽最大的努力去利用一些反映编码背景的提取线索，但你就是想不起那些信息。你之所以花费如此大的努力回忆，部分原因在于你确信自己拥有那些信息。但你对你记忆的内容如此自信对吗？像这样的问题——你的记忆是如何工作的或你如何知道你拥有什么信息——都是**元记忆**（metamemory）问题。

元记忆的一个主要问题是你的*知道感*（feelings-of-knowing）——你确实把信息存储在了记忆中的主观感觉——在什么时候以及为什么是准确的。关于“知道感”的研究是 **J. L. 哈特**（Hart, 1965）开创的，他通过询问学生一系列的一般知识问题来开始他的研究。请思考下面的问题：“太阳系中哪个行星最大？”你知道答案吗？如果不知道，那你会怎样回答这个问题：“尽管我现在不记得答案，但如果给我几个选项，我能从中选出正确答案吗？”这是哈特给学生呈现的一个问题。他让他们给出从 1（表示他们非常不确定能选对）到 6（表示他们非常确定能选对）的评级。你的评级是什么？现在这里有一些选项：

a. 火星

b. 金星

c. 地球

d. 木星

如果你做了准确的“知道感”判断，与你给出 6 的评级相比，评级为 1 时，你得到正确答案 d 的可能性应该会更小。（当然，为了做一个公平的测验，你实际上需要回答一系列问题）。哈特发现，当参与者给出的评级为 1 时，他们正确回答问题的比率只有 30%，而评级为 6 则预示着 75% 的成功率。这是非常令人印象深刻的证据，表明“知道感”可以是准确的。

每次准备考试时，你可能都会做出另一种叫作*学习判断*（judgment-of-learning, JOL）的元记忆判断。学习判断是你对自己学得有多好的估计。研究表明，学生会利用学习判断来决定如何分配学时（Metcalfe, 2009）。他们会花更多的时间复习自认为还没有掌握好的材料。这一现实做法引发了一个重要的问题：学习判断能否让人们预测自己未来的考试成绩？你应该希望答案是“肯定的”。如果你认为自己学过某些信息，那么你会希望这意味着，你实际上学会了相关的学习材料。然

生活中的批判性思维

记忆研究如何帮助你准备考试

批判性思维的一个重要用途是将新知识运用到生活中的重要任务上。在阅读有关记忆的研究时，你可能会问："这些研究将如何帮助我准备下一次考试？"让我们看看从这种批判性思维中可以得出哪些建议。

- *编码特异性*。请回想一下，编码特异性原则表明提取的背景应该与编码的背景匹配。在学校里，"背景"通常指"以其他信息为背景"。如果你总是在相同的背景下学习某些材料，你可能会发现在一个不同的背景下提取它们很困难。一种解决方法是，即使在学习的时候你也要变换背景，并把不同主题的问题混合起来考考自己。如果你在考试时想不起来某些内容，请尝试借助尽可能多的提取线索来恢复最初的背景："让我想一想，我是在学习短时记忆的那一课中听到这个内容的……"
- *系列位置*。系列位置曲线表明，在大多数情况下，个体对呈现在"中间"的信息的回忆效果最差。事实上，与一堂课的开始或结尾部分相比，大学生更难做对与课堂中间内容有关的试题（Holen & Oaster, 1976; Jensen, 1962）。听课时你应该提醒自己特别注意中间的学习内容。学习的时候，你应该投入更多时间和精力在要学习的材料上，确保每次不是以相同的顺序来学习这些材料。
- *精细复述和记忆术*。当你准备考试的时候，有时你会感觉自己在试图记忆"非结构化的信息"。例如，你可能需要记住五因素人格模型的维度（见第 13 章）。这感觉就像 5 个项目的序列，所以你需要自己设法提供结构，以创造性的方式使概念形成视觉表象，或者将概念编到句子或故事里。对于五因素模型，我用的记忆术是"OCEAN"。在学习第 13 章时，看看它对你是否有帮助。
- *元记忆*。关于元记忆的研究表明，人们通常对自己知道什么和不知道什么有很好的直觉。如果考试时间有限，你就应该让直觉来指导你如何分配时间。例如，你可以快速地把所有测验题读一遍，看看哪些题目给你的知道感最强。

在你阅读来自记忆研究的基本事实时，你可能没有立即看出如何运用这些信息。现在你能看出批判性思维将如何让你将心理学知识直接应用到你的生活中吗？

- 为什么在考前复习时打乱自己的课程笔记是一个好主意？
- 教授应该如何帮助学生克服系列位置对他们学习课堂内容的影响？

而，正如你可能预料的那样，这一问题真实的答案是“有时能，有时不能”。研究者投入了大量精力试图理解学习判断何时能预测未来的成绩（Rhodes & Tauber, 2011; Undorf & Erdfelder, 2011）。大量的此类研究关注编码时的活动如何影响学习判断。因此，你应该问自己的最重要的问题是：“为什么我认为我了解（或不了解）这一材料？”

现在你对信息如何进出记忆已有了相当多的了解。你知道编码背景与提取背景间的“好匹配”意味着什么。下一节将把焦点从记忆过程转移到记忆内容上。

STOP 停下来检查一下

❶ 回忆背景和再认背景哪个通常能提供更多的提取线索？

❷ 在一个聚会上，为什么你能最好地回忆起第一个跟你聊天的人？

❸ 迁移适宜性加工视角指什么？

❹ 在英语课上，你背下来了《乌鸦》（美国作家爱伦坡的叙事诗——译者注），但是你再也背诵不出上周老师布置的内容。这是前摄干扰还是倒摄干扰？

❺ 你怎样利用地点法记住元素周期表上的元素顺序？

❻ 什么是学习判断？

批判性思考：请回忆测试学生们对美国州名的内隐记忆的实验。为什么每次重复实验时，研究者会选用不同的州名？

长时记忆的结构

到目前为止，我们的重点一直放在你如何编码信息以及随后如何从记忆中提取信息。本节将聚焦于记忆存储的一个重要方面：你在不同时间获取的信息是如何在海量有组织的知识中表征的。例如，回想一下我曾让你判断葡萄（上文中的GRAPE——译者注）是不是一种水果，你能很快地回答“是”。豪猪是一种水果吗？番茄呢？在本节中，我们将考察这类判断的难度与信息在记忆中的结构方式之间的关系。

我们还将讨论记忆组织怎样使你对不能准确回忆的经验内容做出最好的猜测。

记忆结构

记忆的一个必不可少的功能是把相似的经验联系起来，使你能在与环境的互动中发现各种模式。你生活在一个充满无数单一事件的世界里，你必须不断从中提取信息，将它们组合成一个你能够在心理上进行管理的更小、更简单的集合。但显然你不需要去花费任何特定的意识努力来发现世界中的结构。你不太可能正式地在心中想过这样的事情："这是一个厨房里应该有的东西。"你通过日常经验就获得了反映环境结构的心理结构。让我们来看看你在对世界每时每刻的体验中所形成的记忆结构的类型。

类别与概念　我们首先看一下第 10 章将会讨论的一个主题——儿童要理解一个单词（例如*小狗*）所必须经历的心理努力。为了学习这个单词的语义，儿童必须能够存储*小狗*这一单词被使用的每个实例以及相应的背景信息。通过这种方式，儿童发现了小狗所代表的共同核心体验——四条腿的毛茸茸生物。儿童必须获得这样的认识：*小狗*不仅用于指一个特定动物，而且指*整个一类*生物。这种将个别经验进行归类（对它们采取相同的行动或给它们以相同的标签）的能力是具备思维能力的有机体最基本的能力之一（Murphy, 2002）。

你对类别形成的心理表征称为**概念**（concept）。例如，*小狗*这个概念命名了小孩在记忆中收集起来的关于狗的经验的心理表征的集合。（正如我们在第 10 章将会看到的，如果儿童还没有修正他对*小狗*的含义的理解，这个概念也许还会包含一些成人所认为的不合适的特征。）你已经获得了大量的概念。你有代表客体和活动的概念，例如*谷仓*和*棒球运动*。概念也可以代表特征，例如*红色*或*大*；代表抽象思想，例如*真理*或*爱*；代表关系，例如*比谁更聪明*或*是谁的姐姐*。每个概念都代表你对世界的经验的一个概括单元。

类别的形成——如什么是健康的莴苣、香甜的瓜或美味的西红柿——如何帮助你做日常决策，如晚餐买什么？

当考虑你在世界上体验到的诸多类别时，你会发现某些类别成员很典型或不那么典型。当思考鸟这样一个类别时，你可能就会产生这样的直觉。你可能会认为知更鸟是一种典型的鸟，而鸵鸟和企鹅是非典型的。类别成员的典型程度具有现实意义。例如，经典研究表明，人们对一个典型的类别成员要比对非典型的成员反应更快。你确定知更鸟是一种鸟的反应时要比确定鸵鸟是鸟更短（Rosch et al., 1976）。但为什么人们认为知更鸟是更典型的鸟类，而鸵鸟不是？这个问题的答案往往强调家族相似性，即典型的类别成员具有与类别中许多其他成员重合的属性（Rosch & Mervis, 1975）。知更鸟有着你认为与鸟类有关的大部分属性——它们大小正好、会飞等等。相反，鸵鸟的块头很大而且不会飞。这些例子表明，家族相似性在典型性判断上起着一定的作用。然而近年来的研究表明，最典型的类别成员也是理想的类别成员。

研究特写

一个研究团队招募了来自两个不同群体的参与者，他们都有着几十年的捕鱼经验：一组参与者是美国土著梅诺米尼族印第安人，来自威斯康星州的中北部；另一组是欧裔美国人，来自地理位置大致相同的地区（Burnett et al., 2005）。本实验之所以选择这两个群体，是因为他们心目中最理想的或者说最渴求的鱼的种类并不一样。例如，梅诺米尼人认为鲟鱼是神圣的。研究者给参与者呈现了 44 张卡片，上面印有当地鱼类的名字。参与者对这些卡片进行分组——研究者将参与者在给鱼分组时说出的理由（例如好吃）作为渴求性指标。而且，参与者还评估了每一种鱼在多大程度上属于“鱼”类。研究者发现渴求性与典型性之间的相关系数为 0.80。（回想一下，第 2 章提到相关系数

的范围在 –1.0 到 +1.0 之间。）这个令人印象深刻的证据表明，参与者关于“理想”鱼的观念在他们对典型性的判断中起着重要作用。另外，典型性评分受人们在渴求性上的文化差异的影响。例如，与欧裔美国人群体相比，梅诺米尼组参与者认为鲟鱼是更典型的鱼类。

如果你没有太多的捕鱼经验，与那些参与者相比，你可能对自己想要什么鱼没有那么明显的感觉。然而，你可以想想那些你非常熟悉的类别，来看看“你认为某种东西是理想的”这一观念如何影响你对其典型性的判断。

层级和基础水平　概念并不是孤立存在的。它们通常排列成有意义的组织，如图 7.13 所示。比如动物这个大类包括鸟、鱼等许多子类别，而这些子类别又包括像金丝雀、鸵鸟以及鲨鱼和三文鱼这样的范例。同时动物这一类别本身又是生物这个更大类别的子类别。概念也与其他类型的信息相关联，你存储着这些知识：一些鸟是可食用的，一些

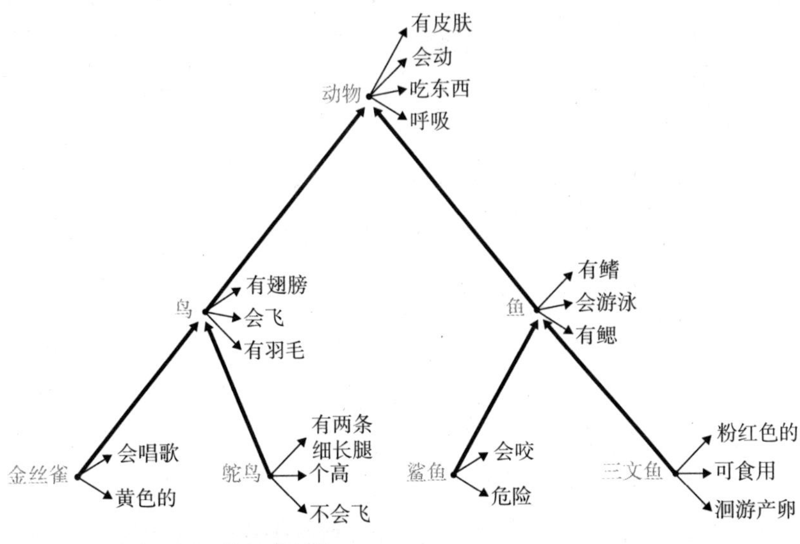

图 7.13　按层级组织的概念结构

动物这个类别可以被分成鸟、鱼等子类别；同样地，每个子类别也可以进一步细分。一些信息（比如有皮肤）可以用到这个层级结构的所有概念上；但另一些信息（比如会唱歌）只能用到低层级的概念（比如金丝雀）上。

是濒临灭绝的，一些是国家的象征等。

在这种概念层级中似乎存在一个水平，在这个水平上人们可以最好地对物体进行归类和思考。这一水平被称为**基础水平**（basic level）（Rosch, 1973, 1978）。例如，当你在食品店买苹果时，你可以把苹果叫作一种水果，但这显然不够精确；你也可以把苹果叫作红富士，但这又太具体了。在这个例子中，苹果就是基础水平。如果给你看一个这样的物体的图片，你可能叫它“苹果”，而且比叫它水果的速度要快（Rosch, 1978）。基础水平源于你的日常经验。与水果和红富士等替代词相比，你更可能遇到苹果这个词。但是如果你是种苹果的，那么你可能会经常提到红富士或嘎啦苹果。基于这些日常经验，你的基础水平很可能会移向更低的层级。

图式　我们已经看到概念是组成记忆层级结构的砖瓦。概念同样也是构成更复杂的心理结构的砖瓦。请回忆一下图 7.1。为什么你立即知道兔子在厨房中是不适宜的？如前所述，这个判断依赖于内隐记忆，但是我并未说明你使用的是什么类型的记忆结构。很明显，你需要的是记忆中的某种表征，它将厨房的一些独立概念（你关于烤箱、水池和冰箱等的知识）组合成一个更大的单元。我们把这个大的单元叫作图式。**图式**（schema）是关于物体、人和情境的概念框架或知识群。图式是对你关于环境结构的经验进行综合概括和编码的“知识包”。你有关于厨房和卧室、赛车手和教授、惊喜派对和毕业典礼的图式。脚本是一种更具体的记忆表征，详细说明事件如何随时间而展开（Schank & Abelson, 1977）。例如，你可能已经编码了详述你在去餐厅或去看医生时会发生什么的脚本。

后续章节将给出更多塑造你日常经验的图式类型的示例。例如，在第 10 章我们将看到，儿童与父母所形成的依恋关系将为其未来的社会互动提供图式。在第 13 章，我们将看到你拥有自我图式——能让你组织与你有关的信息的记忆结构。

有一点恐怕你已经想到了，图式并不包括你所有不同体验的每一个细节。图式代表的是你对环境中诸多情境的一般经验。因此，图式并不是永恒不变的，而是随着生活事件的变化而变化的。你的图式也只包括那些你充分注意的细节。例如，当要求大学生画出硬币（美元）正面的图案时，他们几乎都忽略了“liberty”这个词，尽管这个词在每一枚硬币的正面都有（Rubin & Kontis, 1983）。这个例子说明你的图式精确地反映了你注意到的外部信息。下面就让我们看一下你使用概念和图式的全部方式。

使用记忆表征 让我们考虑一些记忆结构发挥作用的例子。首先，我们看一下**图 7.14** 中的 A 部分。它是什么？尽管它确实是一个不寻常的类别成员，但你可能轻易地就得出了“它是椅子”的结论。然而为了得到这个结论，你需要动用该类别成员的记忆表征。你之所以能说“它是椅子”，是因为图上的物体使你回想起了过去有关椅子的经验。

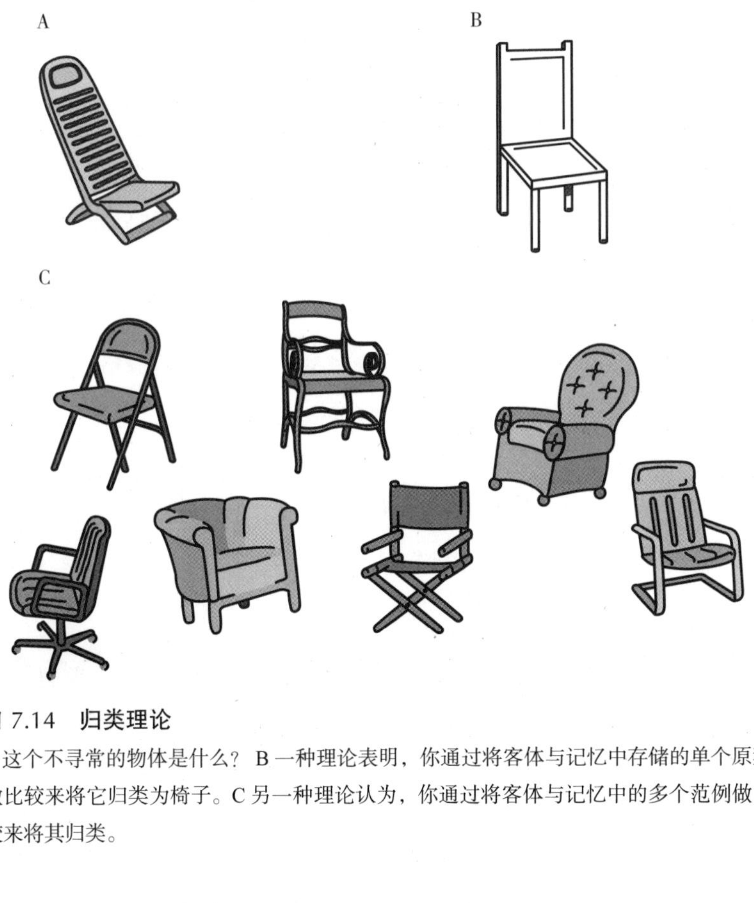

图 7.14 归类理论

A 这个不寻常的物体是什么？ B 一种理论表明，你通过将客体与记忆中存储的单个原型做比较来将它归类为椅子。C 另一种理论认为，你通过将客体与记忆中的多个范例做比较来将其归类。

关于人们如何使用记忆中的概念来对客体进行分类，研究者提出了两种理论。一种理论认为，对于记忆中的每一个概念，你都编码了一个**原型**（prototype）——一个类别中最核心或最典型成员的表征（Rosch, 1978）。根据这个观点，你通过将其与记忆中的原型相比较来识别物体。因为图 7.14 中的 A 部分与 B 部分所代表的原型在许多重要属性上一致，所以你能将 A 部分识别为椅子。

另一种理论认为，人们对于每一个类别都在记忆中保留了自己所遇到的许多不同的**范例**（exemplar）。图 7.14 的 C 部分给出了你可能见过的椅子范例的一个子集。根据范例观点，你通过将客体与记忆中的范例进行比较来识别它。你将 A 部分识别为椅子，是因为它与其中的几个范例很相似。研究者通过大量的研究对比了归类的原型理论和范例理论。研究证据基本支持范例观点：人们似乎通过将遇到的物体与记忆中的多个表征进行比较来对其进行分类（Nosofsky, 2011; Voorspoels et al., 2008）。

图 7.14 中的图片 A 虽然不同寻常，但它明显就是一把椅子。但是，正如第 4 章所述，有时生活中会出现两可刺激，而你会使用先前的知识来帮助解释这些刺激。你还记得曾在第 4 章见过的**图 7.15** 吗？你看到了一只鸭子还是一只兔子？假设你预期自己将看到一只鸭子。如果你将图形的特征与你记忆里鸭子的范例特征相匹配，那你可能会相当满意。如果你预期自己将看到一只兔子，那也会发生同样的事情。你使用记忆中的信息来产生预期并加以确证。

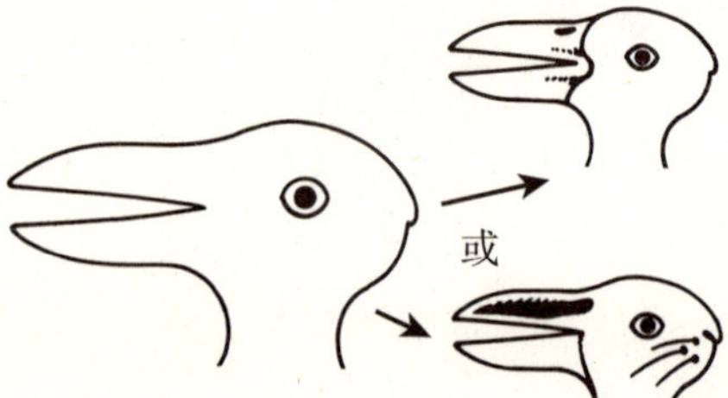

图 7.15 再认错觉

鸭子还是兔子？

如前所述，记忆表征还能让你理解世界上不寻常的事物。这就是你为什么会很快注意到图 7.1 中央那只反常的兔子。因为兔子与你的厨房图式不一致，所以你也特别有可能记住在图片中见过它。一项研究支持了这一说法。在该研究中，研究者在一个研究生办公室里放入了典型的物品（笔记本、铅笔）和非典型的物品（如口琴、牙刷）(Lampinen et al., 2001)。参与者在房间中待 1 分钟。然后，他们需要判断清单上的哪些东西曾经出现在房间中。他们对非典型物品的记忆要比对典型物品的记忆更准确。这个研究说明了记忆结构如何将你的注意引向场景中不寻常的方面。

总之，这些例子表明，记忆表征的可获得性会影响你思考世界的方式。你过去的经验影响了你现在的体验，并提供了有关未来的预期。接下来你将看到，由于大致相同的原因，概念和图式有时候会不利于准确的记忆。

回忆是一个重构的过程

现在让我们来探讨人们使用记忆结构的另一种重要方式。在很多情况下，当有人要求你回忆一条信息时，你并不能直接想起它，而是基于记忆中更概括的知识来重构信息。为体验**重构性记忆**(reconstructive memory)，请思考下面三个问题：

- 第 3 章中是否有“的”这个字?
- 1991 年包括 7 月 7 日这一天吗?
- 你在昨天下午 2:05 到 2:10 这段时间里呼吸了吗?

你可能会毫不犹豫地对每一个问题回答“是”，但几乎可以确定你没有特定的情景记忆来帮助你（当然，除非一些事情碰巧将这些事件固定在你的记忆中——或许 7 月 7 日是你的生日，或者你为了克服无聊将第 3 章中所有的“的”都划去了）。为了回答上面的三个问题，你必须用更概括化的记忆来重构可能发生了什么事情。下面就让我们更详细地考察重构这一加工过程。

重构性记忆的准确性　如果人们重构了记忆，而不是恢复关于某事的特定的记忆表征，那么你可能会预期到在一些情况下，重建的记忆与真实的事件并不相同，即发生了扭曲。**弗雷德里克·巴特利特**(Frederic

Bartlett, 1886—1969）最早证明了记忆的扭曲，他的研究极有影响。在他的经典著作《回忆：一项实验心理学和社会心理学研究》（1932）中，他采用了一种研究程序来证明个体先前的知识如何影响他们记忆新信息的方式。巴特利特研究了英国的本科生回忆故事的方式，这些故事的主题和措辞都来自其他的文化。其中最著名的故事“幽灵的战争”是美国印第安人的传说。

巴特利特发现，与原著相比，读者所重现的故事通常变动很大。巴特利特发现故事扭曲涉及下面三种重构加工：

- 趋平化——简化故事；
- 精细化——突出和过分强调某些细节；
- 同化——改变细节以符合参与者自己的背景或知识。

假设当你参加聚会时，有人告诉你，你刚碰到的那个人是百万富翁。这将对你关于他在聚会上的行为的记忆产生怎样的影响？如果有人告诉你，他只不过自以为是百万富翁时，又会怎样呢？

因此，读者在重现故事时用自己文化中的熟悉词汇代替了原文中的不熟悉词汇：小船可能会代替独木舟，钓鱼可能会代替捕猎海豹。巴特利特的参与者还经常改变故事的情节，以消除对他们的文化所不熟悉的超自然力量的提及。

在巴特利特的引领下，当代的研究者证明了人们在使用建构过程来重现记忆时所发生的各种各样的记忆扭曲。例如，你是如何想起自己小时候做过什么的？在一个实验中，要求参与者回忆在10岁前，他们是否“在主题乐园与最喜欢的卡通角色握过手”（Braun et al., 2002, p. 7）。在回答完这个问题（作为一个更大的生活经历问卷中的一道题目）后，一些参与者阅读了一则迪士尼的广告，该广告旨在唤起人们关于家庭旅行的想法："回到你的童年……回想你小时候见过的角色，米奇、高飞和达菲鸭。"然后，广告描述了一个场景，游客能与童年时的英雄握手："兔八哥，你很崇拜的一个电视角色，离你只有几步之遥……你（走上前）抓住他的手"（p. 6）。读完这类广告后，参与者更有可能表示——尽管之前没有——他们握过某个电视角色的手。而且，他们更可能报告他们在迪士尼乐园握过兔八哥的手这样一段具体的记忆：广告组中 16% 的参与者这样认为，而没有阅读自传式广告的参与者中只有 7% 的人这样认为。当然这些记忆都不准确，因为兔八哥不是迪士尼卡通角色！

这个研究表明，即使是对自身经历的生活事件的记忆，也都是从各种来源重构的。该研究也说明，人们在回忆其记忆各种成分的最初来源时并不总是准确的（Mitchell & Johnson, 2009）。事实上，研究者已经证明，个体有时候会相信他们做出了某些行为，而实际上他们只在想象中做过。

研究特写

40 名大学生参加了一个分成三阶段的实验（Seamon et al., 2006）。第一阶段，参与者与实验者一起绕着校园行走一小时。两人在散步过程中停下来 48 次，每次停下来的时候，实验者都会公布一个行为指令，如"检查一下饮料机有没有变化"。在听到这个指令后，参与者按要求做下面四件事中的一件：亲自完成、看实验者完成、想象自己完成、想象实验者单独完成。此外，有一半的行为是比较古怪的。例如，一半的参与者接收的指令不是"检查饮料机有没有零钱"，而是"单膝下跪，向饮料机求婚"。实验的第二个阶段，实验者和参与者 24 小时后再次散步。在这次散步中，参与者需要在一些地点（既有新地点也有旧地点），想象自己或实验者做出各种行为，包括新的行为和旧的行为（既有常见的也有古怪的）。在实验的第三个阶段，即第二阶段之后的两周，要求参与者回想第一次散步。参与者需要回忆每个行为是真正做过，还是仅仅想象过。无论那些行为是常见的还是古怪的，实验均发现：参与者经常把当时要求自己想象的行为，记成自己或实验者实际做过。因此，一些参与者认为自己真的向饮料机求过婚，或轻抚过一本字典并问它过得好不好，尽管他们只想象过做这些事情。

你能在生活中发现这个研究结果的应用吗？假定你不断提醒自己睡前定闹钟。每次你提醒自己时，你都会在大脑中想象定闹钟的步骤。如果你想象了足够多次，你可能会错误地相信自己已经做了！

但是，牢记下面这点也是很重要的，正如第 4 章讨论知觉错觉时提到的，心理学家经常通过演示加工出错的情况来推断这些过程的正常运作。你可以把这些记忆扭曲看作是通常运转良好的加工过程的结果。事实上，很多时候，你并不需要记住一个特定情景的确切细节。重构事件的细节也可以使我们很好地应付日常生活。

闪光灯记忆　对于以往的大多数生活经历，你可能会同意自己需要重构相关的记忆。例如，如果有人问你三年前的生日是如何过的，你可能就需要回想并试图重构当时的情形。但是，在某些情况下，人们相信自己的记忆依旧完全忠实于原始的事件。这种类型的记忆称为**闪光灯记忆**（flashbulb memory），当人们经历引起情绪极大波动的事件时，这种记忆就会出现。人们的记忆是如此生动，就好像是当时情景的照片一样。对闪光灯记忆的第一项研究关注了人们对公共事件的回忆（Brown & Kulik, 1977）。比如，研究者询问参与者，他们是否对自己最初如何得知肯尼迪总统遇刺一事有特别的记忆。在调查的 80 个人中，79 人报告了生动的回忆。

闪光灯记忆的概念既适用于私人事件，也适用于公共事件。例如人们可能对自己经历过的意外事故或自己如何得知“9 · 11”袭击事件有着生动的记忆。然而，关于闪光灯记忆的研究主要集中在公共事件上。为了开展这些研究，研究者招募参与者，并要求他们分享关于那些引起情绪共鸣的事件的记忆。对于不同的年龄群体，这些事件可能是挑战者号爆炸、戴安娜王妃去世或偷袭珍珠港。闪光灯记忆的内容可反映出人们是如何得知这些事件的。比如，与从其他人那里听来消息的人相比，从媒体获得信息的人的记忆报告往往包含更多的事件真相（Bohannon et al., 2007）。美国人比其他国家的人，比如意大利人、荷兰人和日本人，对“9・11”袭击事件有更具体的记忆（Curci & Luminet, 2006）。

对这些公共事件的研究证实了人们能够获得闪光灯记忆。然而问题仍然存在，这些记忆是否真如人们认为的那样准确？为了回答准确性的问题，研究者在此类事件发生后立即招募参与者，并在其后的一个或几个时间点来评估其记忆。下述实验就开始于 2001 年 9 月 12 日。

研究特写

“9・11”袭击事件发生后的第二天研究者就招募了一些学生，要求他们回答一系列问题，如：“你第一次听到这个消息的时候在哪里？”以及“是否有其他人和你在一起，如果有，那么是谁？”（Talarico & Rubin, 2003）。作为比较，这些学生也对袭击前几天里发生的某个日常事件（比如一个晚会或某个运动比赛）进行了回忆。学生对这些日常记忆也回答了类似的问题（如，“你当时身在何处？”“是否有其他人和你在一起，如果有，那么是谁？”）。在最初的记忆测试的 1 周、6 周或 32 周之后，这些学生又回到实验室，每次都回答了与 9 月 12 日相同的问题。研究者确定了哪些细节与最初的报告一致或不一致。你可以从**图 7.16** 看出，关于“9・11”的记忆与日常记忆没有什么不同。对于两种类型的记忆，学生回忆的一致细节以几乎相同的速度下降，而引入的不一致细节也以几乎相同的速度上升。

研究者对该研究进行了拓展，在整一年之后，他们又邀请这些参与者参加了另外一个记忆测试（Talarico & Rubin, 2007）。研究结论保持不变：两种类型的记忆变化模式相同，参与者提供准确细节的能力在下降，而引入不准确细节的趋势在上升。但是，有一个特征可以将

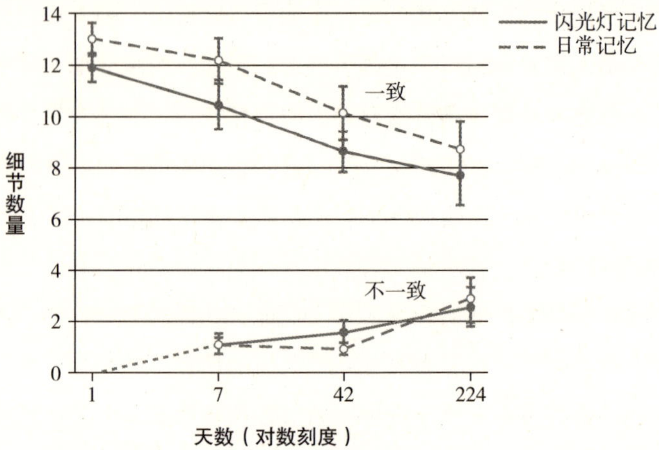

图 7.16 学生对闪光灯记忆和日常记忆的回忆

2001 年 9 月 12 日，学生报告了他们对"9 · 11"袭击的记忆，以及对事件发生前几天内某一日常事件的记忆。在 1 周、6 周或 32 周后测试记忆时，他们对两种记忆的回忆表现是非常相似的。随着时间的推移，他们的报告与第一次报告一致的细节越来越少，不一致的细节越来越多。

资料来源：Jennifer M. Talarico and David C. Rubin, "Confidence, not consistency, characterizes flashbulb memories" *Psychological Science 14*, pages 445–461, copyright © 2003 the Association for Psychological Science. Reprinted by permission of Sage Publications.

闪光灯记忆与日常记忆区别开来：对于他们的闪光灯记忆，参与者更确信他们提供了准确的回忆。

最后这个结果说明，为什么人们通常很难接受关于闪光灯记忆的研究结果。感觉如此生动和真实的记忆，怎么可能是不准确的（或者退一步说，怎么可能与那些不那么生动的记忆一样不准确呢）？我们先前讨论的重构过程同样适用于闪光灯记忆。然而，人们想牢牢记住那些引发强烈情绪的事件的渴望，使他们很难考虑到这些记忆有可能不准确。在第 12 章你将了解更多关于情绪的知识，并有机会思考心境和情绪对记忆的影响。

我们现在转向另一个领域，在此人们对其记忆的过度自信会带来不利的现实后果。在目击者证词这一领域，人们总是有责任*准确地*报告所发生的事情。

目击者记忆　目击者在法庭上会发誓：“说真话，并且只说真话。”然而，通过对本章的学习，我们知道记忆的准确与否取决于编码时的注意程度以及编码背景与提取背景的匹配程度。想一想你在本章前半部分看到的关于一群人的卡通场景图（见图 7.3）。别翻回去看，尽可能多地写下或回想关于这个场景的信息。然后翻到这张图。你做得怎么样？你回忆的每一条信息都准确吗？因为研究者知道即使在人们真心希望说出“真相”时，他们也可能没有能力这样做，所以研究者将大量注意力聚焦在目击者记忆这个主题上。这些研究的目的是帮助司法体系找到能够确保目击者记忆准确性的最佳方法。

伊丽莎白·洛夫特斯及其同事（Loftus, 1979; Wells & Loftus, 2003）开展了一些有影响力的目击者记忆研究。他们的研究得出了一条普遍结论：目击者对于所看到事件的记忆很容易因事后信息而出现扭曲。例如，在一项研究中给参与者看一个关于车祸的电影，然后要求参与者估计事故车辆的行驶速度（Loftus & Palmer, 1974）。然而，一些参与者的问题是：“当两辆车相撞时，它们开得有多快？”而另一些参与者的问题则是：“当两辆车接触时，它们开得有多快？”相撞组参与者估计车速超过了 40 英里 / 时（约 64 公里 / 时），接触组参与者估计车速为 30 英里 / 时（约 48 公里 / 时）。约一周后，询问所有的目击者：“你是否看到了玻璃碎片？”事实上，影片里根本没有玻璃碎片出现。但是，约 1/3 的相撞组参与者报告他们看到了玻璃碎片，而接触组中只有 14% 的参与者报告他们看到了玻璃碎片。因此事后信息对目击者的报告有巨大的影响。

为什么目击者用来描述事故的不同词语可能会影响他们以后的回忆？

这个实验可能代表了大多数目击者的真实经历：在事件发生后，他们有很多机会获得新的信息，而这些新信息会与他们最初的记忆相互影响。事实上，

生活中的心理学

你如何从“测试效应”中获益

当你想学习重要的材料时，你会采用什么策略？如果你与许多学生一样，你首先想到的可能是尽可能多地学习相关材料。然而大量研究支持**测试效应**的存在：与重复学习相比，对所学材料进行测试能使信息更好地长时间保持（Roediger & Butler, 2011）。

请思考一项让学生阅读两篇科学短文的研究（Roediger & Karpicke, 2006）。在研究的第一阶段，参与者阅读其中一篇文章两次，此为**重复学习条件**；参与者阅读第二篇文章一次，然后立即努力回忆其内容，此为**学习加测试条件**。在研究的第二阶段，参与者分别在 5 分钟、2 天或 1 周后回忆两篇短文的内容。右图显示了研究结果。如你所见，当参与者在 5 分钟后接受测试时，重复学习有优势。然而，在 2 天或 1 周之后，学习加测试条件组参与者的表现要好得多。

另一项研究在更精细的学习程序背景下证实了测试效应。研究者让大学本科生学习一篇科学论文中的材料（Karpicke & Blunt, 2011）。一种条件下，参与者学会了为文本创建**概念地图**：“学生构建一张图，其中节点用于表示概念，连接节点的线表示概念之间的关系”（p. 772）。你可以把这种练习理解为一种记忆科学概念的方法。另一种条件下，参与者进行了**提取练习**：他们学习文本之后努力回忆信息；再次学习文本，然后再次回忆。一个星期后，学生们返回实验室参加简答题的测试。创建概念地图的学生正确回答了 45% 的问题，而进行提取练习的学生则答对了 67% 的问题。这是很大的差异！（我们还要考虑到学生为创建概念地图所做的额外工作。）

这些研究对我们的学习有何启示？你在学完材料之后应该进行自测！对于《心理学与生活》来说，你每读完一章都要做练习题，再去查阅答案，然后确保你知道正确答案为什么正确。你也可以请老师给你出更多的测试题。研究者在一个中学的科学课堂上进行了一项研究：让学生们在一个学期内参加一系列的选择题测验（McDaniel et al., 2011）。这些选择题涵盖了老师所讲的部分教学内容。在期末考试中，学生们对于之前测试过的部分答对了 79% 的题目，而对于之前没有测试过的部分答对了 72% 的题目。仅仅参加测验（不计入他们的成绩）就使学生在这些测验所涵盖部分的成绩提高了 7%！

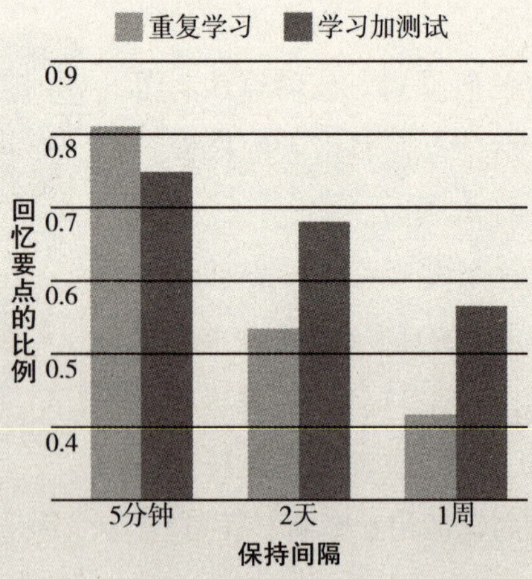

洛夫特斯及其同事证明了参与者经常受错误信息效应（misinformation effect）的影响（Frenda et al., 2011）。例如，在一个实验中参与者观看交通事故的幻灯片，然后回答一系列问题。一半参与者回答的一个问题是："当红色的达特桑汽车停在停车标志前时，是否有另一辆车超过了它？"另一半参与者回答的相应问题是："当红色的达特桑汽车停在让行标志前时，是否有另一辆车超过了它？"最初的幻灯片显示的是停车标志。然而，当要求参与者从带有停车标志或让行标志的幻灯片中再认最初的幻灯片时，回答停车标志问题的参与者中有 75% 的人答对了，而回答让行标志问题的参与者中只有 41% 的人回答正确（Loftus et al., 1978）。这就是错误信息的巨大影响。

有关目击者记忆的研究已发展到探究真实目击者更为宽泛的经历。比如，研究者将注意力转向了目击者在提供证词之前与看到相同事件的其他人（共同目击者）讨论事件的情况。调查数据证实了这个问题的重要性：在一个样本中，86% 目睹了人身攻击或故意毁坏财物等严重事件的人会与共同目击者讨论相关事件（Paterson & Kemp, 2006）。而在曾被警察询问的目击者中，只有 14% 的人被劝阻不要进行这样的对话。这是有问题的，因为共同目击者可能成为目击者自己的记忆的信息污染源。

研究特写

一个研究团队试图证明，如果与共同目击者讨论所目击的事件，他们的记忆表现会受损（Paterson et al., 2011）。每名参与者都观看一段抢劫视频的两个版本中的一个。这两个版本在几个细节上有所不同（例如在这两个版本中，罪犯分别称自己为乔和詹姆斯）。在看完视频后，参与者两两配对讨论他们所看的视频。在一些对子中，两名参与者都看了同样版本的视频。在其他的对子中，参与者观看了不同版本的视频。观看不同版本视频的这一条件应该会增大参与者从共同目击者那里获得错误信息的可能性。一周后，对参与者进行访谈，以引出他们对抢劫的记忆。在访谈结束时，参与者在他们陈述的文字记录上签字，以表明文字记录是“准确且完整的”(p. 46)。研究者将参与者的陈述与他们观看的原始视频进行了比较。在不同版本条件下的参与者中，42% 的人报告了错误信息，而在相同版本条件下的参与者中，只有 19% 的人报告了错误信息。

访谈者实际上提醒过一些参与者，他们的共同目击者可能观看的是一个略微不同的视频。然而，这一提醒对参与者排除陈述中的错误信息几乎没有影响。这个实验说明，在与共同目击者交谈之后，目击者很难将自己的记忆与从其他人那里听来的信息区分开。此类结果非常重要，因为人们在法庭上作证时，会发誓说只报告从自己在相应事件中的亲身经历中获得的信息。

至此，我们已经讨论了记忆的编码、存储和提取的一些重要特征。在本章的最后一节，我们将讨论这些记忆功能的脑基础。

STOP 停下来检查一下

1. 类别与概念之间的关系是什么？
2. 归类的范例理论的观点是什么？
3. 根据巴特利特的解释，哪三种过程会造成重构记忆的扭曲？
4. 洛夫特斯及其同事是如何证明错误信息效应的？

批判性思考：请回忆考察鱼类典型性的实验。为什么研究者要选择来自同一地理区域的两个不同群体？

记忆的生物学

请你再次回忆本章开头让你记住的那个数字。你还记得它吗？这一练习的目的是什么？让我们从生物学方面考虑一下，你是如何在看到一个随意的信息后立刻把它记住的？记忆编码要求你立即改变脑内的一些东西。如果你想把此记忆至少保持读完一章的时间，那么这种变化必须有可能成为永久性的。你有没有想过记忆存储是如何实现的？

我之所以让你回忆那个随意的数字，就是为了让你思考一下记忆的生物学机制是多么不同寻常。让我们仔细看看人脑的内部。

寻找记忆痕迹

让我们考虑一下你对 51 这个数字的记忆，或者更具体地说，你对“数字 51 是你试着记住的数字”的记忆。我们如何确定这个记忆在你脑内的定位？**卡尔·拉什利**（Lashley, 1929, 1950）在记忆的解剖学方面做了许多开创性的工作，他把这一问题称作寻找**记忆痕迹**（engram），即记忆的生理表征。拉什利训练大鼠走迷宫后，将其大脑皮层切除大小不同的部分，接着再测试大鼠对迷宫的记忆。他发现，由脑损伤引起的记忆损害，与切除的脑组织的数量成正比。皮层切除越多，记忆损害就越严重。但是，记忆并不受被切除组织在皮层中的位置的影响。拉什利得出这样的结论：这些难以搜寻的记忆痕迹并不存在于任何特定的脑区，而是广泛分布于整个皮层。

拉什利未能定位记忆痕迹的部分原因可能是，即使在看似简单的情况下，也有不同类型的记忆在起作用。迷宫学习实际上涉及空间、视觉和嗅觉信号的复杂相互作用。神经科学家现在认为，对复杂的信息集合的记忆分布于很多神经系统中，尽管不同类型的知识是分开加工的且分别存储于脑的特定区域（Nadel & Hardt, 2011）。

与记忆相关的五个主要的脑结构是：

- *小脑*，对程序性记忆、通过重复获得的记忆以及经典条件反应至关重要。
- *纹状体*，位于前脑的一个神经核团集合体，是形成习惯和刺激—反应联结的可能基础。
- *大脑皮层*，负责感觉记忆以及不同感觉间的关联。
- *海马*，主要负责事实、日期、名字等陈述性记忆以及空间记忆的巩固。
- *杏仁核*，在具有情绪意义的记忆的形成和提取中起着关键作用。

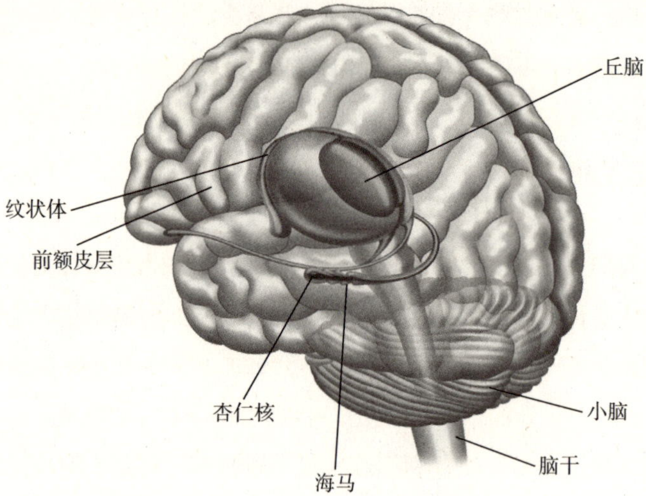

图 7.17 与记忆有关的脑结构

这个示意图显示了与记忆的形成、存储和提取有关的主要脑结构。

脑的其他部分，如丘脑、基底前脑和前额皮层，也作为特定类型记忆形成的中转站而参与其中（见**图 7.17**）。

在第 3 章，我们着重介绍了脑的解剖结构。这里让我们看看神经科学家在研究特定脑结构在记忆中的作用时所使用的方法。本节将考察两种类型的研究。首先，让我们看看“自然实验”（用脑损伤志愿者做进一步的记忆研究）带给我们的发现。其次，我们会描述研究者如何运用新的脑成像技术来增进对脑内记忆过程的理解。

记忆障碍

1960 年，年轻的空军雷达技术员尼克遭受了一次意外创伤，这永久地改变了他的生活。尼克坐在桌边，而他的室友正在玩一把微型的钝头剑。突然尼克站起来转过身去——这时他的同事恰巧用剑刺来。剑穿过他的右鼻孔一直插入他的左脑。这场事故使尼克的方向感严重受损。最严重的问题是，他因此患了**遗忘症**（amnesia），长时间地记不住东西。他忘掉了很多刚刚发生过的事情。在他读了几段文字之后，前几句话就从记忆中消失了。他不能记住电视剧的情节，除非在广告期间，他主动去回想和复述他刚才看到的东西。

尼克患的是**顺行性遗忘症**（anterograde amnesia）。这意味着尼克不再能对身体受伤之后发生的事件形成外显记忆。长期酗酒的一个后果是科尔萨科夫综合征，顺行性遗忘症是其中一个主要症状。有些患者则罹患**逆行性遗忘症**（retrograde amnesia）。在这些案例中，脑损伤导致患者遗忘损伤前发生过的事情。如果一个人的脑部不幸受到过重击（例如车祸中），他 / 她很有可能体验过对事故发生前的事件的逆行性遗忘。

研究者们很感谢像尼克这样的患者，因为可以将他们作为“自然实验”的对象来进行研究。通过将尼克这样的患者的脑损伤部位与行为缺陷模式相联系，研究者们已开始了解本章介绍的记忆类型与各个脑区的对应关系（Squire & Wixted, 2011）。尼克仍能记住怎样做事情——即使在陈述性知识缺失的情况下，他的程序性知识似乎仍是完好的。比如他记得怎样按照菜谱来搭配、搅拌和烘烤原料，但是他却忘了原料是什么。

尼克表现出的这种外显记忆的选择性受损揭示了记忆生物学的一个主要事实：大量的证据表明，记忆的外显使用和内隐使用涉及不同的脑区（Voss & Paller, 2008）。然而，研究者仍在继续探索每一个脑区所负责的确切功能。

研究特写

一个研究团队对海马受损的人进行了测试（Aly et al., 2010）。参与者先学习彩色的人脸图片和单词列表。然后他们要完成这两种刺激的再认记忆测验。参与者在一个从 1（确定刺激是新的）到 6（确定刺激是旧的）的量表上给出再认评分。结果发现，参与者对单词的再认表现要比对面孔差得多。研究者想解释这一结果，这样他们就可以进一步确定海马在再认记忆中的作用。他们的分析侧重于回忆与熟悉之间的区别上。假设你认出一位从你身边走过的女士。如果你对自己是如何认识这位女士的有具体的感觉，这就是回忆；如果你知道自己认识这位女士，但是你想不起来自己是怎么认识她的或为什么认识她，这就是熟悉。研究者认为，面孔比单词更容易让人产生熟悉的体验。根据这种观点，海马受损的参与者对面孔的再认表现好于单词的原因是，海马对回忆而言是必要结构，而对熟悉却不是。该研究数据支持了海马的特定功能假说。

这个实验展示了对遗忘症患者的研究如何能让我们对精确的记忆功能分布于特定脑结构的方式有更深入的理解。

人们丧失回忆过去信息或获得新信息的能力的情况是记忆障碍最极端的形式。然而，人们还会因受伤或疾病而出现不那么严重的记忆紊乱。阿尔茨海默病是一种影响记忆功能的最常见的疾病。在美国，该病大约影响了 13% 的 65 岁及以上的老年人，43% 的 85 岁及以上的老年人（Alzheimer's Association, 2011）。在阿尔茨海默病的最早阶段，患者通常难以保持新信息。随着病情的发展，记忆丧失的范围变得更广。在第 10 章我们将看到人类的老化伴随着记忆功能的正常变化。为了对阿尔茨海默病做出及时的诊断，医生必须判断老年人的记忆损伤是否超出了正常的变化范畴。1906 年，德国精神病学家阿尔茨海默首次描述了阿尔茨海默病的症状。在那些最早的研究中，阿尔茨海默发现，死于该病的个体的脑内包含异常的神经组织缠结和黏性沉积物（称作斑块）。不过，阿尔茨海默无法确定这些脑变化是病因还是该病造成的结果。当代研究者给出了证明斑块导致脑退化的证据（Hardy & Selkoe, 2002）。研究者通过研究阿尔茨海默病的高危群体来理解记忆功能连续变化的生物学基础（Murphy et al., 2008）。

研究者经常寻找特定脑区受损的人来检验关于记忆加工的生物基础的理论。例如，回想一下，有关元记忆的讨论揭示出人们的知道感判断通常是相当准确的。研究者提出，前额皮层（见图 7.17）是这些判断的脑基础（Modirrousta & Fellows, 2008）。为了检验这一主张，研究者找到了 5 名前额皮层受损的个体。这些个体以及与之匹配的控制组都尽力学习面孔与姓名之间的新联结。即使两组参与者在再认测试上的表现相当，前额皮层受损的个体在知道感判断的准确性上也一致地较差。该实验支持了这个主张，即前额皮层在元记忆中有一定的作用。这个例子也表明，考察更轻微的记忆障碍的研究是有价值的。

脑成像

心理学家从遗忘症患者的无私相助中获得了大量有关记忆与脑解剖结构之间关系的知识。不过，脑成像技术的出现使研究者得以研究正常个体的记忆过程。（可以回顾一下第 3 章关于脑成像技术的部分。）例如，图尔文及其同事（Habib et al., 2003）用正电子发射断层扫描术（PET）发现，在情景信息的编码和提取过程中，左脑和右脑的激活有显著不同。他们的研究与通常的记忆研究一样，只是他们用 PET 扫描技术监测了参与者在编码和提取时大脑的血液流动。这些研究者发现，在情景信息的编码阶段，左前额皮层表现出异常的活跃；而在情景信息的提取阶段，右前额皮层表现出异常的活跃（见图 7.18）。因此，

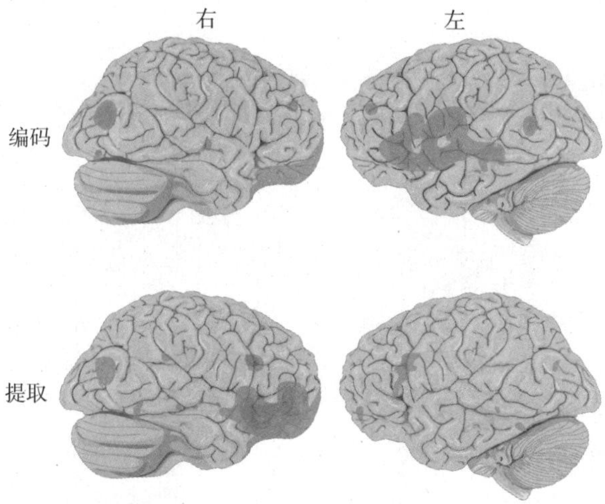

图 7.18　编码和提取时的脑活动

此图显示了编码和提取时最活跃的脑区。PET 扫描显示，在编码情景信息时，左前额皮层高度激活，提取时右前额皮层高度激活。

资料来源：*Trends in Cognitive Sciences* 7(6), Reza Habib, Lars Nyberg, Endel Tulving, "Hemispheric asymmetries of memory: The HERA model revisited," pp 241–245, © 2003, with permission from Elsevier.

除了认知心理学家所做的概念上的区分外，编码和提取过程还显示了一些解剖结构上的区分。

使用功能性磁共振成像（fMRI）的研究也为记忆运作在脑中的分布方式提供了非凡的细节。例如，有研究者利用 fMRI 识别新记忆形成时会激活哪些特定的脑区。请思考这样一个研究：参与者在观看一集情景喜剧《抑制热情》时（他们之前没看过）接受 fMRI 扫描（Hasson et al., 2008）。在 27 分钟的时间内，剧中的主角经历了一系列事件，如参加晚餐聚会、与朋友争执等。三周后，参与者回到实验室完成一个包括 77 个问题的记忆测验，这些问题与该剧的情节有关。每名参与者都只记得剧中的部分细节。研究者分析了 fMRI 数据，以确定在信息成功编码时哪些脑区特别活跃。如**图 7.19** 所示，分析发现了若干激活的脑区。除非你从事认知神经科学研究，否则没必要知道为什么正是这些脑区的激活预测了随后的回忆。图 7.19 应该能告诉你，在见证新记忆的形成和巩固这一目标上，研究者正在取得进展。

脑扫描还提供了关于记忆过程如何随时间展开的信息。如果要你

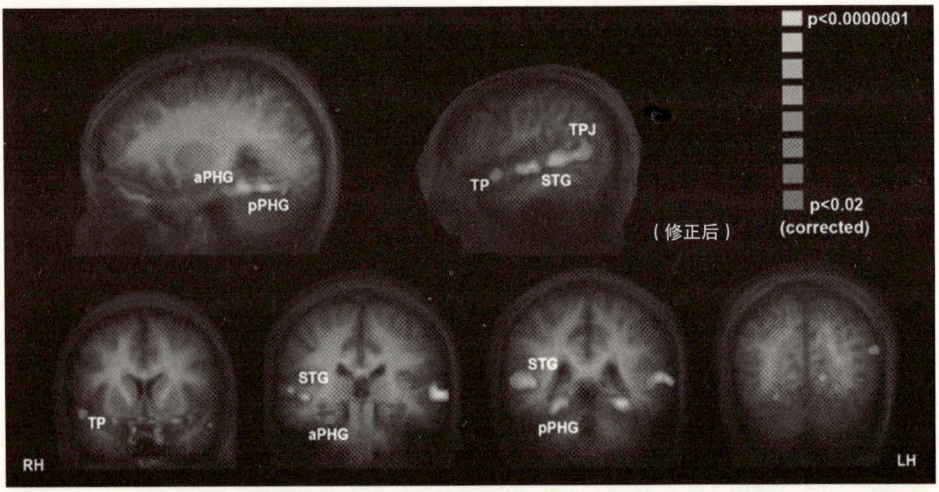

图 7.19　预测成功记忆的脑区

当这组脑区在编码阶段特别活跃时，人们更可能回想起自己所观看的情景喜剧的细节。这些区域是右侧颞极（TP）、颞上回（STG）、前海马旁回（aPHG）、后海马旁回（pPHG）以及颞顶联合（TPJ）。图中 RH 和 LH 分别指右脑和左脑。（见彩插）

回答法国的首都是哪里，答案可能会（或不会）立即浮现在你的脑海中。然而，如果要你回忆你第一次遇到法国人的场面，你可能需要更多的时间来提取和精细化相关记忆。对这类丰富的自传体记忆来说，不同脑区的作用会随着时间而变化。

研究特写

一个研究团队要求参与者在接受 fMRI 扫描时提取自传体记忆（Daselaar et al., 2008）。参与者听到一个线索词（如“树”），并努力回忆与这个词有关的一个特定事件。当他们已经提取了这段记忆时，就按压反应盒上的一个按钮。因为这个过程的展开需要几秒，所以研究者能够确定不同的脑区如何参与到自传体记忆的不同方面。比如在早期，参与者搜寻情景记忆时，海马等结构就会激活。在参与者精细化自己的记忆时，其他脑区的激活变得更为突出。比如，当参与者用视觉表象来丰富自己的记忆时，视觉皮层就会变得更加活跃。当视觉皮层特别活跃时，参与者报告说，他们有一种真的在重温那段记忆的强烈感觉。

请你试着回想一下与“树”有关的记忆。你有没有发现自己对事件的回忆随着时间变得更加精细？fMRI 扫描为脑内精细化过程的发生位置及发生方式提供了实时的描述。

脑成像研究的结果说明了为什么不同学科的研究者应该紧密合作，以寻求对记忆加工的全面理解。经典的记忆研究促使神经心理学家对特化的脑结构进行探测。与此同时，生理学揭示出的真相也规范了心理学家关于编码、存储和提取机制的理论。通过共同努力，这些研究领域的科学家为记忆过程的运作提供了深刻的见解。

STOP 停下来检查一下

❶ 关于记忆痕迹的定位拉什利得出了什么结论?

❷ 关于遗忘症患者的内隐记忆损伤，我们知道些什么?

❸ 关于情景记忆的编码和提取的脑基础，PET 研究说明了什么?

批判性思考：请回忆考察对情景喜剧细节记忆的研究。为什么参与者之前没有看过该集情景喜剧很重要?

要点重述

什么是记忆

- 认知心理学家将记忆作为一种信息加工来研究。
- 涉及意识努力的记忆叫作外显记忆，无意识的记忆叫作内隐记忆。
- 陈述性记忆是对事实的记忆；程序性记忆是对如何运用技能的记忆。
- 记忆过程通常被分为三个阶段：编码、存储和提取。

记忆的短时使用

- 映像记忆容量很大，但持续时间很短。
- 短时记忆（STM）容量有限，在不复述的情况下，保持时间短暂。
- 保持性复述可以无限地延长短时记忆中材料的存在时间。
- 通过把无关联的项目加以组块，构成有意义的组群，可以增加短时记忆的容量。
- 工作记忆这一更宽泛的概念包括短时记忆。
- 工作记忆的四个成分为人们对世界的实时体验提供了资源。

长时记忆：编码和提取

- 长时记忆（LTM）构成了你关于世界和自己的全部知识。它的容量几乎是无限的。
- 你回忆信息的能力依赖于编码背景与提取背景之间的匹配程度。
- 提取线索使你可以提取长时记忆中的信息。
- 情景记忆是指对个人经历过的事件的记忆。语义记忆是关于词语和概念的基本意义的记忆。

- 学习与提取背景的相似性有助于提取。
- 系列位置曲线可以用过时间区辨性来解释。
- 信息的加工越深入，记忆的效果通常就越好。
- 编码过程与提取过程相似对内隐记忆很重要。
- 艾宾浩斯对遗忘的时间进程进行了研究。
- 当提取线索不能唯一地指向特定记忆时，就会发生干扰。
- 精细复述和记忆术可以改善记忆表现。
- 一般来说，“知道感”能够准确地预测记忆中信息的可获取性。

长时记忆的结构

- 概念是思维的记忆砖瓦。当记忆过程将具有共同属性的客体或观念的类别聚集在一起时，概念就形成了。
- 概念通常是按层级组织的，从一般水平到基础水平再到具体水平。
- 图式是更复杂的认知群。
- 所有这些记忆结构都被用来为解释新信息提供预期和背景。
- 记忆并不是简单地记录过去，而是一个建构的过程。
- 人们对于具有重大情绪意义的事件会编码闪光灯记忆，但这些记忆可能并不比日常记忆更准确。
- 新信息会使回忆出现偏差，导致目击者记忆由于事后信息输入的污染而变得不可靠。

记忆的生物学

- 不同的脑结构（包括海马、杏仁核、小脑、纹状体和大脑皮层）被证明与不同类型的记忆有关。
- 以记忆障碍个体为对象的实验帮助了研究者理解不同类型的记忆是如何获得的以及在脑中是如何表征的。
- 脑成像技术拓展了有关记忆编码和提取的脑基础的知识。

关键术语

记忆
记忆的外显使用
记忆的内隐使用
陈述性记忆
程序性记忆
编码
存储
提取
映像记忆
短时记忆（STM）
组块
工作记忆
长时记忆（LTM）
提取线索
回忆
再认
情景记忆
语义记忆
编码特异性
系列位置效应
首因效应
近因效应
时间区辨性
迁移适宜性加工
加工水平理论
启动
前摄干扰
倒摄干扰
精细复述
记忆术
元记忆
概念
基础水平
图式
原型
范例
重构性记忆
闪光灯记忆
记忆痕迹
遗忘症
顺行性遗忘症
逆行性遗忘症

第8章

认知过程

现在是午夜时分。你听到敲门声。但当你开门时，一个人也没有，只见地上有一个信封，信封里有张纸条，上面有手写的“猫在垫子上”。你如何理解这句话呢？

此时你肯定会启用多种认知加工过程。你需要运用语言加工过程将这些词的基本意思组合起来，然后呢？你能发现记忆中有什么情景与这些词有联系吗？（第 7 章谈到记忆是一种认知加工过程。）如果不能，你就得换个思路来理解这件事。这条信息是密码吗？是什么样的密码？你认识的人中谁会编出这样的密码？抑或人类文明的命运交到了你的手中？

或许扯得远了些，但我们的目的是让你明白什么样的活动才算是**认知过程**（cognitive processes），以及为什么你可能会对它们感兴趣。能够使用语言并以抽象的方式进行思维，通常被视为人类经验的本质。你往往认为认知是理所当然的，因为它是你在大部分清醒的时间里所持续从事的一项活动。即便如此，当精心构思的演说赢得了你的选票；或当你读一部推理小说，读到侦探把一些看似琐碎的线索拼接成精彩的破案链条时，你还是不得不承认认知过程在智力上的胜利。

认知（cognition）是一个所有形式的“知”的通用术语，如**图 8.1** 所示，对认知的研究就是对你心智活动的研究。（第 4 章和第 7 章已经讨论过图 8.1 中的一些主题。）认知既包括内容，也包括过程。认知的内容是指你知道什么——概念、事实、命题、规则和记忆，如“狗是哺乳动物”“红灯意味着停止”“我第一次离开家是在 18 岁”。认知过程是指为了解释周围世界并为生活中的困境找到创造性的解决办法，你如何操纵这些心智内容。

在心理学中，对认知的研究由**认知心理学**（cognitive psychology）领域的研究者所承担。在过去的 30 年中，认知心理学得到了跨学科的**认知科学**（cognitive science）（见图 8.2）的补充。认知科学将多个学术领域的专长集中在共同的理论问题上，从而有益于每个领域的实践者分享数据和洞见。在第 7 章中，当我们描述记忆的生物学研究如何能被用于制约和完善记忆过程的理论时，你就已经了解到这种认知科学的理念在起作用。类似地，我们在本章描述的许多理论，也都是多个学科的研究者通过不同视角的相互碰撞而形成的。

下面，我们首先简要描述研究者如何测量认知功能所涉及的内在且隐蔽的过程。然后，我们将考察认知心理学中产生过许多基础研究和实际应用的主题，包括语言使用、视觉认知、问题解决、推理、判断和决策。

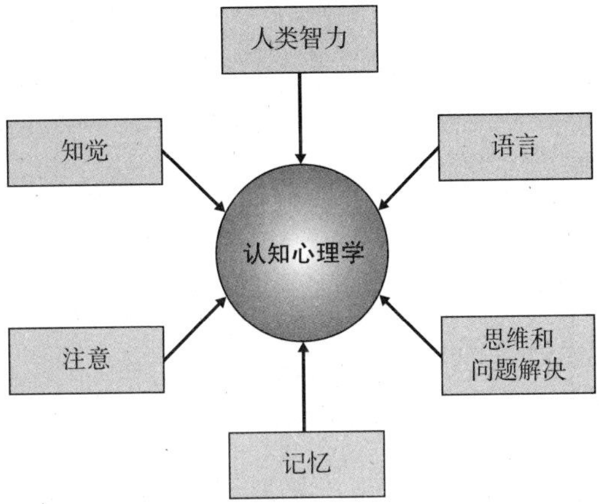

图 8.1 认知心理学的领域

认知心理学家研究高级心理功能，尤其着重于研究人们如何获得知识并利用它形成和理解自己在世界中的经验。

资料来源：Solso, Robert L., *Cognitive Psychology*, 3rd Edition, © 1991. Printed and electronically reproduced by permission of Pearson Education Inc., Upper Saddle River, New Jersey.

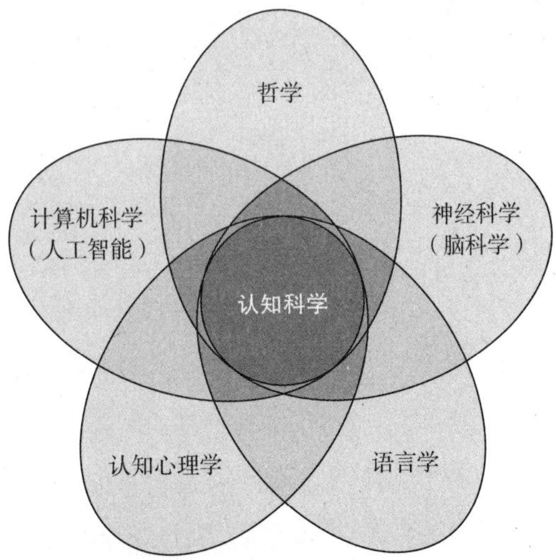

图 8.2 认知科学的领域

认知科学领域处于哲学、神经科学、语言学、认知心理学和计算机科学（人工智能）的交叉地带。

研究认知

如何研究认知呢？当然，挑战在于认知发生在头脑内部。你可以看到输入，例如，一条短信写着“给我打个电话”，然后体验到输出——你打了一个电话。但是，你如何确定把信息同你的反应连接起来的一系列心理步骤呢？你怎样揭示这中间发生了什么，或者说你如何知道你的行为所依赖的认知过程和心理表征？本节中，我们将描述使认知心理学的科学研究成为可能的几类逻辑分析。

揭示心理过程

1868 年，荷兰生理学家**唐德斯**（F. C. Donders, 1818—1889）发明了一种研究心理过程的基本方法。为了研究“心理过程的速度”，唐德斯设计了一系列实验任务，他相信成功完成这些任务所涉及的心理步骤是有区别的（Brysbaert & Rastle, 2009）。**表 8.1** 提供了一个遵循唐德斯逻辑的纸笔实验。在继续阅读之前，请花一点时间来完成每一项任务。

完成任务 1 你花了多长时间？假设你想要列出完成这项任务所需要的步骤，那么，你列出的步骤可能如下：

a. 确定一个字符是大写字母还是小写字母。
b. 如果是大写字母，在它上方写 C。

完成任务 2 你花了多长时间？学生们做这项任务通常会比做任务 1 多花半分钟或更长的时间。一旦清楚了完成任务 2 所需要的步骤，你就能明白为什么会这样：

a. 确定一个字符是大写字母还是小写字母。
b. 确定每个大写字母是元音字母还是辅音字母。
c. 如果是辅音字母，在它上方写 C；如果是元音字母，在它上方写 V。

这样，从任务 1 到任务 2，增加了两个心理步骤，我们可以把它

表 8.1　唐德斯对心理过程的分析

记下你完成每一项任务花费了多长时间（以秒计）。试着准确完成每项任务，但要尽可能快。

任务 1：在所有的大写字母上方写 C：

TO Be, oR noT To BE: tHAT Is thE qUestioN:
WhETher 'Tis noBIEr In tHE MINd tO SuFfER
tHe SLings AnD ARroWS Of OUtrAgeOUs forTUNe,
or To TAke ARmS agaINST a sEa Of tROUBleS,
AnD by oPPOsinG END theM.　　　　时间：__________

任务 2：在大写的元音字母上方写 V，在大写的辅音字母上方写 C：

TO Be, oR noT To BE: tHAT Is thE qUestioN:
WhETher 'Tis noBIEr In tHE MINd tO SuFfER
tHe SLings AnD ARroWS Of OUtrAgeOUs forTUNe,
or To TAke ARmS agaINST a sEa Of tROUBleS,
AnD by oPPOsinG END theM.　　　　时间：__________

任务 3：在所有的大写字母上方写 V：

TO Be, oR noT To BE: tHAT Is thE qUestioN:
WhETher 'Tis noBIEr In tHE MINd tO SuFfER
tHe SLings AnD ARroWS Of OUtrAgeOUs forTUNe,
or To TAke ARmS agaINST a sEa Of tROUBleS,
AnD by oPPOsinG END theM.　　　　时间：__________

们分别称为刺激分类（元音字母还是辅音字母？）和反应选择（写 C 还是写 V？）。任务 1 只要求一步刺激分类，任务 2 则要求两步。此外，任务 2 还要求在两个反应之间做出选择。这样，在任务 2 中，你除了要完成任务 1 中所需做的每件事情之外，还需要多做一些事情，因此，完成任务 2 需要多花一些时间。这正是唐德斯的基本洞察：完成一项任务时，额外的心理步骤通常会使人们花更多的时间。

你可能会问，为什么我们还设计了任务 3。事实上，这是实验必要的程序控制。我们必须保证，完成任务 1 和任务 2 所需要的时间差异并不是由于写 V 比写 C 需要花更长的时间。完成任务 3 也应该比任务 2 更快，是这样吗？

研究者至今仍遵循着唐德斯的基本逻辑。他们经常利用反应时——参与者完成特定任务所花的时间——来检验关于某种特定认知过程的一些解释。唐德斯所提出的基本假设，即额外的心理步骤将花去更多时间，至今仍然是大量认知心理学研究的基础。让我们看看这种成功的思想在过去的140多年里是如何发展的。

心理过程和心理资源

当认知心理学家把诸如语言使用和问题解决这样的高级活动分解成一些成分过程时，他们看起来就好像正在玩一种积木游戏。每块积木代表必须完成的一个独特成分。他们的目标是确定每块积木的形状和大小，并且弄清楚这些积木如何组合起来构成一个完整的活动。就唐德斯的任务来说，你会看到这些积木可以排成一行（见图8.3，A部分）。一个步骤接一个步骤地进行。用积木来做比喻可以让我们看到，我们也可以堆叠这些积木，使得几个过程同时发生（B部分）。这两个图说明了**序列过程**（serial processes）和**平行过程**（parallel processes）之间的区别。当这些过程一个接一个地进行时，它们就是序列过程。假设你在餐馆点菜，需要决定要什么。你会专注于菜单上的菜品，然后决定是“要”“不要”或者“有待考虑”。对于每一道菜，你的决定过程都跟在阅读过程的后面。而当这些过程在时间上重叠时，它们就是平行过程。到了点菜下单时，你理解侍者提出的问题的语言过程（如，“您需要点些什么？”）与你形成回答的过程（如，“我想要炖小牛肘”）很可能是同时发生的。这就是侍者刚问完，你就立刻准备好了答案的原因。

认知心理学家经常使用反应时来确定一些过程究竟是平行进行还是序列进行。然而，图8.3中C部分的例子会让你觉得这是一件棘手的事情。假设有一项任务，我们认为这项任务可以分解为两个过程，X和Y。如果我们只知道完成这个过程所需的总时间，那么，我们永远不能肯定过程X和Y究竟是并列发生还是一个接一个地发生。认知

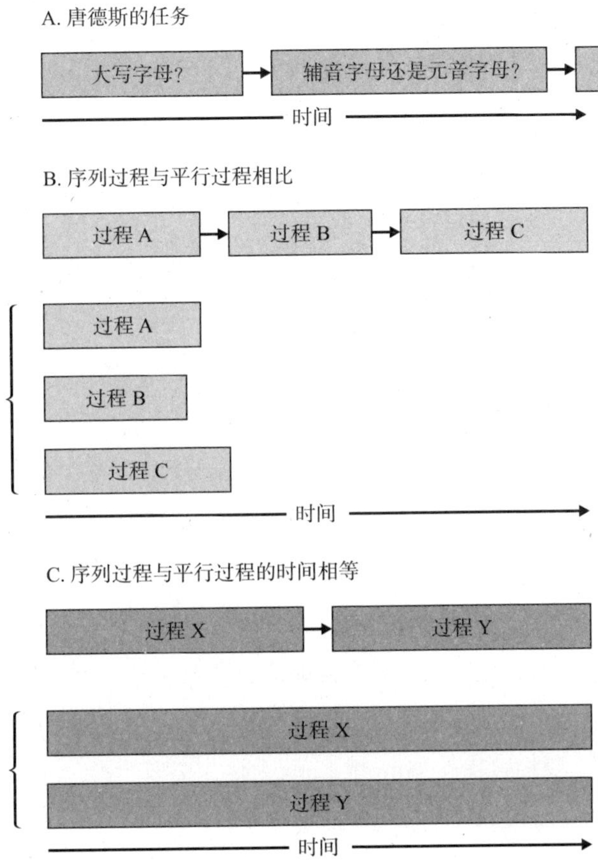

图 8.3 分解高级认知活动

认知心理学家力图确定心理过程的特性和组织方式，这些心理过程是形成高级认知活动的积木。

A. 唐德斯任务的这一版本要求一个接一个地完成至少三个过程。

B. 一些过程顺次序列地完成，另一些过程同时平行地完成。

C. 完成任务所花的时间，并不总能让研究者得出使用的究竟是序列过程还是平行过程的结论。

心理学研究所面对的挑战，很大一部分在于如何创造一些任务环境，以便让研究者确定在许多可能的积木结构中究竟哪一个正确。在你刚刚完成的练习任务 2 中，我们有理由确信这些过程是序列进行的，因为从逻辑上看，一些活动必须以另一些活动的完成为前提。例如，直到确定了什么是正确的反应，你才能执行你的反应（准备写 C 或 V）。

许多情况下，理论家试图通过估计心理过程需要占用多少心理资源来确定它们究竟是序列的还是平行的。例如，假设你和一个朋友步行去上课。通常情况下，在一条平坦的直路上走，同时和朋友交谈对你来说应该很容易——行走过程和语言过程可以平行进行。但是，如果突然碰到一段坑坑洼洼的路，那么会发生什么？当你在水坑间择路而行时，你可能不得不停止说话。此时你的行走过程要求额外的资源进行计划，因此，你的语言过程暂时被挤了出去。

在这个例子中，一个关键的假设是，你的加工资源有限并且必须分配给不同的心理任务（Daffner et al., 2011; Wyble et al., 2011）。你的注意过程负责分配这些资源。在第 4 章中，我们把注意看成一系列过程，它们使你能够在可得的知觉信息中选择一小部分进行专门的审视。这里对“注意”的使用保留了选择性这层含义。然而此时的决策所关心的是，哪些心理过程会被选择，从而成为加工资源的接受者。

还有一种更复杂的情况：并非所有的过程都对资源有同样的要求。研究者定义了一个从受控过程到自动过程的维度（Shiffrin & Schneider, 1977）。**受控过程**（controlled processes）需要注意，而**自动过程**（automatic processes）一般不需要。一次执行一个以上的受控过程通常是困难的，因为它们需要更多的资源。自动过程常常能够无干扰地与其他任务同时执行。

我们通过一个例子来说明自动过程。请你先花一点时间完成**表 8.2** 中的任务。你需要把看起来“外形”更大的数字圈出来。你有没有发现某个系列比另一个系列要稍微难一些？

表 8.2 **大小判断**

你的任务是圈出每对数字中字号更大的数字。试着判断哪个系列更难。

系列 A			
61—67	22—28	25—29	47—41
68—64	27—23	43—49	44—48
系列 B			
47—41	61—67	27—23	25—29
22—28	68—64	43—49	44—48

研究特写

实验要求参与者完成表 8.2 中的判断任务。如果你仔细看这些数字，你会发现系列 A 中的数字的字号大小和数值大小不匹配（如 61 数值比 67 小，但字号更大）。而在系列 B 中，字号大小和数值大小是匹配的。如果你从头到尾完成这个任务，你自然会发现，在做“字号”大小判断时，完成系列 A（不匹配）比完成系列 B（匹配）需要花更多的时间（Ganor–Stern et al., 2007）。但是，为什么数字的数值大小会影响到对其字号大小的判断呢？研究者认为，你在看到 61 和 67 的时候，会不由自主地想到这两个数字所代表的数值大小，在这种情况下，数值大小会影响你的任务表现。也就是说，你自动地获得了数字的意义，即使你不需要（或不想）这么做。

这项数字任务表明，自动加工严重依赖记忆的有效使用（Barrett et al., 2004）。在你看到 61 和 67 或者其他数字时，你的记忆过程会快速提供有关数量的信息。这项任务同样表明，在开始时需要用到受控过程的任务，经过充分练习可以变得自动化。你可能记得，当你还是小孩子时，你不得不学习如何使用数字。现在，数字和它们所代表的数量之间的联系，已经变得如此自动化，以至于你无法切断这种联系。

为什么在你正尽量避开水坑时保持交谈会比较困难？

让我们把关于受控过程和自动过程的知识应用到前面所提到的行走和谈话的情形中。当你走平坦的直路时，你感觉不到两项活动之间的干扰，这说明维持行走路线和组织说话都是相对自动化的活动。然而，当水坑迫使你在大量的路线选项中做出选择时，情形就不同了。现在你必须选择走哪条路和说什么。因为你不能同时执行这两种选择，所以，你遇到了加工资源的瓶颈（Chun et al., 2011）。

现在，你已经了解了不少关于心理过程的逻辑。为了解释人们如何完成复杂的心理任务，理论家提出了各种模型，这些模型结合了序列过程和平行过程以及受控过程和自动过程。很多认知心理学研究的目标是设计实验来证实这些模型的每个成分。既然你已经理解了认知心理学研究心理过程的一些逻辑，那么，是时候进入认知过程发挥作用的具体领域了。我们先从语言的使用开始。

STOP 停下来检查一下

❶ 当唐德斯让参与者完成不同的实验任务时，他的目的是什么？

❷ 序列过程和平行过程的区别是什么？

❸ 什么类型的加工过程一般不需要注意资源？

语言的使用

让我们回到你午夜收到的那个信息——“猫在垫子上”。在这种情境下，改变些什么你才能马上理解这条信息呢？最简单的办法是适当做些背景介绍。假设你是一名特工，经常会以这种古怪的方式收到一些指令，你可能知道“猫”是你的联络人，“在垫子上”的意思是在摔跤馆里。你应该出发去和他碰头了。

但是，就算你不是特工，“猫在垫子上”也可以有多种意义：

- 假设你的猫想要出去，它在靠近门的垫子上等着。当你对室友说“猫在垫子上”时，你用这些词来传达的是这样的信息：“你能起床放猫出去吗？”
- 假设你的朋友想把车驶离车道，因为她不知道猫在什么地方，所以有些担心。当你说“猫在垫子上”时，你用这些词来传达的信息就是：“把车驶离车道是安全的。”

- 假设你本想让你的猫和朋友的狗来个赛跑。可当你说“猫在垫子上”时，你用这些词传达的信息就是：“我的猫不想赛跑。”

这些例子说明了句子的意思与说者的意思之间的区别，前者是各个单词组合在一起时的简单意义，后者是指说者通过恰当地使用句子所能传达的无限多的意思（Grice, 1968）。当心理学家研究语言的使用时，他们既想了解说者是如何表达的，也想了解听者是如何理解的：

- 说者如何生成正确的词语来传达想要传达的意思？
- 听者如何获得说者希望传达的信息？

我们将依次考察这两个问题。同时还将讨论与语言使用相关的演化和文化背景。

图 8.4　语言的生成

你会如何向一个朋友描述这幅照片？如果你的朋友是盲人，你的描述会有怎样的变化？

语言生成

请看**图 8.4**，并试着用几句话来描述这幅图。你想说什么？假设现在你需要向一位盲人重新描述图中的人物，你的描述会发生怎样的变化？后一个描述要求更多的心理努力吗？有关**语言生成**（language production）的研究既关心人们说什么（在一个特定的时间人们选择说什么），也关心产生这些信息时人们所经历的过程。值得注意的是，对于语言使用者来说，大声地说出语言并不一定是必需的。语言生成也包括做手势和书写。然而，为方便起见，我们将语言生成者称作说者，而将语言理解者称作听者。

听众设计　我们请你想象把图 8.4 描述给视力正常的人和盲人，你会给出怎样不同的描述，是想让你思考语言生成中的**听众设计**（audience design）。每当你产生话语时，你都必须考虑话语所针对的听众，以及你与听众共享哪些知识（Brennan & Hanna, 2009）。例如，如果你的听者并不知道那只猫只有在想出去的时候才坐在垫子上，那么说“猫在垫子上”对你不会有任何帮助。哲学家**保罗·格赖斯**（Grice, 1975）最先提出了听众设计的首要原则，即合作原则。格赖斯把合作原则看作对说者的一种指导，即说者所产生的话语应该适合正在进行的交谈的背景和意义。为了扩展这一指导原则，格赖斯定义了具有合作性的说者所遵循的四条准则。

表 8.3 列出了这些准则，以及一段虚构的交谈，这段交谈说明了这些准则如何影响语言生成中的每一个选择。根据你的日常对话经验，你对这些对话应该很熟悉。例如，当克里斯说“我喜欢床上的各种虫子”时，他其实是在表达讽刺。想想你自己对讽刺的使用。在几乎所有情况下，你都违反了格赖斯的“质”的准则（因为你在说一些你认为错误的东西）。当你这样做的时候，你相信你的听众能意识到你违反了这一准则。在表 8.3 中，克里斯假设帕特能明白他话中的意思（“恶心！”）。

正如你从表 8.3 中看到的那样，要成为一个合作性说者，很大程度上依赖于你对听者可能知道和可能理解的内容有一个准确的预期。因而，如果你没有充分的理由相信你的朋友知道亚历克斯是谁，你肯定不会告诉这位朋友“我正在和亚历克斯一起吃午饭”。你也必须让自己确信，在你朋友可能认识（并且她知道你也认识）的所有叫亚历克斯的人中，只有一个特定的亚历克斯会作为你在这一情形中可能提到的人出现在朋友的脑海中。更正式的说法是，我们可以说，在你与朋友共享的共同基础（共同知识）中，一定有某个亚历克斯很突出。

赫伯特·克拉克（Clark, 1996）提出，语言的使用者在判断共同基础时有不同的依据：

表 8.3 格赖斯的语言生成准则

1. **量**：你说的话所提供的信息要恰好满足需要（就当前的交流目的而言），而不要超出所需。
   对说者而言意味着：你必须尽力判断听众真正需要多少信息。这个判断常常需要你评估听众可能已经知道了什么。
2. **质**：尽量让你所说的话真实。不要说你自己都认为站不住脚的话。不要说缺乏充足证据的话。
   对说者而言意味着：当你说话时，听者会假设你能够用合适的证据来支持你的断言。当你计划每句话时，你必须考虑它所基于的证据。
3. **关系**：你所说的话要前后相关联。
   对说者而言意味着：你必须保证听者能够理解你正在说的如何与你之前所说的内容相关联。如果你想转移话题，即你所说的话前后没有直接关系，那么，你必须交代清楚。
4. **方式**：显而易见。避免表达模糊和产生歧义。让你的言语简洁、有条理。
   对说者而言意味着：以尽可能清晰的方式去说是你的责任。尽管你不可避免地会犯错，但是，作为一个合作性的说者，你必须保证听者能够理解你的信息。

在以下的对话中，你能看出克里斯是如何遵循（或违反）格赖斯的准则的吗？

对话	克里斯可能正在想
帕特：你去过纽约吗？ 克里斯：2009 年去过一次。	我不知道为什么帕特会问我这个问题，因此我可能应该稍微多说点儿，而不只是说“去过”。
帕特：我本来想去一趟，但是我担心会遭到抢劫。 克里斯：我想很多地方还是安全的。	我不能说他不应该担心，因为他不会相信我。我说些什么才能让他感觉舒服且听起来是真的？
帕特：你住的宾馆怎么样？ 克里斯：我喜欢床上的虫子。	我希望帕特明白我并不喜欢与虫子共处一室。
帕特：你愿意和我一起去纽约吗？ 克里斯：我得想个法子，看看我是否有可能在不太可能的情况下离开。	我不想去，但是我不想显得不礼貌。帕特会从我的反应中注意到我正在推托吗？
帕特：啊？ 克里斯：嗯……	帕特陷入尴尬。

- *团体成员身份*。语言生成者经常根据共享的团体（各种规模）成员身份，对可能的共享知识做出强假设。
- *行动同现*。语言生成者通常假设他们与其他交谈者共同经历的某些事件或行动将成为双方的共同基础，包括稍早的交谈（或过去的交谈）中所讨论的信息。
- *知觉同现*。当说话者和听者共同面对同一知觉事件（光线、声音等）时，就存在着知觉同现。

所以，在句子“我正在和亚历克斯共进午餐”中，你对亚历克斯的使用可能是成功的，因为你的朋友和你属于同一个小团体（如室友），这个小团体中只有一位名叫亚历克斯的人（团体成员身份）。或者，你对亚历克斯的成功使用，可能是因为你已在稍早的交谈中介绍过亚历克斯（行动同现），又或者亚历克斯正好站在房间中（知觉同现）。从这个例子中可以看出，为什么共同基础的判断依赖于你对个人和团体信息的记忆能力（Horton, 2007; Horton & Gerrig, 2005）。

至此，我们对语言生成的讨论都集中在信息层面上：你将根据听众是谁来组织你想要表达的内容。现在，让我们开始讨论你产生这些信息的心理过程。

言语执行和口误 你想因为口误而闻名吗？想一下牛津大学的斯本内（Reverend W. A. Spooner）吧，**斯本内现象**（spoonerism，也译作首音误置，指在一个短语或句子中两个或更多个词的首音互换）便是以其名字而命名。尊敬的斯本内配得上这份荣誉。例如，当他斥责一个懒惰的学生浪费了整整一个学期时，他说：“You have tasted the whole worm！”（你已经品尝了整条虫子）实际上，斯本内想说的是“You have wasted the whole term”（你已经浪费了整个学期）。斯本内现象是语言生成者所犯的几种有限口误中的一种。这些口误能够让研究者了解说者产生话语时所做的计划。在**表 8.4** 中，你可以看到，你需要在多个不同水平上计划你要说的话，而口误为每一个水平都提供了证据（Dell, 2004）。在所有这些口误的例子中，让你印象深刻的可能是，口误不是随机的——就英语口语结构而言，它们是有意义的。因而，说者可能互换起始辅音——把“slips of the tongue”说成“tips of the slung”——但永远不会说成“tlips of the sung”，后面这种说法违反了英语中“tl”不能作为起始音出现的规则（Fromkin, 1980）。

鉴于口误对言语生成理论的发展具有重要价值，研究者并不满足于总是被动地等待口误自然发生。相反，研究者已经探索出多种方法，用以在控制的实验环境中人为产生口误（例如，Corley et al.,

表 8.4　言语生成计划中的错误

计划的类型：

- 说者必须选择最符合他们想法的内容词。
  如果说者想到了两个词，如 *grizzly*（灰色的）和 *ghastly*（苍白的），那么，可能会出现 *grastly* 这样的混合词。
- 说者必须把所选的词放在话语中正确的位置。
  因为说者在产生话语时会计划话语的整体单元，所以，内容词有时会发生错位。
  把 a tank of gas（一桶汽油）说成 a gas of tank。
  把 wine is being served at dinner（宴会提供葡萄酒）说成 dinner is being served at wine。
- 说者必须说出他们想说的词。
  再一次，因为说者要事先计划，所以，有时会出现声音的错位。
  把 left hemisphere（左半球）说成 heft lemisphere。
  把 pass out（昏倒）说成 pat ous。

2011; Humphreys et al., 2010）。有一种经典的技术被称为 SLIP 技术（spoonerisms of laboratory-induced predisposition，实验室诱导产生的斯本内现象）（Baars, 1992）。这个程序要求参与者默读一些由词对构成的词表，这些词对为希望出现的斯本内现象的声音结构提供了模型。例如，"ball doze，bash door，bean deck，bell dark"。然后，研究者要求参与者大声说出像"darn bore"这样的词对，但是，在先前词对的影响下，"darn bore"有时会被说成"barn door"。

在这种技术的帮助下，研究者能够研究哪些因素可能使说者产生口误。例如，当口误所产生的仍然是真实存在的词时，斯本内现象更可能出现（Baars et al., 1975）。如此一来，同"dart board"（生成"bart doard"）相比，人们说"darn bore"时更可能出现口误（生成"barn door"）。类似这样的发现说明，当你说话时，你的某些认知过程专注于觉察和修正潜在的错误（Nooteboom & Quené, 2008）。那些过程不愿意让你发出像"doard"（它不是英语中真正存在的词）这样的声音。

当代言语生成理论试图预测，为了生成声音、词和结构，人们的话语是如何展开的。比如，研究者可能想研究，说者正在说话时，为什么某些声音比其他声音更容易生成（Goldrick & Larson, 2008）。此类分析关注的因素包括特定的声音出现在特定位置的相对频率（如在英语单词中，s 比 z 更可能出现在单词的开头）。另外一些研究项目则考察，人们在言语表达过程中生成特定单词的时间进程。比如，研究者已经发现，人们如果刚刚说过某个单词（如 milk），就很难说出另一个与其有联系的单词（如 cow）。这些现象可以解释为在言语表达的过程中，不同的记忆表征会相互竞争（Rahman & Melinger, 2007）。

关于结构，研究者常常考察哪些因素导致说者选择以某种而不是另一种方式来表达同样的意思。请看**图 8.5**，如果要你描述这个场景，你可能会说："邮递员正在被狗追"，或者"狗在追邮递员"。为了理解说者为什么选择某个特定的结构，研究者指出了一些因素，比如说者最近听到和理解的语言（Bock et al., 2007）。例如，如果你最近刚听过"外交人员没有被政府撤走"这样一个句子，那么你更可能说出具有相同整体结构的句子（如"邮递员正在被狗追"）。

图 8.5 选择一个句子结构
你会如何描述这个场景？

言语执行也会受说者对共同基础的评估的影响。例如，人们对单词的发音方式会受他们与听者共同经历的影响。

译者注：歪心狼和 BB 鸟是美国经典系列动画片《乐一通》中的主要角色，狡猾的歪心狼一心想要吃掉机智的 BB 鸟。

研究特写

在实验的第一阶段，学生们观看一段卡通片，在片中，歪心狼反复尝试抓 BB 鸟但一直不成功（Galati & Brennan, 2010）。在实验的第二阶段，学生们（说者）向另一个没有看过卡通片的学生讲述片中发生的事情。在实验的最后一个阶段，说者又讲述了两次卡通片中的故事，其中一次面对的是在第二阶段听过描述的那个同伴（听者 A），另一次面对的是新同伴（听者 B）。请注意，在最后一个阶段的描述中，每个说者都与听者 A 有共同基础（因为第二阶段的描述），但与听者 B 没有共同基础。研究人员推断，共同基础会让说者在描述时更加随意。为了检验这一假设，研究者找出说者在两个阶段的描述中重复使用的词语（如“降落伞”和“炸药”），把它们从录音中剪辑出来，然后请另一组实验参与者评判不同版本的相对清晰度。这些评判者一致判定，面对有共同基础的听者 A 时，说者的单词发音更不清晰。

当你和朋友或陌生人交谈时，请想想这个研究结果。当你面对一个与你有更多共同基础的人时，你是否发现自己说话确实要随意一些？

现在我们已经考察了一些会导致说者产生特定话语的因素，以及哪些过程使他们那样做。下面，让我们转向听者，他们负责理解说者试图传达的内容。

语言理解

假设说者已经说了“猫在垫子上”。你已经知道，根据语境，这句话可用来传达多种不同的意思。那么作为一个听者，你是如何只确定一个意思的呢？我们将通过对歧义问题的充分考察来开始对语言理解的讨论。

消解歧义　bank 这个词的意思是什么？你可能至少会想到两个意义，一个与河有关，另一个与钱有关。假设你听到“He came from the bank”这句话，你怎样知道 bank 是指哪一个意思？你需要消解两个意义之间的**词语歧义**。如果你思考这个问题，那么，你会认识到你拥有一些认知过程，这些过程让你能够运用周围的语境来**消解歧义**。你是在谈论河还是在讨论钱？更宽泛的语境应该能够让你在两个意义之间做出选择。但是，这一切究竟是怎样发生的呢？

在回答这个问题之前，我们想介绍另一种类型的歧义。看看这句话的意思是什么：“The mother of the boy and the girl will arrive soon”？

乍看之下，你可能只觉察到一个意义，但是这里实际上存在结构歧义（Akmajian et al., 1990）。看一下**图 8.6**。为了显示各个词如何聚集在一起形成合乎语法的单元，语言学家经常用树形图来描绘句子结构。在结构 A 中，你可以看到对句子“The cat is on the mat”的分析。这个结构相当简单：由一个冠词和一个名词组成的名词短语，加上由一个动词和一个介词短语组成的动词短语。在另外两个图中，你看到与“The mother...”这句话的两个不同意义相对应的更复杂的结构。在结构 B 中，结构分析表明整个短语“of the boy and the girl”适用于“the mother”。一个人——两个孩子的母亲——马上就到。在结构 C 中，结构分析表明存在两个名词短语，“the mother of the boy”和“the girl”。有两个人，

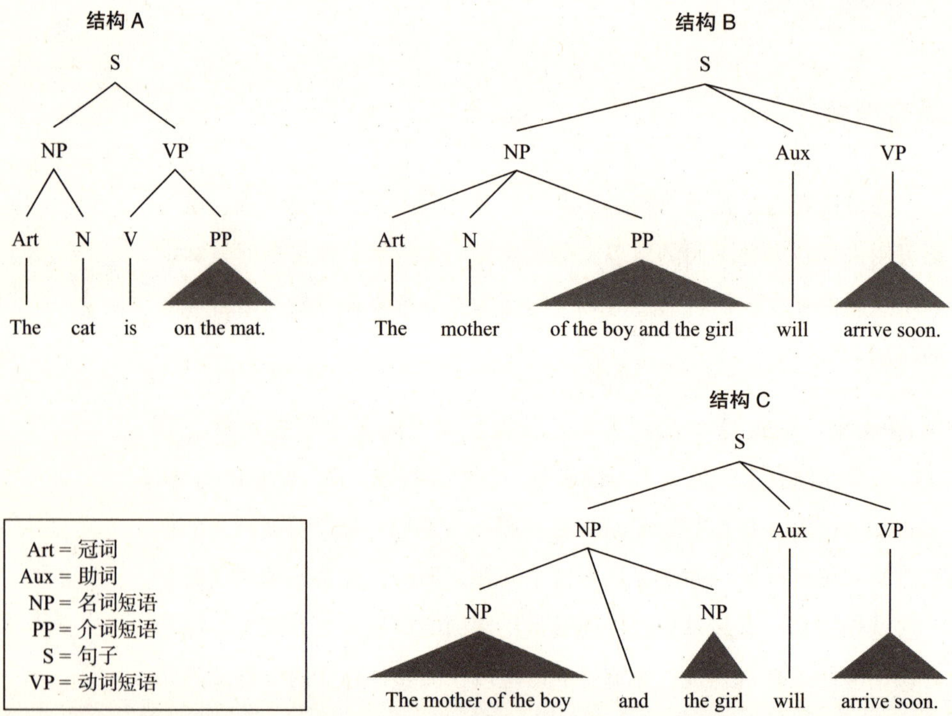

图 8.6　句子结构

语言学家使用树形图来显示句子的语法结构。结构 A 显示了句子“The cat is on the mat”的结构。结构 B 和 C 显示了句子“The mother of the boy and the girl will arrive soon”可以用两种不同的结构分析来表征。谁马上就到，一个人（结构 B）还是两个人（结构 C）？

她们马上就到。当你最初读到这个句子时，你想到了它的哪一种意思？既然你能看出两个意思都是可能的，那么，我们便面临了与词语歧义相同的问题：当可能存在不止一个意思时，先前的语境如何能让你从中确定一个意思？

让我们回到词语歧义的问题（关于词义的歧义）。考虑下面的句子（来自 Mason & Just, 2007）：

To their surprise, the bark was unusual because it sounded high-pitched and hoarse.

当你读到这个句子时，你如何解释“bark”这个词？如果你的头脑里有一部词典，那么，其中关于“bark”的词条可能如下：

定义 1. 树的外皮。

定义 2. 犬吠声。

研究表明，当你遇到这样一个歧义词时，上述两个定义都会出现在记忆中，但你会快速运用上下文的信息来确定哪个更合适。“bark”这样的词所引发的歧义叫作均衡歧义，因为人们以几乎相同的频率来使用它的两个意思。现在来考虑另一个例子：

Last year the pen was abandoned because it was too dirty for the animals to live in.

这个句子是不是给你带来麻烦了？“pen”也有两个意思：

定义 1. 用墨水书写的工具。

定义 2. 动物的围栏。

“pen”这样的词所引发的歧义叫有偏歧义，因为人们使用其中一个意思（定义 1）的频率明

现在看着这张动物围栏（animal pen）的图片，当你想起 pen 这个词时，首先想到的是什么？

显高于另一个意思。在读到这个句子时，你可能产生了短暂的疑惑，因为你首先把“pen”理解为“用墨水书写的工具”，但之后的语境证明这是不对的。研究发现，对于以上两种类型的歧义，人脑会以不同的方式做出反应。

研究特写

12 名参与者在阅读句子时接受 fMRI 扫描。他们阅读的句子包括均衡歧义句和有偏歧义句，也包括匹配的控制句子（Mason & Just, 2007）。比如，在句子“To their surprise, the bark was unusual because it sounded high-pitched and hoarse”中，用“howl”来代替“bark”，即“the howl was unusual……”，以此来提供一个没有歧义的句子。研究者预测，由于参与者需要在不同的含义之间做出选择，有歧义的句子相比控制句子会激发不同的脑活动模式。正如**图 8.7** 所示，研究者的这一预测得到了证实。研究者还预测，由于参与者需要从他们有偏的解释中恢复过来，所以，相比均衡歧义句，有偏歧义句所产生的脑活动模式也会不同。图 8.7 所示的脑部扫描图像同样证实了这一预测。

这一实验识别出了哪些脑区帮助你理解歧义词：你利用语境信息，快速而高效地获得一个单一的意义。语境对结构歧义也会产生相同的影响（Farmer et al., 2007; Patson & Warren, 2011）。当你需要在不同的可能语法结构中进行选择时，语境信息有助于你快速做出决策。事实上，有词语或句法歧义的句子所激活的脑结构有一部分是相同的（Rodd et al., 2010）。

你能得出的总体结论是，你的语言加工过程能够有力和高效地使用语境来消解歧义。在一定程度上，语言生成和语言理解之间有很好的匹配。当我们讨论语言生成时，我们强调听众设计——通过这些过程，说者尽力让他们所说的话适合当前的语境。我们对语言理解的分析表明，听者期望说者做好他们的工作。在这些情况下，听者在语境引导下对说者所要表达的意思产生预期才有意义。

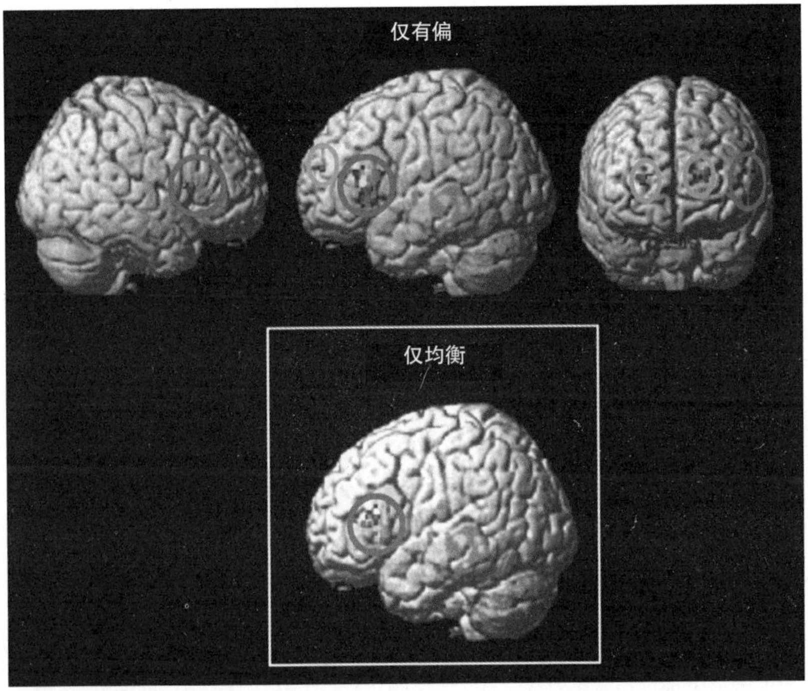

图 8.7 消解歧义的脑基础

参与者在阅读均衡歧义句、有偏歧义句或匹配的控制句时接受 fMRI 扫描。红色圆圈内的脑区在两种歧义句下都更活跃（相对于控制句）。绿色圆圈内的脑区只在有偏歧义句下更活跃。（见彩插）

理解的产物 我们对歧义消解的讨论主要集中在理解的过程上。本节我们把注意力转向理解的产物。现在的问题是：当听者理解话语或文本时，记忆中产生了什么样的表征？例如，当你听到我们在前面多次提到过的句子“猫在垫子上”时，你的记忆中将会储存什么？有研究表明，意义的表征始于一个被称为命题的基本单元（Clark & Clark, 1977; Kintsch, 1974）。所谓的命题是指语句的主要思想。对句子“The cat is on the mat”来说，主要思想是某物在别的物体上面。当你阅读这句话时，你会抽取出命题“on”，并理解它所表达的 cat 与 mat 之间的关系。命题通常写成下面的形式：“ON（cat, mat）”。许多语句包含不止一个命题。看下面这句话：“The cat watched the mouse run under the sofa”。我们有第一个成分的命题“UNDER（mouse, sofa）”。在此基础上，我们建造命题“RUN［mouse, UNDER（mouse, sofa）]”。最后，我们获得命题“WATCH{cat, RUN［mouse, UNDER（mouse, sofa）]}”。

我们如何检验你对意义的心理表征是否真的如此？语言心理学中一些最早的实验旨在证明命题表征在理解中的重要性（Kintsch, 1974）。研究已表明，如果一句话中的两个词属于同一个命题，那么，即使它们在实际的句子中并不接近，在记忆中也会表征在一起。

研究特写

请看这个句子：“The mausoleum that enshrined the tzar overlooked the square”（祀奉皇帝的陵墓俯瞰着广场）。尽管 mausoleum 和 square 在句子中离得较远，但是命题分析表明，它们应该一起储存在命题“OVERLOOKED（mausoleum, square）”中。为检验这一分析，研究者要求参与者阅读词表，并说出每个词是否曾经在句子中出现过（Ratcliff & McKoon, 1978）。在词表中，一些参与者在看到“square”之后接着看到了“mausoleum”；另一些参与者则在看到来自另一命题的一个词之后看到“mausoleum”。与“mausoleum”跟在另一个命题的词语之后出现相比，当“mausoleum”跟在“square”之后时，参与者会更快地回答“是的，我看见过 mausoleum”。这一发现表明，在记忆中，“mausoleum”和“square”这两个概念是表征在一起的。

你可曾注意到，要精确地记得某人所说过的话有多困难？例如，你可能试图逐字去记电影中的一句台词，但是，当你回到家时，你意识到你只能记得这句台词的大致意思。这个实验显示了为什么逐字记忆效果不是那么好——因为你的语言加工过程执行的一个主要操作是抽取命题，而那些呈现命题的确切形式很快就会丢失（例如，到底是“猫追老鼠”还是“老鼠被猫追”）。

值得注意的是，并非储存在听者记忆中的所有命题都是由说者直接陈述的信息所组成。听者经常使用**推论**（inference）——根据记忆中的信息而做出的逻辑假设——来填补信息空白。看下面这两句话：

"我要去熟食店见堂娜。"

"她答应买一块三明治给我当午餐。"

为了理解这两个句子是如何连贯起来的，你必须做出至少两个重要的推论。你必须弄清第二个句子中的"她"指的是谁，还要弄清楚怎样把"去熟食店"与"答应买一块三明治"联系在一起。请注意，真正说这两句话的朋友确信你能理解这些事情。你绝对不想听到下面这样的话：

> "我要去熟食店见堂娜。她——我说的她是指堂娜——答应买一块三明治给我，熟食店是一个可以买到三明治的地方，三明治可以当午餐。"

说者指望听者能自己做出这种推论。

大量研究已经把目标指向确定听者通常会做出什么样的推论（McNamara & Magliano, 2009）。在任何话语背后，潜在的推论都是无限的。例如，因为你知道堂娜很可能是个人，所以，你可以推论她有心脏、肝、肺，等等。但是，当你听到句子"我要去熟食店见堂娜"时，你不太可能回想起那些推论中的任何一个，尽管它们都完全正确。

事实上，已有研究表明，读者对文本的整个语境所形成的模型，会影响他们编码哪一个推论。比如，阅读**表 8.5** 中的文本 1。读完后，你是否推论卡萝尔会把意大利面倒在顾客身上？研究表明读者会一致地做出这种推论（Guéraud et al., 2008）。现在阅读文本 2，在这种情况下，读者推断卡萝尔会经历疼痛。

我们对语言使用所做的讨论表明，说者要付出很多努力才能在正确的时间生成正确的语句；而为了精确地领会说者的意思，听者也有很多工作要做，但你通常不会意识到所有这些事情！我们的讨论是否让你更好地了解到你的认知过程是多么简捷有效？

表 8.5 文本语境和推论

1. 卡萝尔是一位有两个小孩的单亲妈妈。她不得不做两份工作才能维持收支平衡。她一边做全职教师，一边做兼职服务员。她讨厌这种没有多少闲暇时间的状态。卡萝尔是出了名的脾气暴躁、做事不假思索。她从不考虑自己行为的后果，所以经常得到负性反馈。她拒绝受人欺负。事实上，她刚刚因为路怒收到了罚单。她决定绝不容忍对她不友好的人。有天晚上，卡萝尔遇到了一位特别粗鲁的顾客。顾客抱怨意大利面并对卡萝尔大吼，就好像这是她的过错一样。于是卡萝尔将意大利面举过了顾客的头顶。
2. 卡萝尔是一位有两个小孩的单亲妈妈。她不得不做两份工作才能维持收支平衡。她一边做全职教师，一边做兼职服务员。她讨厌这种没有多少闲暇时间的状态。卡萝尔刚刚做完肩部手术回来工作。每当从顾客的桌子上举起东西时她都需要小心翼翼。每一次这样做，她都疼得厉害，甚至觉得自己会晕倒。如果举得太高，她就会整晚极度不适。但是，通常情况下，当她需要清理桌子时她会寻求帮助。一天晚上，卡萝尔遇到了一位特别粗鲁的顾客。顾客抱怨意大利面并对卡萝尔大吼，就好像这是她的过错一样。于是卡萝尔将意大利面举过了顾客的头顶。

语言与演化

我们刚刚已经了解到，一系列认知过程在幕后努力工作，以帮助你生成和理解语言。一直以来，令研究者着迷的一个问题是：有没有任何其他生物拥有同样的一系列认知过程？我们知道，没有其他物种使用像人类语言这么复杂的语言。这也就提出了一个相当有趣的问题：人类演化出了什么认知过程才使语言成为可能？为了回答这个问题，研究者针对其他物种开展了大量的研究：他们试图找出究竟是什么使人类和人类的语言如此特殊。其中一个重要的关注点是*语言结构*。

使得人类语言如此特殊的一个特性在于，人能够使用有限的单词表达无限的意义：你可以根据一些语法规则，如图 8.6 中所示，用你所知道的单词组合出无穷多你所需要的句子。与此同时，不同语言之间，语法规则也存在相当大的差异。人类似乎是唯一在生物学上有所准备的、能够学习如此复杂的语言规则的物种（Fitch, 2011）。

但是，我们怎么知道其他物种不能学习像人类语言这样复杂的交流系统呢？从 20 世纪 20 年代开始，心理学家就试图通过教黑猩猩语言来回答这个问题。黑猩猩没有合适的发音器官来产生口语，因此，研究者不得不想出其他交流方法。例如，研究者教一只叫 Washoe 的黑猩猩学习一种高度简化的美式手语（Gardner & Gardner, 1969），教一只叫 Sarah 的黑猩猩在一块磁板上操纵塑料符号（代表像“苹果”和“给”这样的概念）（Premack, 1971）。这些实验结果引起了极大的争议（Seidenberg & Petitto, 1979）。怀疑者质问，黑猩猩偶然将手势或符号组合起来（例如，“Washoe sorry”“You more drink”），能否称得上是有意义的语言使用。他们还怀疑，大多数被归于黑猩猩“话语”的意义是在人脑中产生的，而不是在黑猩猩脑中产生的。

苏·萨维奇－朗博和她的同事们（Savage-Rumbaugh et al., 1998）所做的研究，为黑猩猩的语言能力提供了更可靠的见解。萨维奇－朗博主要研究倭黑猩猩，它是一种在演化上比普通黑猩猩更接近人类的类人猿。相当引人注目的是，在她的研究中，两只倭黑猩猩 Kanzi 和 Mulika 在没有外显训练的情况下习得了塑料符号（与黑猩猩 Sarah 用过的符号相似）的意义：它们通过观察其他生物（人类和倭黑猩猩）使用符号进行交流，自发地学会了这些符号。而且，Kanzi 和 Mulika 能理解一些英语口语。例如，当 Kanzi 听到一个口语词时，它能找到词对应的符号或者物体照片。Kanzi 能执行一些简单的命令，比如“把苏的鞋脱下”。Kanzi 的表现有力地证明，其他动物可以表现出人类语言行为的某些方面。但是 Kanzi 仍然不具

即使没有接受明确的训练，一些倭黑猩猩也能掌握词的含义。那么，它们还必须展示哪些能力才能被认为真正掌握了人类的语言？

备人类的能力：它不能掌握能产生无限数目言语的语法规则。

当代研究者的关注点已不再是尝试教灵长类动物学习近似人类语言的符号，而是转向了人类语言的某些特定方面，这些方面可能属于也可能不属于其他物种的能力范围（Endress et al., 2009; Saffran et al., 2008）。这些研究结果有助于明确人类的语言以及获得语言的能力究竟有何特殊性。

演化视角考察人类演化出了哪些关键认知过程，从而使语言成为可能。然而，这一套通用的过程却能产生大量不同的语言。下一节，我们讨论语言间的差异可能导致的一些结果。

语言、思维和文化

你有机会学习多种语言吗？如果有，你相信在使用不同的语言时，你的思维方式也会有所不同？语言影响思维吗？有关这个问题的学术性工作始于**爱德华·萨丕尔**（Sapir, 1941/1964）和他的学生**本杰明·李·沃尔夫**（Whorf, 1956）。他们所做的跨语言研究使其得出了一些激进的结论，即语言上的差异会造成思维上的差异。萨丕尔（Sapir, 1941/1964, p. 69）这样写道：

> “我们之所以以现在这样的方式看、听和体验，是因为我们所在群体的语言习惯使我们倾向于某些方式的理解。”

对萨丕尔和沃尔夫来说，这个结论直接来源于他们相信存在于自己的数据中的、二者之间的关系。在他们所提出的假说中，**语言相对论**（linguistic relativity）的观点吸引了最多的关注（Brown, 1976）。根据该假说，人们所使用的语言的结构，影响其思考世界的方式。当代心理学、语言学和人类学的研究者已经尝试对这些思想进行严格检验。让我们看看其中的一些研究。

不同的语言所使用的基本颜色词的数量有很大区别，这一点可能令你感到惊讶。语言学分析发现，英语中的基本颜色词有 11 个（黑、白、红、黄、绿、蓝、褐、紫、粉红、橙和灰)。而一些语言中，如巴布亚新几内亚的达尼人的语言，只有两个基本颜色词，简单地在黑白(或深色与浅色)之间做出区分(Berlin & Kay, 1969)。研究者推测，基本颜色词所暗含的分类结构可能影响不同语言的使用者思考颜色的方式。例如，一项研究要求来自纳米比亚北部说辛巴语者区分属于蓝–绿色带区的三种色块。参与者的任务是选出“这三个颜色中哪两个看起来最像，就像兄弟之间那样相像”(Roberson et al., 2005, p. 395)。辛巴语与英语不同，它并没有对蓝色和绿色在词语上做出区分。相反，这一语言使用“borou”来表示大部分的蓝绿色调。研究者想要寻找**类别知觉**的证据：他们评估了辛巴语使用者在多大程度上知觉到语言所标记的同一类别中的颜色色调更相似(与不同类别间的颜色相比)。事实上，辛巴语参与者做出的相似判断，清楚地说明了其语言中所包含的分类结构的影响。

巴布亚新几内亚的达尼人的语言中只包括两个基本颜色词，这两个词仅在黑与白(或深色与浅色)之间做出区分。相比之下，英语有 11 个基本颜色词。这种语言差异会影响人们体验世界的方式吗?

数词为语言与思维的研究提供了第二个例子。以居住在巴西亚马孙雨林中的毗拉哈人(Pirahã)为例。毗拉哈人只使用三个数词(hói, hoí 和 baágiso)，大致可翻译为“小的尺寸或数量”“大一些的尺寸或数量”以及“使聚集在一起或许多”(Everett, 2005)。从语言相对论的角度看，研究者提出的问题是语言中缺乏精确的数字系统是否影响了毗拉哈人执行涉及数字任务的能力(Gordon, 2004)。事实上，即使只有很短的时间间隔，这个部落的成员也不能很好地记住数量(Frank et al., 2008)。例如，当研究者给毗拉哈人呈现几个线轴，然后用一个文件夹挡住时，他们对线轴数量的回忆结果相对较差。你能理解为什么缺乏精确的数字会使这项任务变得困难吗?

作为语言相对论的最后一个例子，让我们转向英语和西班牙语之间的对比。假设一个说英语的人和说西班牙语的人都目击了一场事故。语言会如何影响他们的记忆呢?

研究特写

在第一个实验中，研究者要求英语和西班牙语使用者观看事故短视频，并描述发生了什么（Fausey & Boroditsky, 2011）。英语使用者产生的句子中很多时候（75%）都包含了造成事故的人（例如，“她打碎了花瓶”）。相比之下，西班牙语使用者在句子中省略这一信息（例如，“花瓶碎了”）的可能性要高15%。在第二个实验中，另一组英语和西班牙语使用者观看了事故短视频。十分钟后，他们需要完成一项记忆任务，辨认卷入事故的人。结果，英语使用者的正确率为79%，而西班牙语使用者的正确率是74%。

研究者指出，英语使用者更常明确提及造成事故的人这一事实，可以解释为何他们有更好的这一记忆表现。该记忆差异虽然很小，但在不同语言使用者之间稳定存在。事实上，记忆差异的大小对你来说应该是一种提示，语言只是影响思维，你不会完全被你说的语言所限制。

世界上有数千种语言，它们之间有许多有趣的区别。研究者在对这些区别进行了广泛的研究后发现，语言相对论的假设在某些领域比在另一些领域得到了更好的支持（January & Kako, 2007; Papafragou et al., 2007）。然而，关于语言与思维的关系，仍然有许多有趣的假设有待检验。本书中谈到了许多文化差异问题，所以对语言相对论保持开放的心态是有益的。鉴于不同文化的成员说着非常不同的语言，我们可以琢磨语言在多大程度上是造成文化差异的原因。

现在，让我们把目光从通过词语交流意义的情形，转到探讨通过视觉信息传递意义。

生活中的批判性思维

人为什么说谎，如何说谎

你已经知道，合作性会话的原则之一是“努力进行真实的交流”。然而，你肯定知道，并非所有的言语都是真实的。当人们在日记中记下自己说过的谎言时，大多数人报告平均一天说谎 1~2 次（Depaulo et al., 2003）。但是为什么人要说谎？一项有 286 名大学生参与的研究发现了说谎的两个主要动机（Phillips et al., 2011）。第一，学生说谎是为了操纵他人对自己的印象（期望能从说谎中获利）。第二，学生说谎是为了避免不愉快或保护自己或他人免受伤害。

这些数据表明，你经常需要判断别人是否在欺骗你。不幸的是，人们在识破谎言方面似乎不太成功（Hartwig & Bond, 2011）。其实，我们对说谎者与说真话者的行为差异有相当敏锐的感知。例如，我们认为说谎者在他们的叙述中提供的细节少于说真话的人，这是对的。然而，当我们听到一个具体的陈述时，我们如何能自信地评估它的细节少于其本该有的程度？识破说谎者的困难不在于他们的行为没有什么不同，而是行为上的差异通常不够显著！

所以，人们的行为不一定能清楚地表明他们是否诚实。然而，有大量证据显示，说真话和说谎话时大脑活动是不同的。在一项研究中，研究者要求参与者就他们在开枪事件中的参与情况说谎或讲真话（Mohamed et al., 2006）。为了使说谎的体验尽可能真实，有罪条件下的参与者在测试室里确实开了发令枪（只装空弹）。有罪和无罪条件组的参与者在接受 fMRI 扫描时都需要回答一系列问题。有罪组参与者需要对他们在事件中的角色说谎。fMRI 的结果显示，脑中有多个区域在说谎时比讲真话时更活跃。比如，当参与者准备谎言时，负责计划和情绪的脑区活动更强烈。

这类研究让人们好奇 fMRI 是否可以作为一种高科技的测谎手段。虽然研究人员最初对这种可能性很感兴趣，但后来发现，想扰乱这种探测过程似乎并不困难。fMRI 测谎依赖于真实与虚假反应之间的清晰对比。然而，人们能够学会一些对策（简单如扫描时左脚趾轻微弯曲），使得发现明显的差异变得困难（Ganis et al., 2011）。唉，即使到了 21 世纪，说谎者仍然保持着他们的优势！

- 人们说谎的动机如何影响说谎研究的有效性？
- 关于在实验室环境下进行说谎研究的伦理约束，发令枪的研究带给我们什么启示？

STOP 停下来检查一下

❶ 合作原则和听众设计的关系是什么？

❷ 假设你想说出“big pet”和“bird pen”，为什么你更容易犯“pig bet”而不是“pird ben”的口误？

❸ 你如何从人们的表征中发现推论？

❹ 研究者认为人类有别于其他物种的语言能力是什么？

❺ 语言相对论的观点是什么？

批判性思考：回想关于言语执行的研究。如果听者也看了卡通片，说者所使用的词语的清晰度会发生怎样的变化？

视觉认知

关于句子“猫在垫子上”，**图 8.8** 中呈现了两种视觉表征。哪一个看起来是对的呢？如果你从基于语言命题的角度来思维，那么，每个选项都抓住了正确的意义——猫确实都在垫子上。尽管如此，你可能只对选项 A 满意，因为它与你第一眼看到这个句子时想到的情景相匹配（Searle, 1979）。选项 B 呢？它可能让你有些许不安，因为这只猫看起来就要翻倒了。这种紧张的感觉一定会产生，因为你能用图来

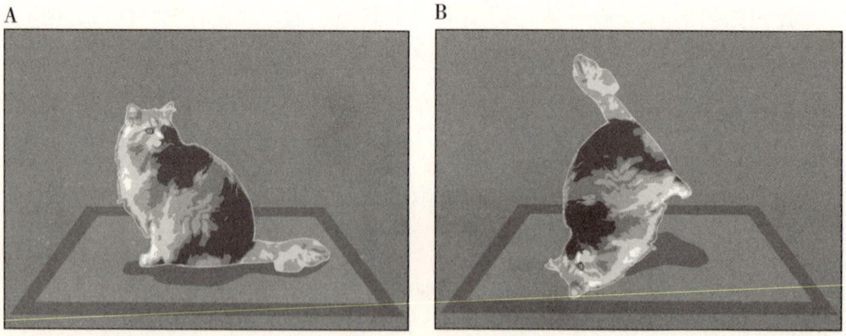

图 8.8 视觉表征

这两只猫都在垫子上吗？

思维。在某种意义上，你能确切地看到将要发生什么。本节中，我们将就视觉表象和视觉过程如何影响你的思维方式做一些探讨。

历史上基于心理表象的著名发现可以说是不胜枚举（Shepard, 1978）。弗里德里希·凯库勒是苯的化学结构的发现者，他的脑海中经常浮现一个心理表象，即原子手拉手跳舞，结合成牢固的分子链。苯环就是他在梦里发现的，他梦见一条蛇状的分子链突然咬住了自己的尾巴，从而形成一个环。迈克尔·法拉第发现了磁力的许多特性，他对数学知之甚少，但对磁场的特性却有着非常生动的心理表象。爱因斯坦宣称自己完全是根据视觉表象来产生思想的，只有在基于视觉的发现完成之后，他才能把他的发现转化为数学符号和文字。

上面这些例子应该能鼓励你努力沉浸于视觉思维。但是，甚至无须努力，你也会习惯性地应用你操纵视觉表象的能力。下面我们看一个经典的实验，实验中，研究者要求参与者变化头脑中的表象。

研究特写

研究者向学生呈现经过各种角度（从 0 度到 180 度不等）旋转的字母 R 及其镜像（见**图 8.9**）（Shepard & Cooper, 1982）。当字母出现时，学生需要识别所出现的字母是正常的 R 还是 R 的镜像。研究结果发现，学生做出决策所需的反应时与图形旋转的程度成正比。这个发现表明，在决定图形是 R 还是 R 镜像之前，参与者首先在其“心灵之眼”中想象这个图形，然后以某种固定的速度把图像旋转到正立的位置。旋转速度的这种一致性表明，心理旋转过程非常类似于物理旋转过程。

人们有效地进行心理旋转的能力部分取决于他们的视觉经验。因此，一些研究者建议人们通过玩复杂的电子游戏来提高心理旋转能力（Spence & Feng, 2010）。

你也能利用视觉表象来回答某些实际问题。例如，假设我们问你高尔夫球是否比乒乓球大。如果你不能直接从记忆中提取相关的事实，

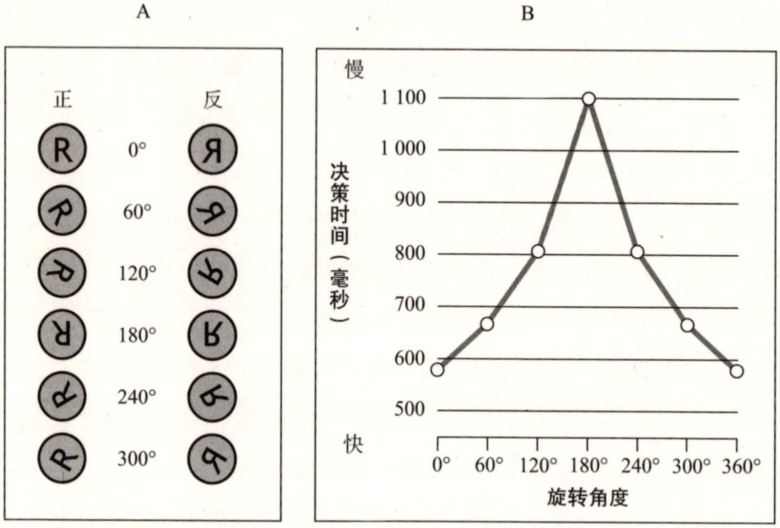

图 8.9 用于评估心理表象的经过旋转的 R

按随机顺序向参与者呈现这些图形，要求他们尽可能快地说出每个图形是一个正 R 还是一个镜像 R。图形从正立的方位旋转得越多，反应时越长。

那么，你也许会发现，形成它们并排在一起的视觉表象是一种方便的方法。心理表象还可以帮助你恢复你一开始没注意到的客体的视觉属性（Thompson et al., 2008）。比如，想象一下英语字母表中第一个字母大写的样子。你的表象中是否包括一条斜线？是否有一个封闭的空间？在回答这些问题时，你是否感觉到有一个聚焦表象的过程？这个例子再次说明，表象的使用与真实视知觉的特点在许多方面是一致的。当一个物体真实存在时，你可以重新聚焦注意力来获取更多信息。对视觉表象来说，这一点是相同的。

当然，视觉表象的使用也存在一些限制。考虑下面的问题：

> 想象你有一大张白纸。在心里把它对折（折成 2 层），再次对折（4 层），然后继续对折，直到对折 50 次。当你折完后，纸大约有多厚（Adams, 1986）？

实际答案是约 8 046.7 万千米（$2^{50} \times 0.71$ 毫米，0.71 毫米是一张纸

的厚度），此厚度大约是地球到太阳距离的一半。你的估计可能要低得多。你的心灵之眼被它需要表征的信息淹没了。

请你试着完成最后一个视觉表象练习。在周围环境中找出任何一个物体并仔细端详几秒。现在闭上眼睛，在头脑中创造出这个物体的心理表象。想想这个问题：当你进行视知觉和视觉表象时，有多少活动脑区是重合的？为了回答这个问题，研究者让参与者看一些常见物体的线条画（如一棵树）（Ganis et al., 2004）。实验的下一阶段，参与者在电脑屏幕上看或在头脑中想象这些线条画时接受 fMRI 扫描。对每一幅线条画，参与者需要回答“这个物体中是否包含圆形”这样的简单问题。**图 8.10** 呈现了不同脑区 fMRI 扫描的结果。左边和中间的纵列代表执行每项任务时不同于基线水平（即当参与者没有执行任务时）的脑活动。右边的纵列表示只与知觉活动相关的脑区。这些数据支持了两个重要结论：第一，知觉和想象对应的脑活动有很大的重合；第二，负责想象的脑区只是负责知觉的脑区的一个部分——参与者并没有使用任何特殊的脑区来创建视觉表象。就脑活动而言，你编码外部世界和在头脑中创建关于外部世界的心理表征所使用的资源基本上是相同的。

到目前为止，我们的讨论主要集中在你通过记忆环境中的视觉刺激（或者在想象的情况下，通过从记忆中提取）而形成的视觉表征上。然而，你经常根据言语描述形成视觉表象。当你阅读时，为了跟随人物的行踪，你可以建立空间心理模型（Rinck, 2008）。研究者经常关注空间心理模型是如何反映实际空间经验的。例如，假设你阅读一段文本，它使你置身于一个有趣的环境之中。

> 你正在歌剧院中与人相谈甚欢。你今晚来此是为了与有趣的上层人物见面。此刻，你正站在宽敞、高雅的包厢雕栏旁俯瞰一楼。就在你的正后方，视平线位置的包厢墙上，有一盏装饰华丽的灯，灯的底座是镀金的（Franklin & Tversky, 1990, p. 65）。

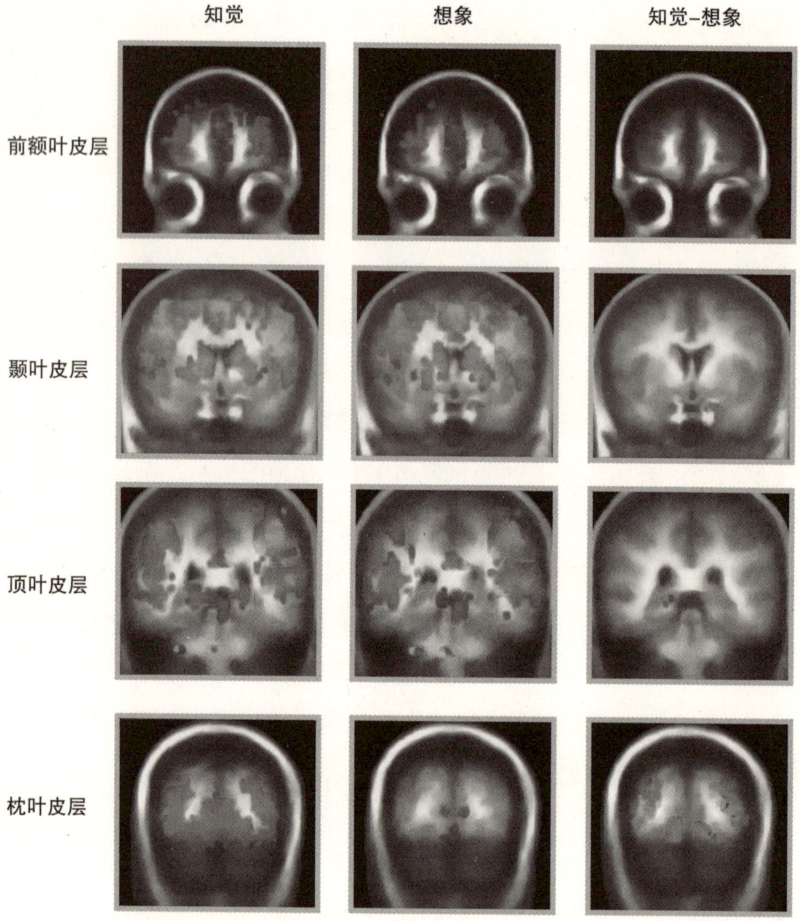

图 8.10 视觉表象的脑基础

该图呈现的是参与者执行知觉任务或想象任务时的 fMRI 扫描结果。左边和中间的纵列分别代表完成知觉和想象任务时的脑活动：红色、橙色或黄色表示相对基线水平（没有执行任务时）更活跃的脑区，蓝色则表示更不活跃的脑区。右边的纵列表示受知觉任务而不受想象任务影响的脑区。扫描结果表明知觉和想象共用了很多脑区。（见彩插）

资料来源：*Cognitive Brain Research, 20*, G. Ganis et al., "Brain areas underlying visual mental imagery and visual perception: An fMRI study," pp. 226–241,copyright © 2004, with permission from Elsevier.

在一系列实验中，读者学习了类似这种生动描述观察者周围物品布局的材料（Franklin & Tversky, 1990）。研究者希望展示，读者会根据描述中的物品在其心理空间中所处的位置，或快或慢地获取场景中的信息。例如，读者能更快地说出场景中什么物品在他们的面前，而不是什么物品在他们的身后，即使材料中对所有物品都做了同样详细的介绍（见图 8.11）。如果你相信你在阅读时形成的表征，某种意义上已将你置于该场景当中，那么，你就很容易理解这一结果了。你能够把言语经验转变成视觉的、空间的经验。

图 8.11　空间心理模型

你能够运用想象把自己投射到一个场景之中。就好像你真的站在房间里一样，同说出什么东西在你身后（半身像）相比，说出什么东西在你面前（灯）所花的时间更少。

在本节内容中我们了解到，你的视觉过程和表征能够补充你的言语能力。在应对生活中的要求和任务时，这两种获取信息的方式可以为你提供额外的帮助。现在，我们转向另一些领域，你要用视觉和言语表征来应对生活中的复杂事物，这就是问题解决和推理。

STOP 停下来检查一下

❶ 物理旋转和心理旋转的过程有多相似？

❷ 关于视觉表象的脑基础的研究发现了什么？

❸ 如果你想象自己处于某个场景中，你在这个空间中的位置是否重要？

问题解决和推理

让我们再回到那条神秘的信息——“猫在垫子上”。如果你已经理解了此信息，下一步你要做什么？如果你的生活少有神秘色彩，可以考虑一种更为普遍的情境：你不小心把自己锁在了住宅、房间或汽车的外面。接下来你会做什么？对于这两种情况，反思一下，为了克服困难，你可能采取哪些心理步骤。其中几乎肯定会包括构成**问题解决**（problem solving）和**推理**（reasoning）的认知过程。这两种活动都要求你把当前的信息，同储存在记忆中的信息相结合，以达到某个特定目标：得出结论或找到解决办法。我们将着眼于问题解决的几个方面，以及两种类型的推理——演绎推理和归纳推理。

问题解决

*什么东西早晨用四条腿走路，中午用两条腿走路，黄昏时用三条腿走路？*根据希腊神话，这是斯芬克斯给出的一个谜语。斯芬克斯这个邪恶的怪物，威胁要对底比斯人实施暴政，直到有人解开这个谜底为止。为了破解谜语，俄狄浦斯必须认识到这个谜语的要素是一些隐喻。早晨、中午、黄昏代表人生的不同阶段。婴儿爬行，因此（从效果来看）有四条腿；成人用两条腿走路；老年人走路除了用两条腿，还使用手杖，这样总共三条腿。俄狄浦斯猜出了这个谜语，答案是“人”。

尽管你在日常生活中所遇到的问题可能并不像年轻的俄狄浦斯所面对的问题那样重大，但是，问题解决活动是你日常生活的一个基本组成部分。你不断地遇到需要解决的问题：如何在有限的时间里管理工作和任务，如何在一次工作面试中取得成功，如何结束一段关系，等等。许多问题涉及你所知道的和你需要知道的这二者之间的差距。当你解决一个问题时，你会找到一种方法来获得缺失的信息，从而缩短那个差距。为了了解问题解决的本质，请试着解决图 8.12 中的问题。当你做完之后，我们再看一下心理学研究如何解释你的表现——不仅

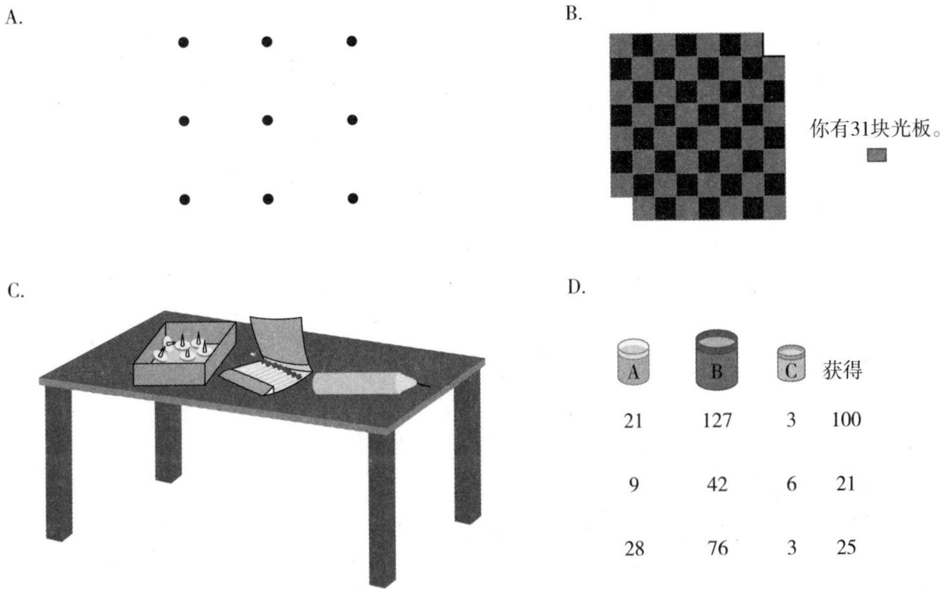

图 8.12　尝试解决这些经典问题

你能解决每一个问题吗？（答案在**图 8.13** 中，不过，请在解决所有问题之后再看答案）。

A. 不抬笔，不走重复线路，一笔画 4 条直线，把图中所有的 9 个点连起来。

B. 棋盘的两个角被切掉了，你有 31 块光板。每块覆盖两个棋盘格，试着用这些光板覆盖棋盘中的每一个格子。

C. 使用图中所示的物品（一支蜡烛、一盒大头钉和一盒火柴），试着把蜡烛固定到高于桌子的墙上且蜡不能滴到桌子上。

D. 给你 3 个“水罐”，每个水罐装不同量的水。例如，在第一个问题中，A、B 和 C 的容积分别是 21、127 和 3 夸脱。在每个问题中，您需要在三个水罐之间倒水，以获得所需的水量。试着解决这三个问题。

如此，我们或许还能为你提供一些改进建议。

问题空间和过程　在现实生活情形中，你如何定义一个问题？你通常会觉察到你当前的状态与你渴望的目标之间的差距：例如，你一文不名，你想拥有一些钱。你也通常能意识到，为了弥补差距你能够（或愿意）采取的一些步骤：你想努力得到一份兼职工作，但不想当扒手。问题的正式定义抓住了这三个要素（Newell & Simon, 1972）。一个问题一般由下面三个方面来定义：（1）*初始状态*——一开始时不完整的

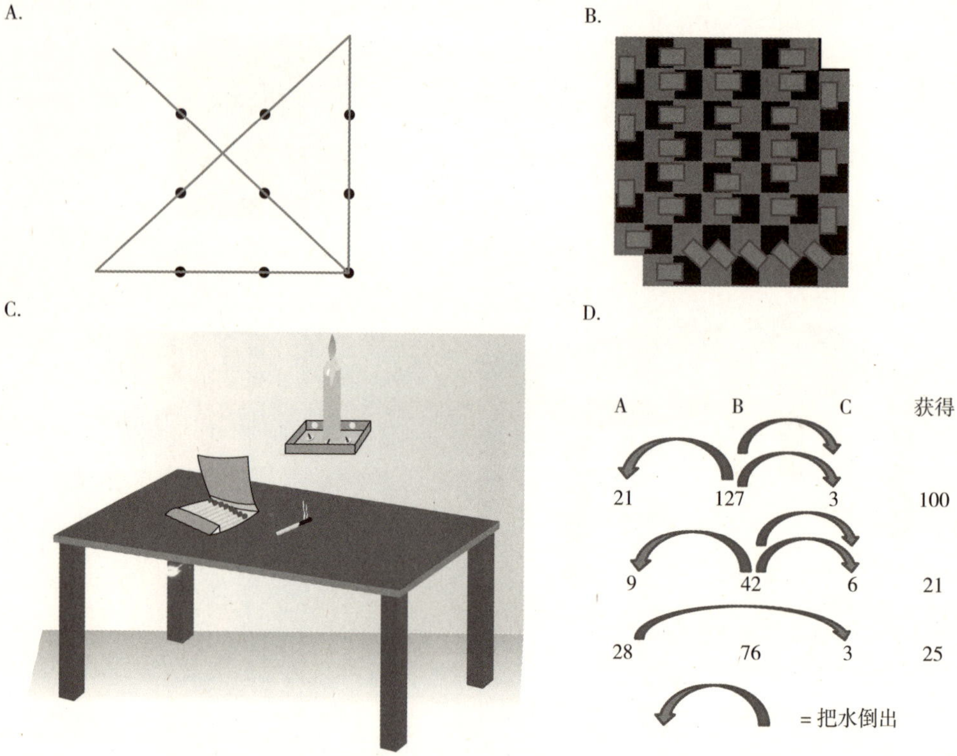

图 8.13 上述经典问题的答案

你做得怎么样？下文讲到问题解决和推理过程时我们将再次回到这些问题。（见彩插）

信息或令人不满意的状况；（2）目标状态——你希望获得的信息或状态；（3）一套操作——为了从初始状态迈向目标状态，你可能采取的步骤。这三部分共同定义了**问题空间**（problem space）。你可以把解决问题看作走迷津（问题空间），从你所在的位置（初始状态）到你想去的位置（目标状态），需要转来转去，经历一系列的弯路（允许的操作）。

如果这些要素中的任何一个未能得到很好的定义，那么，问题解决的最初就会出现许多困难（Simon, 1973）。定义良好的问题类似于教科书中的问题，在这种问题中，初始状态、目标状态和操作都交代得非常清楚。你的任务是发现如何利用允许的、已知的操作获得答案。相比之下，定义不良的问题类似于设计一个住宅、写一本小说或寻找治疗艾滋病的方法。其中，初始状态、目标状态和 / 或操作可能界定不清或很模糊。这种情况下，问题解决者的首要工作是尽可能找出问题究竟是什么，即明确初始状态、理想的解决方案以及可能的手段。

正如你从自己的经验中所了解的那样，即使初始状态和目标状态已经明确，要找到从始点到终点之间的正确操作仍然很困难。如果回想一下你在数学课上的经历，你就会明白确实如此。老师给出一个像 $x^2 + x - 12 = 0$ 这样的方程式，要求你算出 x 可能的值。你会做什么？为了解决这个代数问题，你可以使用一种**算法**（algorithm），即总能为特定类型的问题提供正确答案的按部就班的程序。如果你正确地应用代数规则，那么，你肯定能够得到 x 的正确值（即 3 和 –4）。如果你曾忘记过密码锁的号码组合，那么你可能采取过由算法指导的行动。如果你系统地尝试解法（如，1，2，3；1，2，4），你肯定会找到正确的号码组合，尽管你可能会花相当长的时间！由于定义良好的问题有明确的初始状态和目标状态，因此，比起定义不良的问题，算法对它们可能更可用。当算法不可用时，问题解决者通常依靠**启发式**（heuristic），所谓的启发式是一些策略或经验法则（rules of thumb，俗称“拇指规则”）。例如，假设你正在看一篇侦探小说，你想弄清楚是谁谋杀了电商大亨。你可能会排除“是男管家干的”这种可能，因为你利用了“作者不会使用如此俗套的情节线”这种启发式。我们马上就会了解到，启发式对于判断和决策来说也至关重要。

研究者一直希望了解，当人们解决问题时，他们是如何应用算法和启发式的。为了研究问题解决者所采用的步骤，研究者通常借助**出声思维报告**（think-aloud protocol）。这种程序要求参与者描述他们正在进行的思维（Fox et al., 2011）。例如，两位研究者希望了解参与者解决图 8.12B 中的残缺棋盘问题时所经历的心理过程（Kaplan & Simon, 1990）。下面是其中一位参与者的描述，该参与者取得了关键性突破，认识到仅仅水平和垂直摆放光板，并不能解决问题（粉红色和黑色相间的是棋盘）：

> 这样看来，还剩了一部分棋盘没被覆盖……光板不够用了——差多少，剩了，嗯……粉红的比黑的多，为了完成它你必须把两个粉红色的连起来，但是你不能那样做，因为它们是斜的……这样是不是接近答案了？（Kaplan & Simon, 1990, p. 388）

这位问题解决者刚刚认识到，如果光板只能水平或垂直摆放，那么，目标不可能达到。研究者经常从参与者对自己思维过程的描述出发，建构更为正式的问题解决模型。

改进你的问题解决 是什么让问题解决变得困难？如果反思日常经验，你可能就会找到答案——“有太多的事情需要同时考虑”。有关问题解决的研究得到了大致相同的结论。造成问题难以解决的一个通常原因是，解决一个特定问题所需的心理资源超过了加工资源（Cho et al., 2007; Kirschner et al., 2011）。为了解决一个问题，你需要计划你将采取的一系列操作。如果那套操作太复杂，或者每个操作本身太复杂，你可能就无法发现从初始状态到目标状态的路线。你怎样才能克服这个潜在的局限性呢？

改进问题解决的一个重要步骤是，找到一种问题表征方法，使问题解决的每个操作在现有的资源条件下都可行。如果你日常必须解决类似的问题，那么一个有用的程序是，对解决方案的每一个成分都进行练习。这样，一段时间之后，那些操作就会只需要较少的资源（Kotovsky et al., 1985）。例如，假设你是纽约市的一位出租车司机，每天都面对堵车。你可以在脑海中练习如何对城市里各个地点的堵车做出反应，这样，对于总体问题（带着你的乘客从上车地点到达目的地）的各个成分你就有了现成的解决方案。通过练习这些成分解决办法，你能把更多的注意集中在道路上。

有时，找到一个有用的表征，往往意味着找到一种全新的方法来思考问题（Novick & Bassok, 2005）。看一下**表 8.6**（改编自 Duncker, 1945）中的问题。你将如何着手进行证明？在你继续阅读之前，请先

表 8.6　旅行者难题

为了度暑假，一位经验丰富的徒步旅行者决定爬到克拉克山的山顶并在那里露营。星期一一大早，他便沿着通往山顶的蜿蜒小径出发了。天气非常好，他不紧不慢，悠闲地往上爬，时不时地，还停下来拍拍照，并给多位朋友发“你没来真是太可惜了”之类的短信。到了山顶，他打开睡袋，躺下来美美地睡了一夜好觉。第二天一大早，他便开始下山。由于天空中乌云密布，他急匆匆地沿着小路往下赶，以便尽快回到他的车里。
你如何证明，在上山和下山途中，旅行者前后两天在完全相同的时间到达同一地点？ 该旅行者难题的“证明”见图 8.14 。

思考几分钟。你做得怎么样？如果“证明”这个词让你联想到某些数学上的东西，那么，你可能不会有什么进展。考虑这个问题的一个更好的方法是，想象有两个徒步旅行者，一个从山顶出发，另一个从山脚出发（Adams, 1986）。一个人上山，一个人下山，很明显他们会在山上的某个位置相遇（见**图 8.14**），对吗？现在用一个旅行者替换这两个旅行者——概念上是相同的——你就完成了证明。这个问题突然变得非常容易的原因是，你使用了正确的表征：视觉表征，而不是言语或数学表征。

如果回到图 8.12 中的问题，你会得到另一个好例子来说明对问题空间形成适当表征是多么重要。为了把蜡烛固定到墙上，你需要改变你通常的看法，要把火柴盒看成一个平台而不只是一个容器。这个问题显示了一种被称为功能固着的现象（Duncker, 1945; Maier, 1931）。**功能固着**（functional fixedness）是一种心理上的阻断，它通过抑制人们感知常与某些功能相联系的物品的新用途，从而对问题解决产生不利影响。无论何时，当你在某个问题上卡住时，你都应该问自己：“我正在怎样表征这个问题？有没有不同的或更好的方法来思考这一问题或解决方案的各个成分？”如果词语不起作用，就试着画个图。或者尝试分析你的假设，看看通过新的组合你能打破哪些“规则”。

图 8.14　旅行者难题的"证明"

A 显示了两个旅行者，一个从山脚开始，一个从山顶开始。B 显示了他们肯定在这一天的某个时候相遇。用一个旅行者替换这两个旅行者，你就完成了证明！

当你考虑提高问题解决能力时，脑海中可能会出现另一个概念——创造性。接下来我们来讨论这个问题。

创造性　你肯定经历过人们鼓励你要更有创造性的时刻。**创造性**（creativity）是指就特定环境而言，个体产生新异且适宜的思想和产品的能力（Hennessey & Amabile, 2010）。想一想车轮的发明。这个部件是新异的，因为在发明者（不知是谁）之前，没有人见过对滚动物体的应用。它是适宜的，因为新物体的用途非常清楚。缺乏适宜性的新思想和新物体通常会被认为是奇怪的和不相关的。

你如何评定个体（相对而言）有没有创造性？研究者的做法是使用能测量发散思维和聚合思维的任务（Nielsen et al., 2008; Runco, 2007）。许多方法集中于**发散思维**（divergent thinking），即对一个问题产生许多不寻常的解决方法的能力。测量发散思维的问题使测验对象有机会展示流畅性（快速）和灵活性思维（Torrance, 1974; Wallach & Kogan, 1965）：

- 说出你能想到的所有方形物体的名称；

- 在三分钟之内，说出尽可能多的可食用的白色的东西；
- 列出你能想到的砖的所有用途。

你可以按照以下维度给以上问题的答案打分：流畅性，即不同想法的总数；独特性，即在适当大小的样本中，任何其他人都未曾想到的想法数；不寻常性，例如，样本中少于 5% 的人给出的想法数（Runco, 1991）。

聚合思维（convergent thinking）指通过整合不同来源的信息解决问题的能力。如果个体能以某种方式整合信息，形成新颖的解决办法，我们就认为他富有创造性。远距离联想测验是研究者用来研究聚合思维的一种方法，它要求参与者找出让其他词联系在一起的词（Bowden & Beeman, 2003）：

- 与以下三个词都相关的词是什么？ cottage，Swiss，cake.
- 与以下三个词都相关的词是什么？ fish，mine，rush.
- 与以下三个词都相关的词是什么？ flower，friend，scout.

（答案见本节结尾）

对聚合思维的其他测量聚焦于**顿悟**（insight），即突然想到问题解决办法的情况。再看一下图 8.12，问题 A 要求你用 4 条连续的直线连接 9 个点。这一问题的解决就依赖于顿悟。你必须意识到直线需要超出 9 个点形成的正方形的范围。为了解决这个问题，你必须跳出那个思维框框！我们认为那些能够顿悟并找到新颖解决办法的人具有创造性。

另一种判断个体是否具有创造性的方法是要求他们创作具有创造性的作品，包括绘画、诗歌和短故事，然后评判者对每一件作品的创造性进行评价。考虑**图 8.15** 中展示的两张照片，你认为哪一张更具有创造性？你可以解释一下你为什么会这样认为吗？你认为你的朋友是否同意你的观点？研究发现，在评判作品的创造性等级时，人们的一致性相当高（Hennessy & Amabile, 2010）。人们可以被不同的评判者可

A　　　　　　　　　　　　　　　B

图 8.15　判断创造性

假定的摄影课作业：给树拍一张尽可能好的照片。（A）没有创造性的照片；（B）具有创造性的照片。

靠地鉴定为具有高创造性或低创造性。事实上，人们也能相当准确地判断他们自己的成果是否具有创造性。

研究特写

在一项研究中，226 名学生完成发散思维测验（Slivia, 2008）。例如，要求他们尝试列出小刀的不同寻常的用途。在完成所有任务后，参与者回顾自己的答案，并从中选出自认为最富有创造性的两个。同时，有 3 位评委对参与者的答案进行评价。总体来看，对于哪个答案最富创造性，参与者与评委的观点高度一致。尽管如此，在判断自己的答案方面，一些学生确实比其他学生做得更好。尤其是，那些认为自己极富创造性且对新经验持开放态度的学生，也最善于发现自己最具创造性的答案。研究者得出如下结论："富有创造性的个体具备双重技能，他们擅长产生创造性的想法，同时也善于分辨出其中最好的想法。"（p. 145）

当你认为自己富有创造性时，你可能会很高兴地发现别人很可能会同意你的判断。事实上，极富创造性的人致力于他们的任务，是因为他们从自己产出的产品中获得了享受和满足；这种模式被称为内在动机（intrinsic motivation）（Hennessey & Amabile, 2010）。在本章的"生活中的心理学"专栏中，我们将回顾一些提高创造性的研究。

顺便说一下，你在上述的聚合思维问题上表现如何？答案分别为答案分别为 cheese，gold 和 girl*。

通常，当你试图解决问题时，你会采用一种特殊的思维方式——推理。现在我们就来探讨你用来解决问题的第一种推理方式，即演绎推理。

演绎推理

假设你正在去饭店的路上，你想要用你唯一的信用卡——美国运通卡——来付餐费。你给饭店打电话问："你们接受美国运通卡吗？"饭店女服务员答复说，"我们接受所有的主流信用卡"。现在你可以有把握地得出结论：他们接受美国运通卡。要想知道为什么，我们可以改写你所做的信息推理，使它符合希腊哲学家亚里士多德 2000 多年前提出的三段论结构：

* cottage cheese（农家干酪）、Swiss cheese（瑞士干酪）、cheesecake（干酪蛋糕）；goldfish（金鱼）、goldmine（金矿）、gold rush（淘金热）；flower girl（女花童）、girlfriend（女朋友）、Girl Scout（女童子军）。——译者注

前提 1：这家饭店接受所有的主流信用卡。

前提 2：美国运通卡是一种主流信用卡。

结 论：这家饭店接受美国运通卡。

陈述之间的某些逻辑关系能够使人得出有效的结论，亚里士多德关心的就是界定这类关系。**演绎推理**（deductive reasoning）涉及对这些逻辑规则的正确运用。我们提到的信用卡的例子表明，在得出合乎逻辑的、演绎证明形式的结论方面，你有相当不错的能力。但是，你在真实情境中的演绎推理，既受你掌握的特定知识的影响，也受针对特定的推理问题你能使用的表征资源的影响。让我们详述这些结论。

知识如何影响演绎推理呢？考虑下面这个三段论：

前提 1：所有有发动机的东西都需要油。

前提 2：汽车需要油。

结 论：汽车有发动机。

这是一个有效的结论吗？按照逻辑规则，它不是，因为前提 1 未能解决这样的可能性，即一些没有发动机的东西也需要油。对你来说，推理的困难在于，在一个逻辑问题中站不住脚的东西，在现实生活中并不必然是错误的。换言之，如果你把前提 1 和前提 2 看作你所拥有的所有信息——如果你只将它作为形式逻辑的一次练习，你就会这么做——那么，这个结论就是无效的。

这个例子说明了**信念偏差效应**（belief-bias effect）——人们倾向于把那些他们认为可信的结论判断为有效，而把那些他们认为不可信的结论判断为无效（Janis & Frick, 1943）。关于信念偏差的一种解释来自信号检测论（我们在第 4 章学过）。回想一下，信号检测论的数学计算使研究者能确定人们的判断在多大程度上受反应偏差的影响。在演绎推理中，人们必须判断一个结论是“有效的”还是“无效的”。这些反应类似于第 4 章例子中的“是”和“否”的判断。在面对不确定时，与先前知识一致的演绎结论会产生做出“有效”判断的反应偏差；与先前知识不一致的结论会产生做出“无效”判断的反应偏差（Dube et al., 2010）。

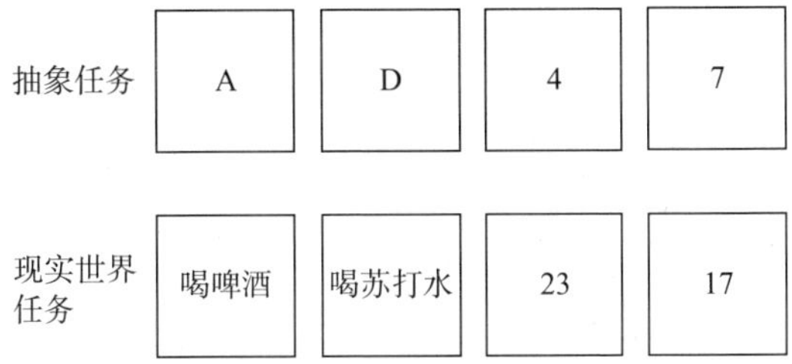

图 8.16 抽象与现实世界的推理

在上面一排卡片中，你需要说出为了检验规则“如果卡片的一面是元音字母，那么它的另一面是偶数”，你必须翻开哪些卡片。在下面一排卡片中，你必须说出为了检验规则“如果一位消费者要喝酒精饮料，那么她必须年满 18 岁”，你需要翻开哪些卡片。人们通常会在后一项任务上做得更好，因为该任务允许他们使用现实世界中的策略。

在有些情况下，你运用过去经验的能力有助于你在推理任务中表现得更好。假设你得到了**图 8.16** 所示的四张卡片，正面分别印有 A、D、4 和 7。你的任务是确定必须翻开哪些卡片来检验“如果卡片的一面是元音字母，那么它的另一面是偶数”这一规则（Johnson-Laird & Wason, 1977）。你会做什么？大多数人说他们会翻开正面是 A 的卡片——它是对的，还有正面是 4 的卡片——它是不对的。无论正面是 4 的卡片背面出现什么符号，你都无法证伪这一规则。假设背面是 E，这项规则将得到确认；假设背面是 T，规则没有提到关于辅音字母的任何信息，所以你收集到的是与规则无关的信息。你现在明白为什么翻正面是 4 的卡片不能检验规则了吧？相反，你必须翻开正面是 7 的卡片。如果你发现背面有一个元音字母，那么你将证伪这个规则。

上述任务通常被称为沃森选择任务（Wason selection task），关于该任务的最初研究引起了对人们有效推理能力的怀疑。然而，当参与者能够把现实生活中的知识运用于沃森任务时，演绎推理就可以得到改善。假设你需要完成另一个逻辑上类似的任务，见图 8.16 中下面那套卡片。在这种情形中，你要评估规则“如果一位消费者要喝酒精饮料，那么她必须年满 18 岁”（Cheng & Holyoak, 1985）。现在你可能立即就明白了应该翻开哪张卡片：正面是 17 和“喝啤酒”的卡片。看看图 8.16，你将发现正面是 7 和 17 的卡片在逻辑功能上是一致的，翻开这两张卡片的逻辑原因相同。然而，现实经验帮助你很快理解了为什么翻开正面为 17 的卡片在逻辑上是必要的。

这个关于年龄和饮酒的例子来自更一般类型的许可情形。你对此类情形可能拥有大量的经验——回忆所有你面临的诸如“如果不做作业就不能看电视”之类的情形。你可能从来不会意识到这样一个问题居然涉及演绎推理。然而，你所积累的这些经验现在可以帮助你轻松地做出正确判断！

本部分内容一开始便描述了一种情形，其中，你通过演绎推理，得出了自己能使用美国运通卡付餐费的正确推论。不幸的是，在生活中的许多情况下，你不能如此肯定自己已经通过有效的前提得出了有效的推论。现在，我们再次以饭店中的情形为例，以此说明另外一种不同形式的推理。

归纳推理

让我们假定，你已经到了饭店外面，而这时才想起看一下自己是否有足够的现金。你发现你可能还需要用到你的美国运通卡，但是饭店外面没有相关的标示。透过饭店的窗户，看到里面穿着考究的顾客以及菜单上昂贵的价格，你判断这是一个高档街区。所有这些观察使你相信，这家饭店很可能会接受你的信用卡。这不属于演绎推理，因为你的结论是基于概率而不是逻辑的必然。相反，它属于**归纳推理**（inductive reasoning）——利用可获得的证据，产生可能而非确定的结论。

尽管这可能是个新术语，但是我们已经向你描述了几个归纳推理的例子。在第 4 章和第 7 章，我们了解到人们利用过去的信息来产生关于当下和未来的期望。例如，如果你认为空气中的某种气味表明有人正在做爆米花，那么，你就是在使用归纳推理；如果你认为本页书稿上的词不太可能突然消失不见（而且，如果你学了这个材料，你关于这个材料的知识不可能在测验当天突然消失），那么，你也是在使用归纳推理。最后，在本章的语言理解部分，我们讨论了人们使用语言时所做的推论。在早先读到的连续的句子中，你认为“她”一定是“堂娜”，这是基于归纳推理。

在现实生活中，你解决问题的能力在很大程度上依赖于归纳推理。回到我们开始时所举的例子：你不小心把自己锁在了住宅、房间或汽车外面。你应该做什么？一个很好的第一步是回忆过去曾经奏效的解决办法。这个过程称为类比式问题解决：你在当前情形的特征与先前情形的特征之间建立了一种类比（Christensen & Schunn, 2007; Lee & Holyoak, 2008）。在这种情形中，你过去"被锁在外面"的经验可能使你形成一种概括性解决方案——"找其他有钥匙的人"。有了这种概括，你就会想你可以找谁以及如何找到他们。这个任务可能需要你回想你为了在室友的下午课上找他们而使用的方法。如果这个问题对你来说很容易，那是因为你已经习惯了让你的过去指导你的现在：归纳推理允许你获取靠得住的方法，这些方法能够促进当前的问题解决。

关于归纳推理，有一个问题需要注意。尽管先前有效的解决方法通常可以再次作为一种成功的解决方法来使用，但是有些时候你必须认识到，当过往情境与当下情境存在关键性差异时，依赖过去经验会妨碍你的问题解决能力。图 8.12 所给出的水罐问题就是一个经典的例子——依赖过去经验可能让你无法找到问题的解决方法（Luchins, 1942）。如果你已经在任务 D 的前两个问题中发现了"$B-A-2(C)=$答案"这个规则，那么，你可能尝试使用同样的公式来解决第三个问题，却发现这个公式并不奏效。实际上，只需将水罐 A 注满，然后从 A 罐向 C 罐倒水，倒满 C 罐，然后你就可以得到正确数量的水。如果你使用最初的公式，那么，你可能注意不到这个更简单的可能性——你先前使用另一个规则所获得的成功给你造成了一种心理定势。所谓**心理定势**（mental set）是指先前存在的心理状态、习惯或态度，在某些条件下，它能提升感知和问题解决的质量和速度。然而，当先前的思维和行动方式在新的情境中没有价值时，同样的定势就有可能抑制或破坏你的心理活动的质量。当你发现自己在某个问题解决情境中受挫时，你应该后退一步，并且问自己："我过去所获得的成功是否正在让我的思路变得过于狭窄？"你应该通过考虑过去的更广泛的情形和解决方法，尽量使你的问题解决变得更富有创造性。

生活中的心理学

如何才能变得更富创造性

你相信创造性是一些人有而另一些人没有的特质吗？如果你相信，那么当你知道环境能稳定地影响人们的创造性成果的质量时，你可能会感到惊讶。下面我们来看三个例子。

第一个例子聚焦学生的多元文化体验（Leung & Chiu, 2010）。研究者推断，接触另一种文化，会让人们获得一种从“不熟悉的来源和地方获取想法”并整合“来自不同文化的、看似不相容的想法”的体验（p. 173）。为了检验这些观点，研究者让参与者观看不同版本的45分钟长的幻灯片。其中一个版本只关注中国文化（这是参与者所不熟悉的），另一个版本则同时呈现中国文化和美国文化。观看完幻灯片后，参与者尝试创作一个新版的灰姑娘的故事。研究结果显示，观看第二个版本幻灯片的参与者始终更有创造性。提升创造性的关键在于让学生同时体验两种文化。

提升创造性的第二种方法对比了人们对近期和远期未来的想法（Förster et al., 2004）。假设我问你，你会怎样计划明天的聚会或者一年后的聚会？对于不久的将来，你可能会关注一些具体的细节；而在考虑遥远的未来时，你的想法可能会更抽象。研究者预测，他们可以通过引导参与者以更抽象的方式思考来提升其创造性。为了验证这一预测，研究者要求参与者花两分钟时间想象“明天”或“一年后”的生活。在短暂间隔后，他们对以下情景做出反应：“米勒太太喜欢她的植物，请你尽可能多地帮她想出能进一步美化房间的创造性方法”（p. 184）。结果显示，那些想象过一年后的生活的参与者总能给出更富创造性的回答。

提升创造性的第三种方法关注人们如何思考“事情本可能如何”（Markman et al., 2007）。当人们回忆往事时，经常会用反事实的方式来思考（例如，“如果我没有吃那个煎蛋卷，我就不会生病”）。有些反事实是“加法式”的，因为它们编码的可能行为的范围更广（例如，“如果我做了……，结果可能会更好”）；而另一些反事实则是“减法式”的，因为它们编码的行为范围更窄（例如，“如果我当初不做……，结果可能比现在要好”）。研究者要求参与者对自己过往经历的消极事件按照加法或减法方式来建构反事实。研究者推断，“加法式反事实在重构现实时加入了新的元素，能够激发扩张性的加工风格，从而促进创造性结果的产生”（p. 322）。事实上，与构建减法式反事实的参与者相比，构建加法式反事实的参与者产生了更多的短期创造性行为（例如，对于一块砖的用途，他们能够回答出更多新颖用途）。

你能认识到如何应用以上三项研究来提升你在日常生活中的创造性吗？

在本节中，我们考察了各种类型的问题解决和推理。每种情形中，我们都向你提供了可以用来改进现实生活中的行为的具体步骤。在本章的最后一部分，我们将遵循同样的策略，首先描述有关判断和决策过程的一些主要的研究发现，然后给出建议，告诉你如何能将研究发现运用到日常生活中的一些重要情境中。

STOP 停下来检查一下

❶ 就问题解决而言，算法是指什么？

❷ 克服功能固着指的是什么？

❸ 判断一个想法或产品是否有创造性的两个重要标准是什么？

❹ 当人们受到信念偏差效应影响时会发生什么？

❺ 记忆在归纳推理中的作用是什么？

批判性思考：回想一下关于评判创造性的实验。为什么研究者要用多个评委来评估答案？

判断和决策

我们最后一次回到“猫在垫子上”的话题。让我们来做出判断和决策：这条信息有多大可能性只是一个恶作剧？它有多大可能具有某些你未能理解的真正的重要性？你应该不理这事儿直接去睡觉吗？

当你准备开始一段长期的关系时，什么过程会影响你的决定？

这一系列问题说明了日常经验中的一个重要真理：你生活在一个充满不确定性的世界里。下面这些问题也是大家都很熟悉的：你应该花 10 美元看一部你可能喜欢，也可能不喜欢的电影吗？在考试之前，是复习笔记效果好，还是把章节再读一遍更好？你准备好投入一段长期的关系了吗？因为你对未来只能猜测，而且你对过去也从不会有完全的了解，所以你很少能完全肯定自己已经做出了正确的判断或决策。因此，判断和决策过程必须以一种能让你有效地处理不确定性的方式来运作（Gigerenzer & Gaissmaier, 2011）。

在讲后续内容之前，我们先来快速区分一下判断和决策这两个过程。**判断**（judgment）是你形成看法、得出结论或对事件和人做出关键评价的过程。你常常在没有提示的情况下自发地做出判断。**决策**（decision making）是在备选项之间做出选择的过程，在这一过程中，人们选择或拒绝可用的选项。判断和决策是两个相关的过程。例如，在一个聚会上，你可能遇见了一个人，在简短的交谈和共舞一曲之后，你判断此人聪明、有趣、诚实和真诚。然后，你可能决定和这个人一起度过聚会的大部分时间，并且决定下周末安排一次约会。决策更紧密地与行为动作联系在一起。现在让我们转到对这两种思维过程的研究。

启发式与判断

做判断的最好方法是什么？例如，假设有人问你是否喜欢某部电影。要回答这个问题，你可以填写一个有两列内容的表格，一列写“关于这部电影，我所喜欢的”，一列写“关于这部电影，我不喜欢的”，然后看看哪一列写得更长。为了更精确一点儿，可能你应该根据重要性为每列中的条目赋权重（这样，同“不喜欢的”一列中的“刺耳的声音”相比，“喜欢的”一列中的“演员的表演”权重可能更高）。如果你完成了这个完整的程序，那么你可能会对你的判断非常有信心。但你知道你很少这么做。在现实生活中，你不得不频繁、迅速地做出判断。你没有时间——也没有足够的信息——使用这样一种正式的程序。

那么你会做什么？最早对这个问题做出回答的是**阿莫斯·特维尔斯基**（Amos Tversky）和**丹尼尔·卡尼曼**（Daniel Kahneman）。他们认为，人们的判断依赖于启发式而不是正式的分析方法。正如我们在对问题解决的讨论中所提到的那样，启发式是一些非正式的经验法则，它能提供捷径，降低判断过程的复杂性。沿着特维尔斯基和卡尼曼的思路，研究者提出，人们演化出了一个所谓的“*适应性工具箱*”，即一个大多数时候能产生正确判断的“快速而节俭”的启发式仓库（Gigerenzer & Gaissmaier, 2011）。很重要的一点是，快速并且使用有限的资源（“节俭”）做出正确判断的能力是适应性的——此能力具有生存价值。研究者已经界定了一些快速而节俭的启发式，并且证明它们通常能带来正确的判断（Hertwig et al., 2008）。

即便如此，针对启发式的研究，通常多半聚焦在它们产生*不正确*判断的情况。对此有两种解释。首先，此类研究遵循的逻辑看起来与前几章相似：正如我们可以通过研究错觉来研究知觉，通过研究记忆失败来研究记忆，那么我们也可以通过研究判断错误来更好地理解判断。此外，能够识别出启发式在哪些情形下可能导致错误也是很有价值的，它能使人们有机会使用其他的心理属性来做出更好的判断。

尽管如此，在你阅读这一部分时请记住，“快速而节俭”的启发式通常能够带来正确的判断。这一点对于接下来介绍的三种启发式（可得性、代表性以及锚定）皆适用。不过，你应该设法知道具体在哪些情境下有必要进行有意识的干预。

可得性启发式 请你先做一个小的判断。假设你要读几页小说。你认为在这段摘录中，是以字母“*k*”开头的词（如“kangaroo”）更多还是第三个字母是“*k*”的词（如“duke”）更多？如果你像特维尔斯基和卡尼曼（Tversky & Kahneman, 1973）的一项研究中的参与者一样，那么你可能判断“*k*”更经常出现在词的开头。然而事实上，“*k*”出现在第三个位置的频率大约是前者的两倍。

为什么大多数人相信“*k*”更可能出现在单词开头呢？答案与来自记忆的信息的可得性有关。与想起“*k*”出现在第三个位置的词相比，想起以“*k*”开头的词要容易得多。因此，你的判断来自**可得性启发式**（availability heuristic）的使用：你根据记忆中易于获得的信息做出判断。可得性启发式有两个成分。第一个是你提取信息时相对容易或流畅。假定你试图判断悬挂滑翔和保龄球哪个项目更危险。你可能会发现自己更容易回忆起悬挂滑翔事故而不是保龄球事故。如果你根据信息提取的容易度来做判断，那么你可能会说悬挂滑翔更危险。可得性启发式的第二个成分是容易提取的记忆的内容。假设你描述了浮现在脑海中的关于保龄球的前五个记忆。如果所有这些记忆都是不愉快的记忆，那么你可能认为保龄球不是你休闲运动的最佳选择。让我们来看一下每个成分是如何导致潜在问题的。

回忆第 7 章中所讨论的提取线索是如何帮助你回忆的。你已经了解到，根据你使用线索的背景，同样的提取线索可能有效，也可能无效。假设在我们向你提出关于“*k*”的问题前，先给你列举了一些“*k*”在单词中位于第三个位置的例子，如“bike, cake, poke, take”。提取背景的这种改变可能会改变你的判断。这样一来，信息的流畅性——你从记忆中提取信息的容易程度——在不同的背景下将变得不同。在一项研究中，参与者需要评估某个样例在某类别中的典型程度（Oppenheimer & Frank, 2008）。有时候，研究者以容易辨认的字体给出样例：

hummingbird

有时候，则以不容易辨认的字体给出样例：

hummingbird

同样的样例，当它以容易辨认的字体出现时，参与者给出的典型性评分更高。对这一结果的一种解释是，参与者评估的流畅性——从印刷字体到记忆表征这一过程中所体验到的难度——决定了他们对其典型性的评价。这项研究显示，你根据流畅性做出的判断可能取决于背景因素。不同的背景（如字体的变化）可能带来不同的判断。在做重要判断的时候，你首先应该问自己：“这个背景是否会影响我提取特定信息的难易程度？”

当你在记忆中储存的信息存在偏差时，你使用可得性启发式时也可能会遇到困难。想想你做选择题时发生的情形。你选定了一个答案，但经过一番思考后，你又决定改变答案。你更有可能从对的改成错的，还是从错的改成对的？如果你和大多数学生一样，那么你可能认为应该坚持原先的答案——改变你的答案可能让你不安。但是，应该这样做吗？事实上，许多学生显示出一种记忆偏差，他们倾向于记住对考试成绩有负面影响的信息。

研究特写

研究者考察了 1 561 个学生改变选择题答案的后果（Kruger et al., 2005）。在 3 291 个修改的答案中，有 23% 是由一个错误答案改成了另一个错误答案。剩下的修改中，51% 由错误答案改成了正确答案；25% 由正确答案改成了错误答案。这个结果说明，你不应该为改变答案而犹豫。但是，当其中一部分学生在被问及改变答案是否明智时，75% 的人表示最好坚持原来的观点。研究者认为，学生对改变答案的偏见可能源自记忆偏差：他们指出，学生对改错的案例比对改对的案例记忆更深刻。有多少次你自艾自怨：“我本来答对了！”又有多少次会抱怨说：“我本来是错的！”为了验证假设，即学生是否更可能记住负面结果，研究者做了另外一个实验。这次，研究者在学生完成选择题考试后不久就给出正确和错误回答的反馈。4~6 周以后，研究者要求参与者努力回忆他们试图改变答案的情景，他们当时是怎样决定的以及这些决定所带来的结果。比如，一个学生可能报告说她在三个问题上慎重考虑了很久，但最终还是坚持了最初的答案。记忆数据显示出了一致的偏向：参与者高估了他们将正确答案改错的频率；低估了他们将错误答案改对的频率。

想象自己正在教室参加考试，现在需要决定是否改变答案。这些研究结果表明，你做判断所依据的信息库是有偏差的：你更容易记住负面结果而非正面结果，而当你应用启发式时“可得的”正是这些负面结果。当然，这些分析并不意味着你总是应该改变答案。但是，现在你应该知道，为什么在你考虑改变答案时会感受到痛苦。

代表性启发式　当你基于**代表性启发式**（representativeness heuristic）做判断时，你认为，如果一个事物具有某类别成员的典型特点，那么它事实上就属于那个类别。这种启发式对你来说并不陌生，因为它体现了这样的思想，即人们利用过去的信息来对当前类似的情形进行判断。这正是归纳推理的本质。在大多数情况下，只要你对相匹配的特征和类别的认知不存在偏差，沿着相似性的路线做判断将会是非常合理的。因此，如果你正在决定是否开始一项像悬挂滑翔这样的新活动，那么确定这项运动在你以前喜爱的活动类别中的代表性就是有意义的。

然而，当代表性导致你忽视其他类型的相关信息时，它就会让你误入歧途（Kahneman & Frederick, 2002; Kahneman & Tversky, 1973）。考虑**图 8.17** 中关于一个成功律师的描述（Bar-Hillel & Neter, 1993）。在你看来哪个选项正确？大多数人面对这个问题时选择了网球而不是球类运动。图 8.17 右下角部分显示了为什么网球不应该是第一选择：网球包含在球类运动这个类别之中。参与者判断网球是更好的答案，因为它似乎具有律师可能玩的运动的所有特征。然而，通过代表性所做的这个判断使参与者忽视了另一种信息——类别结构。 就你的日常生活而言，上述例子的意义是，在考虑到所有选项的结构之前，你不应该被一个代表性的选项所迷惑。

他是耶路撒冷的一名成功律师。同事们说他各种心血来潮的想法妨碍他成为一个好的团队工作者，他的成功归功于他的竞争力和动力。他很瘦，个子不高，注重身材管理而且很自负。他每周会花好几个小时从事他最喜欢的运动。那会是项什么样的运动呢？

a. 快步走
b. 一项球类运动
c. 网球
d. 一项田径运动

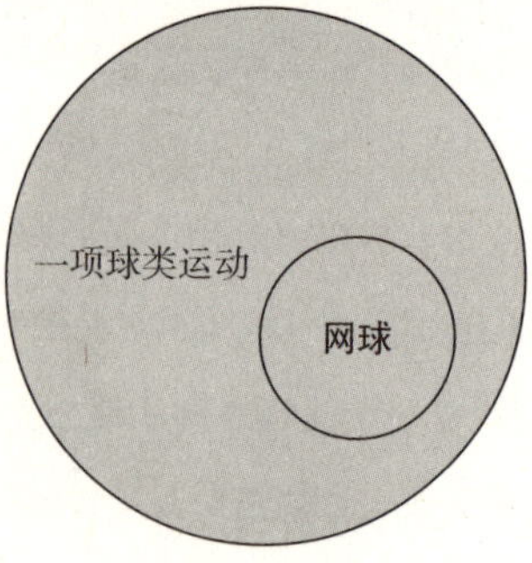

范围更大的类别
<u>必然</u>可能性更大。

图 8.17　使用代表性启发式

当要求参与者选出这位律师所喜欢的运动时，代表性启发式导致大多数人选择了“网球”。然而，正如图的右下角部分所显示的那样，更可能的答案是“一项球类运动”，因为它包括了“网球”。

让我们来看关于代表性的另外

一个例子。回想一下你上次去听现场音乐会的场景。假如一个朋友问你："你觉得这个音乐会怎么样？" 你将如何回答这个问题？大多数现场演出会持续很长一段时间，有一些精彩的时段，也有一些不那么精彩的时段。要回答这样一个概括性的问题（即"……怎么样？"），你需要找到能够对所有时段都具有代表性的一个值。研究表明，代表值通常是事件的峰值强度和结尾强度的平均（Kahneman & Frederick, 2002）。我们来看一项在学术情境下验证这一假设的研究。

研究特写

该研究的参与者试图学习把西班牙语单词翻译成英语（Finn, 2010）。在短试次中，他们学习了 30 个其他学生认为难度极高的西班牙语单词。在加长试次中，参与者同样学习了 30 个难度极高的单词，之后又学习了 15 个中等难度的单词。所有的参与者都完成了两个试次，但一些人先完成短试次，另一些人先完成加长试次。在两个研究试次之后，参与者回答了如下问题："假设我们付钱让你明天再来完成一个单词表的学习，你是更愿意学习一个类似于列表 1 的单词表还是列表 2 的单词表？"（p. 1550）结果表明，73% 的参与者选择了加长试次的单词表。也就是说，他们更愿意学习包含 45 个单词的单词表，而不是包含 30 个单词的单词表！

你知道为什么加长试次的峰值难度和结尾难度的平均值更低吗？对于短试次来说，峰值与结尾难度相等，所以平均难度将是"难度极高"。对于加长试次，峰值是"难度极高"，但它将与结尾的"中等难度"相结合，产生一个相对较低的平均值。这种模式解释了参与者为什么更偏好加长试次。"峰—尾"规则同样适用于积极体验（Do et al., 2008）。在一项实验中，如果单独一块糖果的"峰值"味道优于"峰—尾"糖果味道的平均值，参与者宁愿选择得到较少的糖果 。

你有没有想到自己在日常生活中应该如何运用"峰—尾"规则？为了影响人们对某个事件的评价，你需要考虑应该如何安排事件的各个组成部分，才能让人们按照你的设想来编码该事件的代表值。

锚定启发式 为了向你介绍第三种启发式，我们需要你尝试一个思维实验。请你先花 5 秒估计下面几个数字的乘积，然后写下你的答案：

$$1 \times 2 \times 3 \times 4 \times 5 \times 6 \times 7 \times 8 = \_\_\_\_\_\_\_\_\_\_$$

5 秒的时间里，你可能只能做几步计算，获得其中一部分数据的计算答案，可能是 24，然后从这个值开始向上调整。现在试试以下的数字系列：

$$8 \times 7 \times 6 \times 5 \times 4 \times 3 \times 2 \times 1 = \_\_\_\_\_\_\_\_\_\_$$

即使你注意到这是同一个序列反过来的版本，你也会发现完成这次乘法计算的经历有多么的不同。你将从 8×7 开始，结果是 56，然后尝试 56×6，感觉数字已经很大了。与上次一样，你只能进行部分猜测，然后向上调整。当特维尔斯基和卡尼曼（Tversky & Kahneman, 1974）向参与者呈现同一个问题的这两种排列时，1—8 的顺序所产生的估值的中数为 512，8—1 顺序组所产生的估值的中数为 2 250（正确答案是 40 320）。显然，当参与者根据其 5 秒内的估计开始向上调整时，较高的部分解答导致较高的估计值。

人们在这种简单的乘法任务上的表现为**锚定启发式**（anchoring heuristic）提供了证据。它是指你对某个事件或结果的可能值所做出的判断，相当于你对一个原始的起始值的不充分调整——或者向上，或者向下。换句话说，你的判断过分稳固地“锚定”在最初的猜测上。我们来看一项研究，在该研究中，商科学生需要回答愿意花多少钱买“35—75 mm 变焦、带闪光灯的相机”（Adaval & Wyer, 2011）。一些参与者在高锚点的情况下提供他们的估计值：他们首先需要回答他们认为相机的价格是高于还是低于 419 美元，然后给出自己愿意支付的价格。其他参与者则在低锚点的情况下提供他们的估计值：他们在给出自己愿意支付的价格之前，先做出相机价格是“高于还是低于”49 美元的判断。结果，锚定产生了 239 美元的效应：平均而言，从高锚点开始的参与者表示，他们愿意支付 317 美元；而那些始于低锚点的人说他们愿意支付 78 美元。

为什么人们会根据锚做出不充分的调整呢？研究者已经着手在真实情境中研究这个问题。在真实情境中，人们在开始调整之前已经产生了自己的锚点。思考一下这个问题：火星绕太阳公转一周需要多长时间？你将如何回答这个问题？有研究表明，人们会以地球的公转周期 365 天作为锚点来估计火星的公转周期。接下来呢？你可能使用火星比地球距太阳更远这样的知识，从 365 天这个锚点向上调整。事实上，实验参与者估计火星的公转周期大约为 492 天（Epley & Gilovich, 2006）。这个估计值依然比真实值 869 天要小。在这个实验中，人们似乎是这样做的：先以一个合理的锚点（也就是 365 天）作为推测的起点，然后不断地调整直到得出一个看起来合理的值。当你发现自己身处一个锚定和调整的情境中时，记得应用这个研究结果：你应该付出一些额外的努力来确认一个合理的值事实上是正确答案。

零售商如何使用“原价”作为锚点，让你为一件商品支付更多？

你使用可得性、代表性和锚定等判断性的启发式，是因为绝大多数情况下它们能让你做出有效的、可接受的判断。鉴于情形的不确定性和你的加工资源的限制，你做得可以说是很好了！然而，你也已经了解到，启发式会导致错误。当需要做重要的判断时，你应该尽力使用这些知识。当你觉得其他人可能正在试图使你的判断发生偏差时，你尤其应该保持批判性。现在，让我们来看看你常常在这些判断的基础上所做出的决策。

决策心理学

你的生活充满了各种大大小小的决策，比如：我应该与谁共度一生？考试应该带什么笔？本节将探讨与决策有关的重要心理因素。你将发现，问题的表述方式会对你的决定产生很大的影响。此外，你还会了解到，你预期的结果和你经历的结果都会影响你的决策。

决策的框架　做决策最自然的方法之一是，判断哪个选项会带来最大的收益，或哪个选项会带来最少的损失。因此，如果有人给你 5 美元或 10 美元，你无疑会认为 10 美元是更好的选择。然而，使得情形变得更复杂一点的是，人们对收益（得）或损失（失）的知觉通常依赖于决策的框架。所谓**框架**（frame）是指对选项的一个特定的描述。例如，假设问你得到 1 000 美元的加薪，你会有多高兴。如果你根本没有指望加薪，那么，这 1 000 美元加薪就如同一笔很大的收益，你可能会非常高兴。但是，假设你已多次被告知将有 10 000 美元的加薪。那么，现在你的感觉又如何？突然间，你可能会觉得自己似乎亏钱了，因为 1 000 美元少于你的预期。你一点都不高兴！两种情形中，你都是一年多挣 1 000 美元——客观上看，你的收入增长情况完全相同——但是心理效应完全不同。这就是为什么在决策中*参照点*很重要（Kahneman, 1992）。加薪 1 000 美元，看起来是收益还是损失，将部分地取决于决策者所参照的期望（0 美元或 10 000 美元的加薪）。（在这个例子中，需要做的决策可能是是否还继续这份工作。）

现在，让我们看一个稍微复杂一些的例子，在这个例子中，框架对人们所做的决策有相当大的影响。在**表 8.7** 中，你被要求想象在肺癌的手术治疗和放射治疗之间做出选择。首先，看一下这个问题的*幸存*框架并选出你偏好的治疗方法；然后，看一下*死亡*框架，看看你是否想要改变你的偏好。值得注意的是，客观上，两种框架中的数据是相同的。唯一的差别是，关于每种治疗结果的统计信息，是从幸存率还是从死亡率的角度来呈现。当向参与者呈现这一决策事件时，关注收益还是关注损失显著地影响了他们对治疗方法的选择。在接受幸存框架的参与者中，只有 18% 的人选择了放射治疗，但是在接受死亡框架的参与者中，这一数字是 44%。以一组临床患者、统计水平高的商科学生以及有经验的医师为参与者，同样观察到这种框架效应（McNeil

表 8.7　框架效应

幸存框架
手术。在 100 个接受手术治疗的人中，术后期存活 90 人，其中 68 人在第一年的年底还活着，34 人在第五年的年底还活着。
放射治疗。在 100 个接受放射治疗的人中，所有人都活过了治疗期，77 人在第一年的年底还活着，22 人在第五年的年底还活着。
你选择什么：手术还是放射治疗？
死亡框架
手术。在 100 个接受手术治疗的人中，手术期间或术后期死亡的有 10 人，到第一年年底死亡的有 32 人，到第五年年底死亡的有 66 人。
放射治疗。在 100 个接受放射治疗的人中，没有一个人在治疗期间死亡，到第一年年底死亡的有 23 人，到第五年年底死亡的有 78 人。
你选择什么：手术还是放射治疗？

et al., 1982）。

既然你已经了解了框架的概念，你应该着手在日常生活中寻找它的身影。在人们想让你购买他们的产品时，你尤其可能会发现框架的作用。下面这项研究试图揭示人们如何在两个肉店之间做出选择。

研究特写

在实验中，参与者阅读一份介绍社区中两家肉店的简短材料（Keren, 2007）。肉店 A 宣称其出售的肉中脂肪含量为 25%，肉店 B 宣称其肉中瘦肉含量为 75%。参与者想象自己要筹备一个大型宴会，需要从这两家肉店中选择一家买肉。他们会选择哪一家呢？大多数的参与者（82%）选择了肉店 B。你可能知道其中的原因：瘦肉含量为 75% 的肉听起来似乎更健康。实际上，两家肉店提供的产品是相同的（瘦肉含量为 75% 的肉脂肪含量为 25%）。尽管数学上等价，框架仍产生了很大的影响。现在思考另外一组参与者的判断，他们需要说出自己更信任哪家肉店。在关于信任程度的判断中，参与者的选择却反转了，大多数（73%）参与者表示更信任那家告诉他们脂肪含量的肉店！

销售人员可以用什么样的方式来描述其产品，从而让潜在客户对这些产品产生积极的看法？

这个实验说明，对不同的判断来说，同样的框架可能产生相反的效果。你认为肉店店主是得到信任更高兴，还是卖出牛肉更高兴呢？在你思考现实生活中的框架效应时，你应该考虑人们试图影响哪些判断。

这些研究结果应该能鼓励你从不同的框架角度思考重要的决策。例如，假设你想要购买一辆新汽车。推销员会倾向于把所有东西都往好处说："78% 的 Xenon 汽车第一年不需要修理！"你可以将其重新表述为："22% 的在第一年需要一些修理！"新的框架改变了你对该情形的看法吗？它是现实生活中值得尝试的一种做法。

汽车推销员的例子很好地说明了这样一种情形，即某个人正在以特定的框架呈现信息，从而影响你的决策，以达到他所预期的目的。当然，这种情形在你的生活中司空见惯。例如，每当选举临近时，对立的候选人互相竞争，力争让他们关于自己以及议题的表述在选民中流行。一位候选人可能会说，"我主张坚持那些已经获得成功的政策。"他的对手可能这样还击，"他害怕新的思想。"一位候选人可能会说，"那项政策将带来经济增长。"她的对手可能反击说，"那项政策将带来环境的破坏。"两种主张通常都是正确的——同一项政策往往既能带来经济利益，也会带来环境危害。从这个角度看，哪个框架看起来更吸引人，很大程度上可能与个人经历有关。这样，关于框架效应的知识能够帮助你理解，人们在面对完全相同的证据时是如何做出截然不同的决策的。如果你想要理解他人的行为，请好好想想那些人是如何给一个决策制定框架的。

决策的结果 当你做出一个决策后会发生什么？在最好的情况下，一切都进展顺利——而且你从不后悔。但是，正如你可能知道的，并不是所有的决策都会产生最好的结果。当决策的结果很糟糕时，你可能会后悔。研究表明，人们对他们在求学和职业方面做出的决定表达了最大程度的后悔（Roese & Summerville, 2005）。为了解释这个结果，研究者指出了一个事实，即这两个领域提供了特别广泛的机会：世界上求学的方式有很多，也有很多令人向往的职业。如此广泛的机会很容易让人犯嘀咕："我是否做出了正确的决定？"

当人们明确知道某个决策带来的损失时他们会经历更多的后悔（van Dijk & Zeelenberg, 2005）。试想在一个游戏竞赛节目中，参赛者必须在盒子 A 和盒子 B 之间做选择。如果参赛者选择了 10 美元的盒子而不是 10 000 美元的盒子，那么我们很容易理解他为什么会后悔。生活中的有些决策就如同游戏竞赛节目。你选了苹果派，你的朋友选了核桃派。在你们咬了一口后，你就知道自己做出了错误的决策。你体会到后悔是因为你很清楚自己放弃的是什么。在其他情况下，你对决策结果的了解相当模糊。如果你选择贵宾犬作为宠物，你永远也不会知道如果选择斗牛犬你的生活将会怎样。在这类情况下，你几乎不可能体会到后悔。

接下来我们花点时间考虑一下后悔的脑基础。到目前为止，我们考察的例子主要集中于人们对错失机会的后悔上。那么，人脑以何种方式对这种情况做出反应？

研究特写

在一项研究中，参与者看电脑显示屏，屏幕上显示了 8 个排成一排的封闭盒子（Büchel et al., 2011）。参与者可以选择从左到右依次打开任意数量的盒子。其中有 7 个盒子装了"黄金"，一个装了"恶魔"。在近 70 轮试次的每个试次中，他们可以按自己的意愿打开任意数量的盒子。只要没有开到"恶魔"盒子，他们就可以拿到找到的所有"黄金"；一旦打开了"恶魔"盒子，本轮的"黄金"就清零。因此，在每打开一个盒子之后，参与者必须决定是落袋为

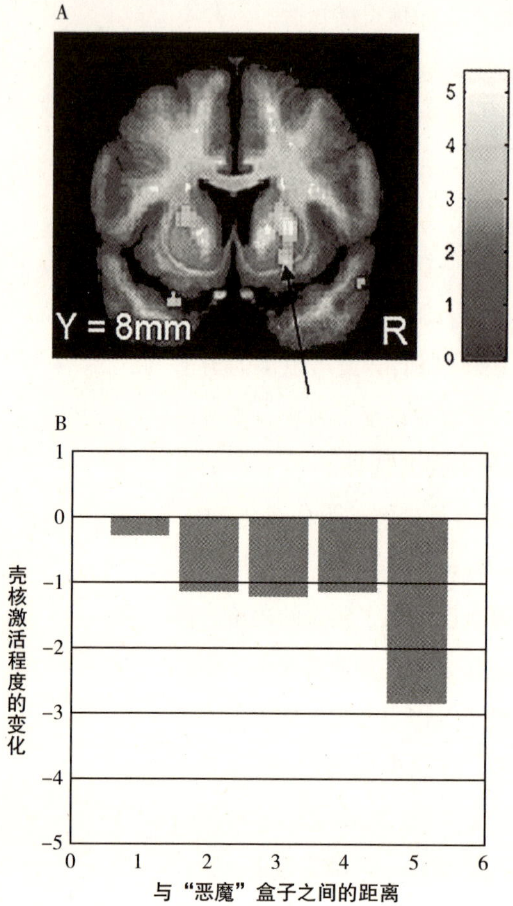

图 8.18 脑对错失机会的反应

参与者完成一项会错失相对较少或较多机会的任务。当错失的机会最多时，壳核的活动变化最大。（见彩插）

安不再冒险，还是继续打开下一个盒子。如果他们在打开“恶魔”盒子之前选择停止，那么研究者会给他们显示“恶魔”盒子的位置。**图 8.18** 显示了被称为壳核的脑结构的 fMRI 数据。图 A 显示了这个结构在脑中的位置。图 B 显示了壳核激活程度的变化与错失机会的多少有关。当“恶魔”就在下一个盒子时（在图的底部标记为 1），参与者恰好停在了正确的位置。此时壳核激活程度几乎没什么变化。当参与者选择停止的位置与“恶魔”盒子相距甚远时（图中的 5），壳核表现出了明显更大的变化。

当参与者错失更多的机会时，他们随后会冒更大的风险（也就是说，他们常常在下一轮打开更多的盒子）。壳核的激活似乎为其他脑结构提供了信息，从而最终产生了这种冒险的模式。

最后一点：不是所有的决策者都是相同的。假设你想在网上下载一部电影以消磨周末时光。如果你是*知足者*，那么你可能考虑各种选择，直到发现一部足够吸引你的电影；如果你是*最大化者*，那么你可能会浏览一长串的列表，直到你确信自己找到了最好的那部。研究者已经证明，世界上既有知足者也有最大化者，并且决策风格会产生重要的影响（Parker et al., 2007; Schwartz et al., 2002）。

例如，一项研究追踪了来自 11 所学院和大学的 548 名学生找工作的情况（Iyengar et al., 2006）。学生们首先完成一个问卷，该问卷能反映出他们在多大程度上是知足者或最大化者：他们需要给出自己对一些陈述（比如，“当购物时，我很难找到我真正喜欢的衣服”）的同意程度。完成这个最初的问卷 3 个月和 6 个月后（这些时间点，学生们正在参加面试然后接受工作），研究者联系这些学生，收集各种数据来分析他们在这一过程中的感受。这些数据清楚表明：最大化者所接受的工作的平均工资要高出 20%——但他们却很痛苦。正如研究者所说：“虽然最大化者相对成功，但他们却对求职结果更不满意，而且在整个过程中更悲观、紧张、疲倦、焦虑、担心、不堪重负和沮丧”（Iyengar et al., 2006, p. 147）。很明显，追求难以达到的“最佳”结果给最大化者造成了相当大的心理负担。大部分人可能都希望有一份好工作，同时不让自己太痛苦。当你找工作时，你可以回过头来想想最大化者和知足者的区别，想想你如何做出一个能让生活达到平衡的决策。

在整个这一章中，我们给了你几次机会去思考那个神秘的午夜信息——“猫在垫子上”，目的是让你思考多种认知加工——语言使用、视觉认知、问题解决、推理、判断和决策。现在已来到本章的尾声，我希望这个例子能长久地伴随着你——这样你就永远不会认为你的认知过程是理所当然的。利用你所得到的每一个机会，思考你的思维过程。当你这样做时，你实际上正是在反思人类经验的本质。

STOP 停下来检查一下

❶ 为什么人们在进行判断的时候会依赖启发式？

❷ 你会使用哪种启发式回答这个问题：“活着的人中，年纪最大的人的年龄是多少？”

❸ 为什么框架在决策心理中发挥着如此重要的作用？

❹ 知足者和最大化者的区别是什么？

批判性思考：回忆关于西班牙语—英语词表长度的研究。一些参与者在第一阶段学习加长列表，另一些在第二阶段学习加长列表，为什么这样安排很重要？

要点重述

研究认知

- 认知心理学家研究那些使你能够感知、使用语言、推理、解决问题、进行判断和决策的心理过程和结构。
- 研究者使用反应时测量来把复杂任务分解为一些作为支撑的心理过程。

语言的使用

- 语言使用者既能生成语言，也能理解语言。
- 说者设计他们的话语，使之适合特定的听众。
- 口误能揭示许多参与言语计划的过程。
- 语言理解过程通常需要使用语境来消解歧义。
- 意义的记忆表征始于命题，再补充以推论。
- 语言演化的研究主要聚焦于语法结构。
- 人们所使用的语言可能会决定他们如何思考。

视觉认知

- 视觉表征可以用来补充命题表征。
- 视觉表征使你能够思考你周围环境中的视觉信息。
- 人们能够形成结合了言语和视觉信息的视觉表征。

问题解决和推理

- 问题解决者必须定义初始状态、目标状态以及能够使他们从初始状态到达目标状态的操作。
- 创造性经常使用发散思维和聚合思维测验来评估。
- 演绎推理涉及根据逻辑规则从前提得出结论。
- 归纳推理涉及根据可能性或概率从证据推出结论。

判断和决策

- 许多判断和决策都是由启发式来引导的，启发式是能够帮助个体快速找到解决方法的心理捷径。
- 可得性、代表性和锚定启发式都能让人们在不确定的情况下高效做出判断。
- 为不同选项制定框架的方式影响人们的决策。
- 后悔的可能性使得个体很难做出某些决策，特别是对最大化者（而不是知足者）来说。

关键术语

认知过程
认知
认知心理学
认知科学
序列过程
平行过程
受控过程
自动过程
语言生成
听众设计
推论
语言相对论
问题解决
推理
问题空间
算法
启发式
出声思维报告
功能固着
创造性
发散思维
聚合思维
顿悟
演绎推理
信念偏差效应
归纳推理
心理定势
判断
决策
可得性启发式
代表性启发式
锚定启发式
框架

第9章

智力与智力测量

假设让你来定义“智力”一词。你会在定义中包括哪些类型的行为？回想一下你自己的经历：当你刚开始上学时，智力是指什么？当你做第一份工作时，智力又指什么？在上述以及其他情境下，你很可能听到过别人给你的行为贴上有才智或缺乏才智的标签，即聪明的或不那么聪明的。当这些标签被用于非正式的交谈中时，它们产生的影响相对较小。然而，在许多情况下，你的行为是否被认为体现着一定的才智很重要。例如，如果你是在美国长大的，那么你的“潜力”可能在很小的时候就被测量过了。在大部分学区，教师和管理人员在你很小的时候就试图测量你的智力。最常见的目标是让学生与提出适当要求的课堂教学相匹配。无论怎样，正如你所观察到的，人们在课堂之外的生活也经常受智力测试的影响。

本章将考察智力测量的基础和用途。我们将回顾心理学家们为理解智力领域的个体差异所作的贡献。我们还将考虑当人们开始解释这些差异时几乎不可避免地出现的各种争论。我们的焦点将放在智力测验的原理和方法、什么会影响测验的有效性，以及智力测验为何并不总是起到它们本应起到的作用这几个方面。最后，我们将考察心理测量在社会中的作用。

下面，我们先简要概述一下心理测量的通常做法。

什么是测量

心理测量（psychological assessment）是使用特定的测验程序来评估人们的能力、行为和个人特质。心理测量通常是指对个体差异的测量，因为大多数测量会明确指出在某一特定维度上，某个体与其他人的差异或相似程度。我们首先回顾一下测量的历史，这有助于你理解测量的用途和局限性以及当今存在的一些争论。

测量的历史

在西方心理学中，正式测验和测量程序的开发是一个相对较新的领域，直到 20 世纪初才得到广泛应用。然而，早在西方心理学界开始编制测验来评价个体之前，测量技术在古代中国就已经司空见惯。实际上，中国在 4 000 多年前就实行了一套复杂的公务人员考试制度，官员需要在每三年一次的口头测试中证明自己的能力。在 2 000 年之后的汉朝，公务人员笔试制度已被用于测量人们在法律、军事、农业和地理等领域的能力。在明朝（公元 1368—1644），公务人员选拔的依据是他们在一个客观选拔程序的三个阶段的表现。第一阶段的考试是在地方上进行的，通过的比例只有 4%。这些进入第二阶段的人必须参加 9 天 9 夜的关于经典名作的论文式考试，这一阶段的通过比例也仅有 5%。这些通过论文考试的人可以参加在京城举行的最后阶段的考试。

19 世纪初，英国的外交官和传教士们考察和描述了中国的科举选拔制度。这一选拔制度的改良版很快被英国、之后被美国用于公务人员的选拔（Wiggins, 1973）。

西方智力测量发展史上的关键人物是英国上流社会的**弗朗西斯·高尔顿爵士**（Sir Francis Galton, 1822—1911）。他于 1869 年出版的《遗传的天才》（*Hereditary Genius*）一书极大地影响了其后对测试的方法、理论和实践的思考。高尔顿是达尔文的表弟，他试图将达尔文的进化

弗朗西斯·高尔顿爵士（1822—1911）提出了哪些关于智力测量的重要观点?

论应用于对人类能力的研究。他对人们的能力有何不同及其原因很感兴趣，想知道为什么有些人会像他一样天赋异禀、事业有成，而其他许多人则不是这样。

高尔顿首次提出了关于智力测量的四个重要观点。第一，智力的差异可以根据智力程度来量化。换言之，可以用数值来区分不同人的智力水平。第二，人们的智力形成了一条钟形曲线，或正态分布。在钟形曲线上，大多数人的智力值集中在中间，只有少数人处于天才和存在智力缺陷这两个极端（我们将在本章的后面再次谈到钟形曲线）。第三，智力，或心理能力，可以由客观测验测得，测验中每道题目只有一个"正确"答案。第四，两套测验成绩之间相关联的准确程度可由一种统计程序来确定，他将该统计程序称作共同关系（co-relation），现称为相关（correlation）。事实证明，高尔顿的这些观点具有长久的价值。

遗憾的是，高尔顿还提出了许多颇具争议的观点。例如，他相信天才有遗传性。根据他的观点，天赋或卓越会在家族中遗传，教养对智力的影响微乎其微。在他看来，智力与达尔文的物种适合度相关，并且，以某种方式，最终与人的道德价值相关。高尔顿试图将公共政策建立在人天生有优等和劣等之分的观点上。他发起了优生运动，主张应用进化论鼓励生物学上的优等人群进行婚配，同时阻止生物学上的劣等人群生育后代，以达到改良人类物种的目的。高尔顿写道，"关于下等种族的逐渐灭绝，虽然有些人存在着反对情绪，但这种情绪大部分是不合理的"（Galton, 1883/1907, p. 200）。你在本章的后面将看到，这些精英主义思想的残余如今仍然有市场。

高尔顿的工作开创了现代智力测量之先河。下面，我们来看看正式测量具有哪些特征。

正式测量的基本特征

为了有效地将个体归类或选择具有某种特质的人，**正式测量**（formal assessment）程序应该满足三个条件，即测量工具应该是：（1）可信的；（2）有效的；（3）标准化的。如果测量工具没有达到这些要求，那么我们就无法确定测量的结果是否可信。虽然本章重点讲述智力测量，但正式的测量程序适用于所有类型的心理测试。为了确保你理解这些原则的广泛应用，我将同时举一些其他心理测量领域中的例子。

信度　正如你在第 2 章中所了解的，信度是某一测量工具给出一致分数的可信程度。如果你在同一天早上用浴室体重秤称了三次体重，得到了三个不同的读数，那么这个体重秤就没有在正常工作。你可以认定它不可信，你不能指望它给出一致的结果。当然，如果你在两次称重期间吃了一顿大餐，那么你就不会预期称重结果是一致的。也就是说，只有在被测量的基本概念保持不变的情况下，我们才可以判定测量工具是否可信。

检验测验是否可信的一种直接方法是计算**重测信度**（test-retest reliability），即让同一批人先后两次接受同一种测验，计算两次所得分数的相关。完全可信的测验产生的相关系数为 +1.00。这意味着两次的得分模式是相同的。在进行重测时，在第一次测试中得到最高分和最低分的参与者还是会获得相同的结果。完全不可信的测验的相关系数为 0.00，这意味着第一次的测试分数与第二次的测试分数之间没有任何联系。例如，某个人在第一次测试中得到了较高的分数，但在第二次测试中的得分则完全不同。相关系数越大（趋近于 +1.00），测验的信度就越高。信度的另一个衡量指标是作答者在单个测验中反应的**内部一致性**（internal consistency）。例如，我们可以比较某人在测验的奇数项目和偶数项目上的得分。在信度较好的测验中，这两部分的得分相当。

开发测量工具和实施测量的研究者都在努力确保信度。你参加过大学入学的 SAT Ⅰ考试吗？你可能不知道，你所做的试题中有一个

如果有人用你成年后的身高来评估你的智力，你会做何感想？这种测量是可信的，但它有效吗？

部分实际上并不影响你的成绩。不计分部分的题目很可能是为未来的考试考虑的。开发考试题目的研究者可以比较计分和不计分题目的得分，以确保人们在未来考试中的成绩与你现在所参加的考试的成绩具有可比性。因此，如果你参加过 SAT Ⅰ考试，那么你就为该测验的信度提供了一些信息。

效度　测验的效度是指测验能够测得它所要测量的东西的程度（见第 2 章）。智力的有效测验可以测量智力这一特质，并预测人们在非常需要智力的情境中的表现。创造力的有效测量分数反映的是人们真实的创造力，而不是绘画能力或心境。一般来说，效度反映的是测验对与测验目的或设计相关的行为或结果做出准确预测的能力。测验有效的条件可能是非常具体的，所以问一项测验"在何种目的上是有效的？"总是重要的。三种重要的效度分别是内容效度、效标关联效度和结构效度。

如果测验能够测量欲测领域的所有方面，那么该测验就具有**内容效度**（content validity）。假设你想测量人们的生活满意度，那么只关注其学业上的成功是不够的。为了开发具有内容效度的测验，你必须从生活的各个领域广泛取样。你将询问人们对自己的工作、人际关系等方面是否满意。

为了评价**效标关联效度**（criterion-related validity，也译作效标效度），心理学家要将个体的测验分数，与其在和测验所测事物相关的其他标准上的分数相比较。例如，如果测验旨在预测人们在大学中是否成功，那么大学成绩就是一种合适的标准。如果测验成绩与大学成绩高相关，那么这一测验就具有效标关联效度。测验开发者的主要任务之一就是找到合适的、可测量的标准。我们来看一下研究人员如何证明陪审员偏见测验的效标关联效度。

研究特写

当人们成为陪审团成员时，他们应该不带任何偏见地考虑案件证据。两位研究者试图证明审判前陪审员态度问卷（Pretrial Juror Attitude Questionnaire, PJAQ）的效度，这一测量工具能让他们识别出不能满足无偏见标准的候选陪审员（Lecci & Myers, 2008）。该问卷由29个陈述句组成（例如："如果犯罪嫌疑人在逃脱警察的追捕，那么他可能真的是罪犯。""许多向保险公司提出的事故索赔都是伪造的。"）。它采用 5 点计分法，参与者通过选择从非常不同意到非常同意的 5 个点中的 1 个来表明对每个陈述的认可程度。为了评估问卷的效标关联效度，研究者让 617 名参与者完成该测验。随后，研究者让他们阅读一些谋杀、强奸和持械抢劫案件的审判摘要，并就每个案件让他们指出他们认为合适的判决。当参与者比大多数同伴做出了更多的有罪判决时，就说明该参与者可能存在先前偏见。审判前陪审员态度问卷成功地预测了哪些参与者可能做出更多的有罪判决。

一旦某一测量工具被证明具有效标关联效度，研究者运用这一工具做未来预测时就会倍感自信。

心理学家感兴趣的许多个人特质，其实并不存在理想的标准。例如，没有单一的行为或表现的客观衡量标准能够表明一个人总体的焦虑、抑郁或攻击性程度。心理学家针对这些抽象特质提出了相关理论或构想——什么导致了它们、它们如何影响行为，以及它们如何与其他变量相关联。测验的**结构效度**（construct validity，又称构想效度）是指它充分测量潜在结构的程度。例如，一个新的抑郁测验，如果其分数与有效测量抑郁结构之定义性特征的

你会如何验证陪审员态度问卷的效度?

测验分数高度相关，那么该测验就具有结构效度。另外，新的测验还应该与不属于抑郁结构范畴的特征无关。

我们来考虑一下信度与效度之间的关系。信度是某一测验与其自身（在不同时间或采用不同项目施测）的相关程度，而效度是测验与外部事物（另一个测验、行为标准或评价者的评分）的相关程度。通常，缺乏信度的测验也不具有效度，因为不能预测自身的测验也不能预测其他事情。例如，如果你们班今天参加了攻击性测验，学生们的得分与他们在明天的平行测验中的得分不相关（表现为无信度），那么这两天的测验分数都不可能预测在一周的时间内哪些学生打架或争论的次数最多。毕竟，这两组测验分数甚至都不能做出相同的预测！另一方面，具有较高信度的测验也很可能没有效度。例如，假设我们决定用你当前的身高来评估你的智力。你是否明白为什么它是可信的，却不是有效的？

常模和标准化 我们虽然有了可信且有效的测验，但我们仍需要参照常模来解释不同的测验分数。例如，假设你在测量抑郁程度的测验中得了18分。这个分数说明了什么？你是有点抑郁、完全不抑郁，还是和一般人差不多？为了弄清楚你所得分数的意义，你需要将你的分数与其他学生的典型分数或统计**常模**（norm）进行比较。通过查看测验常模，你会知道分数的通常范围，以及与你的年龄和性别相同的学生的平均分数是多少。这会为你解释自己的抑郁分数提供一些背景。

在收到诸如SAT Ⅰ这类能力倾向测验的分数时，你可能见过测验常模。常模会告诉你，你的成绩与其他学生的成绩相比如何，并帮助你解释你在该常模人群中的相对位置。当对照群体与被测个体具有共同的重要特征时，如年龄、社会阶层、文化和经验，这一群体常模对于解释个体分数最有用。

为了使常模有意义，每个人都必须在标准化的情境下参加同一测验。**标准化**（standardization）是指在相同条件下对所有人、以同样的方式实施测验。标准化的必要性听起来很明显，但在实践中并不总能做到。与其他人相比，一些人可能被给予更多的测验时间，获得更清楚或更详细的指导语，被允许提问题，或者被施测者激励去做得更好。当测量程序没有明确说明如何施测或结果如何计分时，我们就很难解释某一测验分数的意义或它与任何对照组的关系。

至此，你已经了解了研究者在编制测验并查明它是否真的测量了他们希望测量的东西时所关注的一些问题。他们必须确保测验是可信的、有效的。他们还必须具体说明实施测验的标准化条件，以使产生的常模有意义。因此，你应该根据测验的信度和效度、分数常模以及测验环境的标准化程度来评估自己获得的任何测验分数。

我们现在将转向智力测量。

STOP 停下来检查一下

❶ 弗朗西斯・高尔顿爵士对智力研究有什么重要贡献？

❷ 研究者如何确定某个测验是否具有效标关联效度？

❸ 为什么建立测验的常模很重要？

批判性思考：回顾前面提及的评估审判前陪审员态度问卷效标关联效度的研究。你会如何评估该问卷在现实审判情景中的效度？

智力测量

你或你朋友的智力水平如何？为了回答这一问题，你必须首先对**智力**（intelligence）进行定义。这并不是一件容易的事，但由 52 名研究者组成的学术团体同意了这个概括性定义，“智力是指一般性的心理能力，包括（但不限于）推理、计划、解决问题、抽象地思考、理解复杂思想、快速学习以及从经验中学习的能力”（Gottfredson, 1997, p. 13）。考虑到这些能力的范围，我们立刻就能明白，为什么围绕着智力测量方式的争议几乎一直存在。理论家们定义智力和高级心理功能的方式，极大地影响着他们试图去测量它的方法。一些心理学家相信，人类的智力可以被量化并归纳为单一的分数；另一些人认为智力包含多种成分，应该分别加以测量；还有一些人认为在不同的经验领域内，存在几种不同的智力。

在本节中，你将了解智力测验是如何与这些不同的智力概念相结合的。让我们首先从人们对智力和智力测验开始产生兴趣的历史背景谈起。

智力测验的起源

1905 年，第一份可实施的智力测验问世。**阿尔弗雷德·比奈**（Alfred Binet, 1857—1911）响应法国教育部长的号召，为发育迟滞儿童创建更有效的教学方法。比奈及其同事**西奥多·西蒙**（Theodore Simon, 1873—1961）认为，测量儿童智力方面的能力对于制定教学方案来说是必要的。比奈试图编制一份客观的智力表现测验，可以用来区分发育迟滞儿童与正常学龄儿童。他希望这种测验可以减少学校对较主观的甚至可能带有偏见的教师评价的依赖。

为了量化（测量）智力表现，比奈设计了与年龄相匹配的问题或测验项目，以便将许多儿童对它们的反应进行比较。测验题目的选取原则是：可以客观地评定其对错，内容可以有所变化，受儿童生活环境差异的影响不大，而且评估的是儿童的判断和推理能力，而非机械记忆能力（Binet, 1911）。

他们对不同年龄的儿童进行了测量，并计算出了各个年龄的正常儿童的平均分数。然后，将每个儿童的成绩与同龄儿童的平均成绩进行比较。测验的结果以达到某一特定分数的正常儿童的平均年龄来表示，这被称为**心理年龄**（mental age）。例如，如果某一儿童的成绩与一组 5 岁儿童的平均成绩相当，那么他的心理年龄就是 5 岁，而不管其**生理年龄**（chronological age）多大。

比奈智力测验的成功开发在美国产生了巨大影响。历史事件与社会—政治力量的独特组合，使美国对心理能力测量的兴趣激增。20 世纪初，美国是一个混乱的国家。受全球经济、社会和政治局势的影响，数以百万计的移民涌入了美国。新颁布的全民教育法导致学校挤满了学生。这时，就需要有某种形式的测量来识别、记录和区分移民而来的成人和学龄儿童（Brysbaert & Rastle, 2009）。第一次世界大战爆发时，数百万名志愿者涌入募兵站。招募人员需要确定哪些人有能力快速学习，并从特殊的领导力培训中获益。新的书面的、团体施测的心理能力测验被用来评估170 多万名志愿者。在这种战时紧急情况下，一群杰出的心理学家，包括刘易斯·推孟、亨利·戈达德和罗伯特·耶基斯，仅用了一个月的时间就设计出了这些测验（Thorne & Henley, 2005）。

为什么比奈的智力测验要比较生理年龄和心理年龄？

这一大规模的测验计划的结果之一是，美国公众开始接受这样一种观点，即智力测验可以区分人们的领导能力和其他重要的社会性特征。这使得测验在学校和工厂被广泛应用。测量被视为一种为混乱的社会注入秩序的方式，一种区分人们是否能从教育或军事领导力培训中受益的经济且民主的方法。为了推动智力测验的大规模应用，研究人员努力寻找更广泛适用的测验程序。

IQ 测验

虽然比奈在法国开创了智力标准化测量之先河，但美国心理学家很快就后来居上。他们还提出了 IQ 的概念，即智商。IQ 是一种数量化和标准化的智力指标。如今，两类对个体施测的 IQ 测验被广泛使用：斯坦福—比奈量表和韦克斯勒量表。

斯坦福—比奈智力量表　斯坦福大学的**刘易斯·推孟**（Lewis Terman）曾是一所公立学校的管理者，他认可比奈测量智力的方法的重要性。推孟为美国的学龄儿童改编了比奈的测验题目，并对测验的实施进行了标准化，最终通过对成千上万名儿童的测量制订了年龄水平常模。1916 年，他发表了比奈测验的斯坦福修订版，通常被称为斯坦福—比奈智力量表（Terman,1916）。

推孟用他的新测验为**智商**（intelligence quotient）或 IQ［该术语由威廉·斯特恩（William Stern）于 1914 年首创］的概念提供了基础。IQ 是心理年龄与生理年龄的比率再乘以 100（以去除小数）：

$$IQ = 心理年龄 \div 生理年龄 \times 100$$

如果一个生理年龄是 8 岁的孩子所测得的心理年龄为 10 岁，那么他的 IQ 是 125（10 ÷ 8 × 100=125）；而同一生理年龄的孩子如果只完成了 6 岁组儿童的任务，那么他的 IQ 为 75（6 ÷ 8 × 100=75）。那些心理年龄与生理年龄相当的个体的 IQ 为 100，因此 100 是 IQ 的平均值。

新的斯坦福—比奈测验很快成为了临床心理学、精神病学和教育咨询的标准工具。斯坦福—比奈测验包括一系列子测验，每个子测验都是为特定的心理年龄量身定制的。自从问世以来，斯坦福—比奈测验历经多次修订（Terman & Merrill, 1937, 1960, 1972; Thorndike et al., 1986）。经过这些修订，其施测范围已经扩大到了非常年幼的儿童和非常聪明的成年人；另外，这些修订版还提供了与年龄相匹配的平均分的更新的常模。第五版的斯坦福—比奈测验能为正常人群、发育迟滞者和天才人群提供 IQ 估计值（Roid, 2003）。

韦克斯勒智力量表 纽约贝尔维尤医院的**戴维·韦克斯勒**（David Wechsler）着手纠正成人智力测量对言语项目的依赖。1939 年，他出版了《韦克斯勒—贝尔维尤智力量表》（Wechsler-Bellevue Intelligence Scale），该量表包括言语和非言语（操作）分测验。这样除了总的 IQ 值，人们还可以分别得到言语和非言语的 IQ 估计值。经过几次修订后，1955 年该测验被重新命名为《韦克斯勒成人智力量表》（Wechsler Adult Intelligence Scale, WAIS）。如今，你可以使用《韦克斯勒成人智力量表第四版》（WAIS-Ⅳ; Wechsler, 2008）。

表 9.1　与 WAIS-Ⅳ中的题目相似的问题

言语理解分量表	
相似性	飞机和潜艇有何相似之处？
词汇	仿真是什么意思？
知觉推理分量表	
积木图案	参与者用彩色积木块再现施测者给定的图案。
图片填充	参与者观察图片并说出图片缺少哪一部分（如马没有鬃毛）。
工作记忆分量表	
数字广度	请重复以下数字：32759
算术	如果你用 8.5 美元买了一张电影票，用 2.75 美元买了一桶爆米花，你付了 20 美元，那么可以找回多少钱？
加工速度分量表	
符号搜索	参与者努力判断两个抽象符号（例如 Θ、∀）中是否有一个出现在一长串符号表中。
划消	参与者观看图像展示并执行施测者的指导语（例如，“划掉每个蓝色正方形和绿色三角形”）。

WAIS-Ⅳ中包含 10 个核心分测验和 5 个补充分测验，涉及 IQ 的几个方面。**表 9.1** 提供了该测验中不同类型问题的例子。如表中所示，WAIS-Ⅳ将这些分测验合并为 4 个分量表，包括言语理解、知觉推理、工作记忆和加工速度。如果你参加 WAIS-Ⅳ测验，你不仅可以获得一个整体（或全量表）的 IQ 分数，还可以获得 4 个分量表的 IQ 分数。

WAIS-Ⅳ适用于 16 岁及以上的人群，但也有针对儿童的类似测验（见**图 9.1**）。《韦氏儿童智力量表第四版》（WISC-Ⅳ；Wechsler, 2003）适用于 6~16 岁的儿童和少年；《韦氏学前和小学智力量表第三版》（WPPSI-Ⅲ；Wechsler, 2002）适用于 2.5~7.25 岁的儿童。这两个量表的修订版使用的测验材料更丰富多彩、更具现代气息，并且对儿童更有吸引力。然而，研究者继续努力寻求改进，于 2011 年开始对新版的学前和小学量表（WPPSI-Ⅳ）进行测试。

WAIS-Ⅳ、WISC-Ⅳ和 WPPSI-Ⅲ组成了一个智力测验大家族，可

图 9.1　智力测试

心理学家正在对一名 4 岁儿童进行智力测试。该测验的操作部分包括对一系列彩色糖果进行分类。为什么操作是智力测验的重要组成部分?

以提供所有年龄段的 IQ 总分数。此外，它们还可以提供可比较的分测验值，这样研究者就可以追踪更具体的智力能力的发展。因此，在对同一个人在不同年龄进行测试时，韦克斯勒量表极具价值，例如，在监测儿童接受不同教育计划时的进步水平时。

极端智力

IQ 分数不再是用个体的心理年龄除以生理年龄得出的。如今，如果你参加某个测验，你的分数会被加起来，并直接和同年龄组其他人的分数相比较。IQ 值 100 是“平均值”，这意味着有 50% 的同龄人比这一分数低。**图 9.2** 呈现了由 WAIS 测得的 IQ 分数的分布情况。在这一部分，我们将考虑 IQ 分数低于 70 和高于 130 的个体。如图 9.2 所示，这样的分数很罕见。

智力缺陷和学习障碍　当 18 岁以下的个体在智力测验上的有效 IQ 分数低于均值约 2 个标准差时，他们就符合了**智力缺陷**（intellectual disability）诊断的一个标准。对于 WAIS 来说，这一标准代表 IQ 分

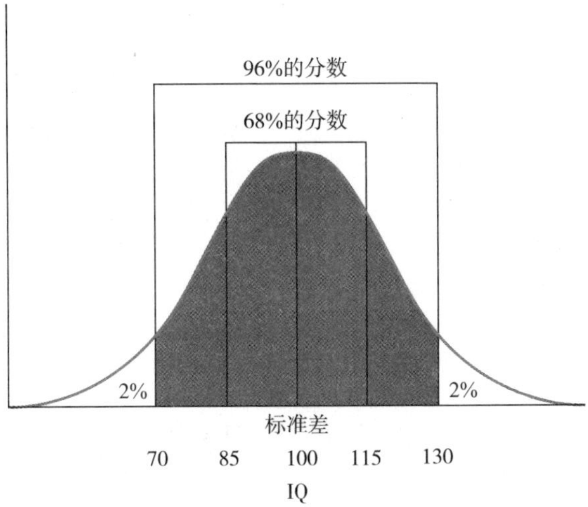

图 9.2　IQ 分数在总人口中的分布

将 IQ 分数标准化，这样 100 分便成了人群的平均分（低于 100 和高于 100 的人数一样多）。分数在 85~115 为“正常”。分数高于 130 可能表明一个人是“天才”；分数低于 70 可作为智力缺陷的诊断标准之一。

资料来源：Craig, Grace J.; Dunn, Wendy L., *Understanding Human Development*, 2nd Edition, © 2010. Printed and electronically reproduced by permission of Pearson Education Inc., Upper Saddle River, New Jersey.

数为 70。然而，如**表 9.2** 所示，要被视为智力缺陷，个体还必须表现出适应性行为缺陷。适应性行为被定义为“人们在日常生活中习得的概念技能、社交技能和实践技能的集合”（American Association on Intellectual and Developmental Disabilities, 2010, p.15）。在过去，心理迟滞（mental retardation）这一术语被用来指那些 IQ 得分为 70~75 及以下的个体。然而，由于扩展后的定义包含了对适应性行为的考虑，所以智力缺陷这一术语更为恰当（Schalock et al., 2007）。在诊断个体是否存在智力缺陷时，临床医师会尽可能多地了解个体在适应性技能方面的缺陷。现在诊断的目标是提供切实符合个体需求的环境和社会支持，而不是仅仅根据 IQ 对人们进行分类。

智力缺陷可由多种遗传和环境因素引起。例如，患有唐氏综合征（一种由第 21 号染色体上的额外遗传物质导致的疾病）的个体，

表 9.2 **智力缺陷的诊断标准**

如果符合以下标准，则可诊断为智力缺陷：
• 个体在智力测验上的 IQ 分数低于均值约 2 个标准差。
• 个体表现出下列及其他方面的适应性行为缺陷： **概念技能** 语言使用 读写 金钱概念 **社会技能** 遵守规则 / 法律 社会责任 避免受伤害 **实践技能** 自理能力 卫生保健 职业技能
• 发病年龄在 18 岁以下。

资料来源：选自 American Association on Mental Retardation, 2010, p. 44。

其 IQ 通常比较低。另一种被称为苯丙酮尿症（PKU）的遗传疾病，同样对 IQ 有潜在的负面影响（Brumm & Grant, 2010）。然而，如果该疾病在婴儿期就被诊断出来，通过严格坚持特殊的饮食，人们可以控制 PKU 的负面影响。家庭研究表明，只有在 IQ 为 55~70 的人群中，智力缺陷可能与基因遗传有关（Plomin & Spinath, 2004）。更严重形式的缺陷似乎是个体发展过程中非遗传的自发性基因异常引起的。对智力缺陷影响最大的环境是产前环境。患风疹或梅毒等疾病的孕妇有生出智力缺陷孩子的风险。另外，孕妇如果饮酒或服用其他药物，尤其是在孕期的前几周，也会增加孩子出现认知缺陷的风险（Bennett et al., 2008; Huizink & Mulder, 2006）。

从历史上看，存在智力缺陷的个体——就他们接受教育的程度而言——几乎完全是在单独的设施中接受教育的。然而，越来越多的证据表明，这种方式的效果并不理想。1975 年，美国政府通过立法要求有缺陷的学生应该最大限度地在普通班级中接受教育（McLeskey et al., 2011）。该法律还承认，缺陷达到某些程度的学生仍需要接受单独的教育。然而，教育实践在过去几十年间已经发生了变化，越来越多被诊断为智力缺陷的学生每天都有一部分或大部分时间与同龄人一起在教室里学习。

IQ 分数给出了相对于与年龄相匹配的常模，人们在各种言语和非言语任务中表现如何的一般性信息。在某些情况下，当个体的 IQ 分数与其表现无法匹配时，人们就有理由感到担忧。如果一个人的学业成绩和所测得的 IQ 之间存在巨大差异，那么他就可能被诊断为**学习障碍**（learning disorder）。在临床医师做出学习障碍的诊断之前，他们需要排除其他可能导致个体成绩不佳的因素，如低动机、平庸的教学质量或身体问题（如视觉障碍）。许多学校会对被诊断为学习障碍的学生给予特殊的帮助。

天才　IQ 分数在 130 以上的个体很可能被视为天才。然而，就如智力缺陷的定义一样，研究者认为 IQ 并不能充分体现天才这个概念。例如，**约瑟夫·任朱利**（Renzulli, 2005）支持天才的“三环”结构，这一结构从能力、创造力和任务执着（task commitment）三个维度来描述天才（见**图 9.3**）。根据这一观点，被视为天才的个体，其 IQ 需要在平均水平之上，但不必是上等水平。此外，他们需要具有高水平的创造力，并对特定问题或绩效领域表现出高度的执着。这个扩展后的定义解释了通常人们不能在所有的学术领域都是天才的原因（Sternberg, 2010）。例如，在言语和数学领域，个体的能力、创造力和任务执着都可能会有所不同。

天才儿童通常具有什么样的特质？对天才儿童的正式研究始于 1921 年，当时推孟（Terman, 1925）开始了一项长期研究，研究对象是 1 500 多名测试成绩在学校位于前 1% 的男孩和女孩。这些人一直被追踪到 80 多岁（Holahan & Sears, 1995）。推孟及其之后的研究者想知道这些儿童在一生中的表现如何。推孟提出的问题一直影响着研究的进展。例如，推孟考察了天才儿童在社交和情绪调适方面存在问题这种说法。推孟得出了与此相反的结论，他发现其样本中的个体比那些天赋较低的同龄人能更好地进行社交和情绪调适。当代比较天才学生与普通学生人格特质的研究所得出的结论，也持续反驳了天才学生比同龄人调适能力

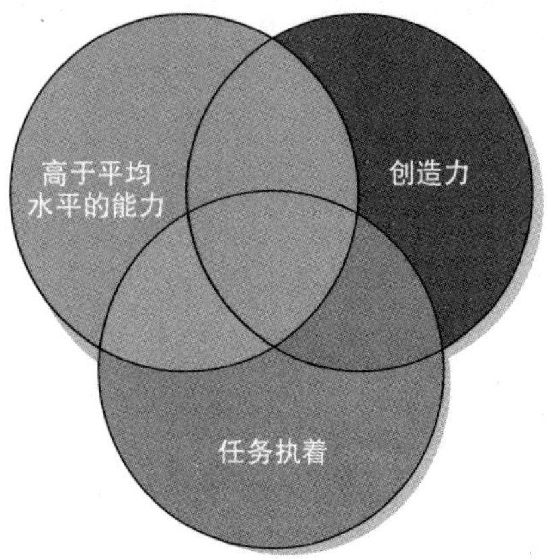

图 9.3　天才的“三环”结构

根据“三环”结构观点，天才需同时具备以下三个要素：高于平均水平的能力、高水平的创造力和高水平的任务执着。

资料来源：Reprinted by permission of the author.

生活中的批判性思维

为什么聪明的人更长寿

我们从一个事实开始：高 IQ 的人往往更长寿（Deary et al., 2010b）。有一项研究考察了 1936 年出生在苏格兰的 1 181 人的死亡率（Deary et al., 2008）。1947 年，当他们还是孩童时，研究者用标准的 IQ 测验测量了他们的智力。研究者查明了哪些人在 1968—2003 年去世。当研究者将 IQ 与死亡率做相关分析时，他们发现了一个很强的模式：IQ 分数每增加一个标准差（见图 9.2），“死亡风险就会降低 30%”（p.876）。这种高 IQ 人群更长寿的模式已经在几个国家的样本中得到了重复验证（Deary et al., 2010b）。

关于 IQ 与死亡率之间关系的事实有以下四种解释（Deary, 2008）：

- 童年时较低的 IQ 分数可能部分是因为产前或产后的环境，这些环境导致个体大脑不能充分发挥其潜能。导致较低 IQ 的脑缺陷还可能会加速死亡。
- 有些人可能不仅拥有更高效的大脑，而且拥有扩展至全身的“组合良好的系统”（Deary, 2008, p. 176）。该系统可能会使个体拥有更高的 IQ，且身体更健康。
- 高 IQ 的人通常会接受更多的教育，从而寻求更专业的职业。因此，高 IQ 可能最终会使人们能够在对健康潜在危害较少的环境中生活。
- 高 IQ 的人可能较少做出对健康有害的行为。事实上，有证据表明，“早期智力较高的人更可能有更健康的饮食，进行更多的锻炼，避免意外事故，戒烟，更少酗酒，成年后体重增加较少”（Deary, 2008, p. 176）。

请注意，这些解释并不互相排斥。也就是说，每一种解释都可能对 IQ 与寿命的相关性有所贡献。

让我们把重点放在高 IQ 的人较少有不健康行为这一观点上。两位研究者分析了 1 万多名威斯康星州高中生的数据（Hauser & Palloni, 2011）。（参与者的 IQ 分数于 1956 年他们还是高中生时测得——译者注。）他们发现 IQ 与寿命之间存在很强的关系。然而，他们发现班级排名与寿命之间有着更强的关系。班级排名靠前的学生要比垫底的学生更长寿。基于这两个结果，研究者呼吁关注学生的态度和行为：他们认为，使学生在高中出类拔萃的品质，也有助于确保他们更长寿。这个结论很重要，因为人们并不需要高 IQ 来做出关于学业、工作和健康生活方式的明智决定。

- IQ 与寿命之间的关系为我们提供了强有力的相关关系而非因果关系的例子。每种解释如何试图确定导致相关性的因素？
- 哪些解释让人们有机会去改变自身 IQ 与潜在寿命之间的关系？

弱的刻板印象（Martin et al., 2010; Zeidner & Shani-Zinovich, 2011）。事实上，天才学生可能还具有一些优势，比如较低的焦虑水平。

推孟还证明，天才儿童在生活上大多都很成功。这不足为奇，因为 IQ 是预测个体职业地位和收入的很好的变量。因此，人们对天才个体的担忧并不是他们做得不好，而是他们没有获得足够的教育支持，以充分发展其天赋（Reis & Renzulli, 2010）。当天才被视为一种多维的结构时，天才教育也必须灵活地促进个别学生的特殊天赋。

STOP 停下来检查一下

❶ 最初人们用什么方法来计算智商？

❷ 戴维·韦克斯勒在 IQ 测量中引入了什么类型的分测验？

❸ 智力缺陷的诊断涉及哪些因素？

❹ “三环”结构从哪些维度来定义天才？

智力理论

至此，我们已经知道了一些测量智力的方法。你现在可以问问自己：这些测验是否涵盖了智力这一术语所指的全部内容？是否涵盖了你认为构成自己智力的所有能力？为了帮助你思考这些问题，现在我们回顾一下智力理论。当你读每一种理论时，问问你自己，它的支持者是否愿意把 IQ 作为智力的衡量指标。

智力的心理测量学理论

智力的心理测量学理论起源于与 IQ 测验大致相同的哲学氛围。**心理测量学**（psychometrics）是心理学的一个分支领域，专门研究个体心理各个方面的测量，包括人格评定、智力评估和能力倾向测量。因此，智力的心理测量学取向与测量方法密切相关。这些理论考察不同的能力测验（如 WAIS-Ⅲ的 14 个分测验）之间的统计关系，然后基于这些关系做出有关人类智力本质的推断。其中最常使用的技术叫作因素分析，这种统计方法从大量的独立变量中检测出少量的维度、聚类或因素。因素分析的目标是确定所考察概念的基本心理维度。当然，统计程序只能找出统计规律；心理学家应该对这些规律提出并论证自己的解释。

查尔斯·斯皮尔曼（Charles Spearman）在智力领域较早地使用了因素分析，对后人的影响很大。斯皮尔曼发现，个体在不同智力测验上的成绩高度相关。他从这一模式得出结论：所有智力表现的背后存在着一般智力（general intelligence）因素，即 **g 因素**（Spearman, 1927）。每个领域还有与其相关的特定技能，斯皮尔曼称之为 s 因素。例如，一个人在词汇或算术测验中的表现既依赖于其一般智力，也依赖于其特定领域的能力。

1963 年，**雷蒙德·卡特尔**（Raymond Cattell）采用更为先进的因素分析方法，确定了一般智力可以分为两个相对独立的成分，他称之为晶体智力和流体智力。**晶体智力**（crystallized intelligence）包括个体所获得的知识以及提取这些知识的能力，它通过词汇、算术和一般知识测验来测定。**流体智力**（fluid intelligence）是发现复杂关系和解决问题的能力，它通过积木图、空间可视化等测验来测定，在这些测验中，解决问题所需的背景信息已包含在内或显而易见。晶体智力使你能很好地应对生活中再次出现的具体问题，而流体智力则有助于你处理新奇的、抽象的问题。

自卡特尔以来，许多心理学家扩展了智力概念的范围，加入了许多传统 IQ 测验没有涉及的表现。我们现在来看两种超越 IQ 的理论。

斯滕伯格的智力三因素理论

罗伯特·斯滕伯格（Robert Sternberg, 1999）在他更为广泛的智力理论中也强调了认知过程在问题解决中的重要性。斯滕伯格提出了智力的三因素理论，认为智力包括三种类型：分析、创造和实践，它们都代表着描述有效表现的不同方式。他认为，*成功智力*反映的是这三个领域的表现。

分析智力（analytical intelligence）提供了基本的信息加工技能，人们在生活中许多熟悉任务上都会用到这种技能。这种类型的智力是由构成思维和问题解决之基础的成分或心理过程来定义的。斯滕伯格认为，有三种成分对信息加工至关重要：（1）知识获得成分，用于学习新的事实；（2）操作成分，用于问题解决的策略和技能；（3）元认知成分，用于选择策略、监控认知过程以取得成功。为了考察你的分析智力，你可以尝试完成**表 9.3** 中的练习。

你是如何完成这些拼词活动的？要拼出正确的单词，你最需要使用操作成分和元认知成分。操作成分可以使你在脑中操纵字母，而元认知成分则使你拥有找出答案的策略。来看一下 T-R-H-O-S，你是如何进行心理转换使之成为 SHORT 的？一个好的开始策略是尝试使用英语中可能的辅音字母组合，如 S-H 和 T-H。选择策略需要元认知成分，执行它们则需要操作成分。请注意，一种好的策略有时也会失败。看一下 T-N-K-H-G-I，这个变位词对很多人来说比较难猜，原因是 K-N 组合不像是单词的开头，而 T-H 比较像。你是不是也盯着它看了好一会儿，试着将它转换成以 T-H 开头的单词？

通过将各种任务分解为不同的成分，研究者可以准确找出区分具有不同 IQ 的个体的表现的

表 9.3　试试你的分析智力

下面是一组打乱了字母顺序的变位词。请尽快拼出每个单词是什么。

1. H-U-L-A-G	________
2. P-T-T-M-E	________
3. T-R-H-O-S	________
4. T-N-K-H-G-I	________
5. T-E-W-I-R	________
6. L-L-A-O-W	________
7. R-I-D-E-V	________
8. O-C-C-H-U	________
9. T-E-N-R-E	________
10. C-I-B-A-S	________

请在本章最后查找答案。

资料来源：Sternberg, R. J. 1986. *Intelligence applied.* San Diego: Harcourt Brace Jovanovich. Reprinted by permission of the author.

过程。例如，研究者可能会发现，与低 IQ 的学生相比，高 IQ 学生的元认知成分促使他们选择不同的策略来解决特定类型的问题。这种策略选择上的差异，可以说明为什么高 IQ 的学生有较高的问题解决能力。

创造智力（creative intelligence）是指人们处理新异问题的能力。斯滕伯格（Sternberg, 2006）认为，“创造智力包括用以创造、发明、发现、想象、猜想或假设的技能”（p. 325）。例如，如果一群人在一次事故后被困，你会认为团队中那个最快帮助大家找到回家之路的人是具有创造智力的。

实践智力（practical intelligence）反映在对日常事件的处理上。它包括以下能力：适应新的和不同的环境，选择合适的环境，以及有效地改变环境以满足自身需要。实践智力与特定情境密切相关。为了测量实践智力，研究者必须融入相应的情境中来编制合适的测验。

研究特写

一个研究团队想要评估实践智力对图文印刷行业高管的重要性（Baum et al., 2011）。他们编制了一种实践智力测验，内容涉及与该行业相关的情境（例如，公司的销售额下降了）。参与者（他们都是业内公司的领导者）阅读一份清单，上面列出了应对这种情境的 10 种可能的举措。他们的任务是将举措按从“首先做的最重要的事”到“后做的最不重要的事”的顺序排列（p. 413）。为了计算实践智力，研究者将每位参与者的反应与 50 位业界专家的排序进行了比较。研究者评估了此后四年实践智力与每家企业成长情况之间的关系。在那些希望自己的公司发展壮大的领导者中，实践智力与公司成长情况成正相关。

从这个例子中你可以看出，为什么针对不同的情境，实践智力需要用不同的测验来测量。不过，总体思想是一致的：人们可以运用或多或少的实践智力来应对日常任务。

斯滕伯格理论的批评者通常想知道，创造智力和实践智力的测量是否可以有意地与诸如 g 因素这类更经典的概念分开（Brody, 2003; Gottfredson, 2003）。潜在的问题是，斯滕伯格对成功智力的分析是否真的比经典的 IQ 测验更能预测成功。为了反驳这些批评，斯滕伯格在现实世界中应用了他的理论。例如，他和他的合作者测量了该理论所涵盖的更广泛的智力技能，目的是改善大学的录取过程（Sternberg, 2010）。斯滕伯格坚称，这种综合性的成功智力测验可以更好地预测大一学生的学业表现。

加德纳的多元智力和情绪智力

霍华德·加德纳（Gardner, 1999, 2006）也提出了一种理论，将智力的定义扩展到了 IQ 测验所涵盖的技能范围之外。加德纳确定了涵盖广泛的人类经验的多种智力。在不同的人类社会中，任何一种智力的价值都是不同的，这取决于某特定社会需要什么、珍视什么以及什么对其有用。如**表 9.4** 所示，加德纳归纳出了 8 种（以及一种暂定的）智力。

加德纳认为，西方社会重视逻辑—数学智力和语言智力，而非西方社会通常看重其他类型的智力。例如，在密克罗尼西亚的卡罗琳岛上，船员们必须能够在没有地图的情况下，仅仅依靠其空间智力和身体运动智力进行长途航行。在那个社会中，这两种能力比写学期论文的能力更重要。在巴厘岛，艺术表演是日常生活的一部分，因而流淌在优美舞步中的音乐智力和天赋更为宝贵。与诸如美国这样的个人主义社会相比，日本这样的集体主义社会更强调合作行为和集体生活，因而人际智力更为重要（Triandis, 1990）。

许多人欣然接受了加德纳的理论，因为它表明，人们可以在传统智力概念所不认可的领域中出类拔萃。然而，加德纳的理论并非没有批评者。研究表明，在加德纳所认为的不同类型的智力上，人们的表现有重叠之处（Almeida et al., 2010; Visser et al., 2006）。例如，语言智力、逻辑—数学智力、空间智力、自然智力和人际智力都与 g 因素高度相关。

表 9.4 加德纳的多元智力理论

智力的类型	定义	需要该智力的职业示例
逻辑—数学智力	操纵抽象符号的能力	科学家、计算机编程人员
语言智力	有效运用语言的能力	新闻工作者、法律工作者
自然智力	仔细、全面地观察自然环境的能力	森林保护工作者
音乐智力	作曲和理解音乐的能力	音频工程师、音乐家
空间智力	良好的空间关系推理能力	建筑师、外科手术医生
身体运动智力	计划和理解身体动作序列的能力	舞蹈家、体育工作者
人际智力	理解他人以及社交的能力	政治家、教师
内省智力	理解自己的能力	牧师
存在智力（暂定的；Gardner, 1999）	解决关于“存在”这种“大问题”的能力	哲学教授

资料来源：Kosslyn, Stephen M.; Rosenberg, Robin S., *Introducing psychology: Brain, Person, Group*, 4th Edition,

这些相关性表明，加德纳可能只是对传统智力概念的不同方面进行了重新定义。其他批评则集中在特定的智力上。例如，研究证据反驳了“语言学习能力是一种与生俱来的天赋”这一观点（Mercer, 2012）。

近些年来，研究者开始探讨另外一种智力，即情绪智力，它与加德纳的人际智力和内省智力的概念相关（见表 9.4）。一种重要的观点是，**情绪智力**（emotional intelligence）包括四种主要成分（Mayer et al., 2008a, 2008b）：

- 准确且恰当地感知、评价和表达情绪的能力；
- 运用情绪来促进思维的能力；
- 理解和分析情绪，以及有效地运用情绪知识的能力；
- 调节情绪以促进情绪和智力发展的能力。

这个定义反映了这样一种观点：在与智力功能的关系中，情绪有积极的作用，它能使思维更睿智，人们也因此能够明智地思考自己和他人的情绪。

研究者已开始证明，情绪智力对日常生活有重要影响。想想运动员在预期和参加体育赛事时的情绪体验。更高的情绪智力可能有助于运动员应对应激源。

研究特写

某研究团队假设：高情绪智力的运动员在面对与赛事相关的压力刺激时，能够更好地控制自己的情绪（Laborde et al., 2011）。研究者招募了 30 名男性手球运动员，并测量了他们的情绪智力。为了给球员们提供一种充满压力的体验，研究者让他们听一段 20 分钟的录音，里面有负面的陈述（例如，“你没有动力再打下去了”，p. 24）以及人群发出的唏嘘声。研究者通过测量运动员听录音之前和之后的心率来评估这一压力体验对他们的影响。低情绪智力的运动员的心率变化较大，这表明录音使他们感受到了压力。相比之下，压力体验对高情绪智力运动员的心率影响非常小。

这一研究说明了高情绪智力的运动员如何能够利用他们理解和调节情绪的能力来应对应激源。你可以想象这一能力在激烈的赛事中是多么有用！

我们对智力测量和智力理论的回顾，为讨论使智力话题如此富有争议的社会环境奠定了基础。

STOP 停下来检查一下

❶ 为什么斯皮尔曼认为存在 g 因素，即一般智力？

❷ 斯滕伯格三因素理论中的三种智力类型分别是什么？

❸ 在加德纳的理论中，哪种智力可能会决定一个人是否能成为成功的雕刻家？

批判性思考：思考一下将实践智力与企业成长相关联的那项研究。为何研究者要用四年的时间来评估实践智力的影响？

智力的政治学

我们已经看到，现代的智力概念拒绝将 IQ 测验分数与人的智力狭隘地联系在一起。即便如此，IQ 测验在西方社会仍是测量“智力”最常用的工具。由于 IQ 测试的盛行和 IQ 分数的可得性,根据“平均”IQ 来比较不同群体就变得很容易。在美国，这种族裔和种族群体的比较经常被用作少数族群成员先天遗传劣势的证据。本节将简要地考察这种使用 IQ 测验分数来说明某些群体所谓的智力劣势的做法的历史，然后介绍当前关于先天和后天因素对智力与 IQ 测验成绩影响的证据。你会发现，这在心理学中是最具政治敏感性的话题之一，因为有关移民配额、教育资源等的公共政策可能都建立在如何解释群体 IQ 值的基础之上。

族群比较的历史

20 世纪纪初，心理学家**亨利·戈达德**（Henry Goddard, 1866—1957）主张对所有移民进行心理测试，并选择性地遣返那些有“心理缺陷”的人。这种观点可能导致了美国国内反对某些移民群体的敌意性的氛围（Zenderland,1998）。事实上，美国国会于 1924 年通过了移民限制法案，将对抵达纽约港的埃利斯岛的移民进行智力测试定为国家政策。根据 IQ 测验的得分，大量的犹太人、意大利人、俄罗斯人和其他族裔的移民（都是白人——译者注）被归为“低能者”。一些心理学家将这些统计结果作为一种证据：来自南

当移民到达埃利斯岛时，为什么要对他们进行 IQ 测试？这些测验是如何得出遗传劣势的结论的？

欧和东欧的移民天生就不如来自强壮的北欧和西欧族群的移民（Ruch, 1937）。然而，这些“差等”人群对 IQ 测验中的主流语言和文化也是最不熟悉的，因为当时他们移民过来的时间最短。（经过几十年的时间，这些群体在 IQ 测验上的差异已完全不存在，但是智力的种族遗传差异理论仍然存在。）

在第一次世界大战时的军队智力测验中，非裔美国人和其他少数种族士兵的得分低于白人士兵，这一事实强化了戈达德（Goddard, 1917）和其他研究者提出的基因劣势论。正如我们所见，曾在美国大力推广 IQ 测验的推孟，以一种非科学的方式评论了他帮忙收集的美国少数种族的数据：

> 他们的迟钝似乎是种族性的……现在似乎不可能说服社会公众阻止他们生育，但从优生学的观点来看，他们异常多产的繁殖带来了严重的问题（Terman, 1916, pp. 91–92）。

现在虽然说辞变了，但问题依然存在。在今天的美国，非裔美国人和拉丁裔美国人在标准化的智力测验中的平均得分要比亚裔美国人和白人低。当然，在所有的族群中都有一些个体具有极高或极低的 IQ 值。对于 IQ 分数的种族差异应该如何解释？一种传统是将这些差异归因于遗传劣势（先天）。在讨论了 IQ 的遗传差异的证据之后，我们还要考虑第二种可能性，即环境（后天）差异对 IQ 的重要影响。任何一种解释（或几种解释的结合）的有效性都具有重要的社会、经济和政治影响。

遗传与 IQ

研究者如何评估智力在多大程度上是由遗传决定的？对这一问题的任何回答都需要研究者选择某种测定智力的方法。因此，抽象意义上的“智力”是否受遗传影响的问题，在大多数情况下变成了 IQ 分数在同一家族中是否相似。为了回答这个更为具体的问题，研究者需

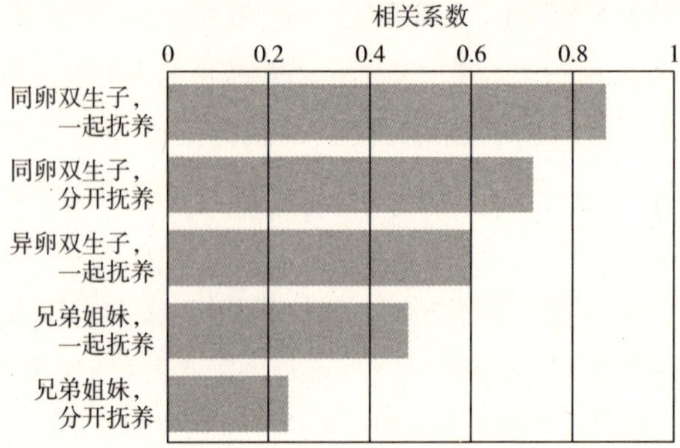

图 9.4 IQ 与遗传的关系

本图显示了同卵双生子、异卵双生子和其他的成对兄弟姐妹 IQ 分数之间的相关性。数据证明了遗传因素和环境因素的重要性。例如，相比异卵双生子或其他的成对兄弟姐妹，同卵双生子 IQ 分数的相关性更高，这是遗传的影响。但是，当两类双生子和其他的成对兄弟姐妹为一起抚养时，IQ 分数的相关性更高，这是环境的影响。

资料来源：Bouchard, T. J., & McGue, M. (1981). Familial studies of intelligence: A review. *Science, 212*, 1055–1059.

要梳理出共享基因和共享环境的影响。一种方法是比较同卵双生子、异卵双生子和有其他程度基因重叠的亲属的智力表现。**图 9.4** 显示了基于遗传关系程度的个体 IQ 值之间的相关性（Bouchard & McGue, 1981）。如图所示，基因越相似，其 IQ 值就越接近。（注意，这些数据也揭示出了环境的作用，因为被一起抚养的人，其 IQ 值更为相似。）

研究者试图用这类结果来估计 IQ 的遗传力。某一特质（如智力）的**遗传力估计**（heritability estimate），是基于这一特质的测验分数的变异可归因于遗传因素的比例。计算方法是：在一组既定的人群中（例如大学生或精神病人），求出所有测验得分的总变异，然后确定总变异中有多大比例是由基因或遗传因素造成的。这一工作是通过比较基因重叠程度不同的个体来完成的。研究者回顾了关于 IQ 遗传力的各种研究，得出的结论是，大约有 30%~80% 的 IQ 分数变异可归因于基因组成（Deary et al., 2010a）。

遗传力估计之所以存在这种范围，部分是因为遗传力随年龄的增长而增加：为了证明这一增长趋势，研究者通常会在若干年间反复测量双生子的 IQ（van Soelen et al., 2011）。下面我们来看一项历时 13 年的研究。

研究特写

某研究团队在研究初期招募了 209 对 5 岁的双生子（Hoekstra et al., 2007）。在 5 岁时，这些孩子完成了一个 IQ 测验，该测验提供了言语和非言语 IQ 的估计值。随后，研究者在这些双生子 7 岁、10 岁、12 岁和 18 岁时再次测量了他们的 IQ。由于该研究的时间跨度较长，毫无疑问，会有一些参与者退出。但是，研究者仍收集到了 115 对双生子 5 次测量的完整数据。数据分析结果显示，随着时间的推移，双生子的 IQ 得分还算稳定。对全部参与者来说，他们 5 岁时的 IQ 分数与 18 岁时的 IQ 分数之间的相关系数分别为：言语 IQ 0.51，非言语 IQ 0.47。为了估计遗传力，研究者比较了同卵双生子和异卵双生子在各年龄的相关性。在言语 IQ 上，5 岁时的遗传力估计为 46%，18 岁时则上升到 84%；在非言语 IQ 上，5 岁时的遗传力估计为 64%，18 岁时则上升到 74%。

许多人对这类结果感到吃惊，因为随着年龄的增长，环境因素的作用似乎应该变大而不是变小。研究者是这样解释这种反直觉的结果的："有可能是遗传倾向将我们推向了能突显我们的遗传特质的环境，因而导致遗传力随年龄增长而增加"（Plomin & Petrill, 1997, p. 61）。

现在，我们再回到遗传分析引发争议之处：非裔美国人与美国白人测验分数的差异。在几十年前，他们之间的 IQ 差异约为 15 分。不过，研究者估计，从 1972 年到 2002 年的 30 年间，这一差距缩小了 4~7 分（Dickens & Flynn, 2006）。虽然差距变小表明了环境的影响，但持续存在的差异仍使很多人认为，种族间存在不可逾越的基因差异（Hernnstein & Murray, 1994）。但是，即使 IQ 具有高度的遗传性，这种差异是否就反映了低分组个体的遗传劣势？回答是否定的。遗传力是基于既定群

这张照片上的三个人是诺贝尔化学奖获得者玛丽·居里和她的女儿伊雷娜（左）和艾芙（右）。伊雷娜同样获得了诺贝尔化学奖，艾芙成为了著名的作家。为什么这样的家庭会鼓励研究者去试图理解遗传和环境对 IQ 的影响?

体内的估计，它不能用于解释群体间的差异，无论在客观测验中群体间的差异有多大。

遗传力估计只适用于既定群体的平均值。例如，我们知道，身高的遗传力估计非常高，在 0.93~0.96 之间（Silventoinen et al., 2006）。但你还是无法确定你的身高有多少可以归因于遗传的影响。同样的论述也适用于 IQ。即使有高的遗传力估计，我们也不能确定遗传对个体的 IQ 或不同群体的平均 IQ 的具体贡献。某一种族或族裔群体的 IQ 分数低于另一族群的事实并不意味着群体间的这种差异源于遗传，即使某一族群内 IQ 分数的遗传力估计较高（Hunt & Carlson, 2007）。

另一个争议之处是种族这一概念本身。当人们声称“IQ 之间的差距是由遗传造成的”时，他们实际上是做了一种强假设，即基因分析能够清楚地区分不同种族。IQ 研究者普遍承认，种族既是一种生物学建构，也是一种社会建构。例如，在美国的社会习俗中，有很小比例非洲血统的人通常也被称为“黑人”。著名的高尔夫球运动员泰格·伍兹常被认为是非裔美国人并因此受到歧视，虽然其真实出身非常复杂（他的祖先有白人、非裔美国人、泰国人和美国土著人）。社会判断并不一定依据生物现实，在这方面，伍兹就是一个很好的例子。尽管如此，仍有一些智力研究者辩称，种族间存在较大的差异，对其进行对比很有意义（Daley & Onwuegbuzie, 2011; Hunt & Carlson, 2007）。另一些研究者则极力主张，种族这一概念受社会环境影响极大，以至于种族比较毫无意义（Sternberg & Grigorenko, 2007; Sternberg et al., 2005）。

泰格·伍兹的祖先有白人、非裔美国人、泰国人和美国土著人。这对我们理解美国的种族构成有何启示?

可以肯定，如同遗传对很多其他特质和能力的影响一样，它对个体的 IQ 测验得分也有着相当大的影响。但是，我们已经了解到遗传并不能充分解释不同种族和族裔群体间的 IQ 差异。它是我们理解这种表现差异的必要而非充分条件。现在让我们看看环境在 IQ 差异的产生中所起的作用。

环境与 IQ

因为 IQ 的遗传力估计小于 1.0，所以我们知道，基因遗传并不是影响 IQ 的唯一因素，环境也一定会影响 IQ。但是，我们如何才能确定环境的哪些方面对 IQ 有重要影响呢？在你所处的环境中，哪些特性会影响你在 IQ 测验中得高分的潜力（Kristensen & Bjerkedal, 2007; van der Sluis et al., 2008）？环境是复杂的刺激组合体，在物理的和社会的多种维度上变化，并且环境中的个体可能以不同的方式体验环境。即使生活在同一家庭环境中的孩子也未必拥有相同的关键的心理环境。回想一下你在家庭中的成长经历。如果你有兄弟姐妹，他们是否得到了父母同样的关注？随着时间的推移，压力情况是否发生了变化？家庭的经济状况是否发生了变化？父母的婚姻状况是否有变化？很明显，环境是由很多处于动态关系和变化之中的成分所构成的。因此，对于心理学家来说，很难说清楚是哪些环境条件，如注意力、压力、贫穷、健康和战争等，真正影响着 IQ。

儿童获得的个人关注会影响其智力。在 20 世纪 40 年代“分离但平等”的教室里（上图），非裔美国儿童只得到很少的关注。相比之下，下图的父母深入地参与到了孩子的教育中。这些环境差异对 IQ 有何影响？

研究者最常关注的是更综合性的环境指标，如家庭的社会经济地位（SES）。与来自不那么有特权、低社会经济地位家庭的同龄人相比，那些来自有更多特权、高社会经济地位家庭的儿童可能有更高的 IQ（Daley & Onwuegbuzie, 2011; Hackman et al., 2010）。为什么社会经济地位会影响 IQ？富裕和贫穷可以在许多方面影响智力表现，其中健康和教育资源是最为明显的两个方面。母亲孕期健康状况较差以及新生儿低体重是儿童心理能力低下的较强的预测因子。此外，贫困的家庭可能缺少书籍和其他书面媒介、计算机以及其他可以丰富心理刺激的物品。贫穷父母的“生存导向”，尤其是在单亲家庭，会使他们没有时间或精力陪孩子游戏以及激发孩子的智力，而这些都会对孩子在标准 IQ 测验等任务上的表现产生负面影响。

我们已经了解到，遗传和环境都会影响人们的智力表现。然而，回想第 3 章，研究者越来越多地关注基因与环境的交互作用。为了证明对智力的这种交互作用，某研究团队考察了 750 对双生子，从他们 10 个月大一直追踪到 2 岁（Tucker-Drob et al., 2011）。这些儿童在 10 个月大和 2 岁时都完成了心理能力测验。我们从有关智力遗传力的研究中知道，儿童的遗传基因能预测他们的智力表现范围。但是，在儿童 10 个月大时，无论其所在家庭的社会经济地位如何，基因基本上没有表现出对他们心理能力的影响。到 2 岁时，一种不同的模式出现了。生活在高社会经济地位家庭的儿童，其心理能力水平受基因的影响非常大。相比之下，那些来自低社会经济地位家庭的儿童，其心理能力依旧不受基因的影响。这一模式表明，低社会经济地位的家庭环境未能使儿童充分发展其基因潜力。

在过去的几十年，研究者一直致力于开发旨在消除贫困环境影响的计划。1965 年，美国联邦政府开始资助的开端计划（Head Start program），旨在解决“低收入家庭儿童的身体健康、发展、社会、教育和情绪的需求，并通过赋权和支持性的服务来提高这些家庭照护孩子的能力”（Kassebaum, 1994, p. 123）。开端计划及类似计划的目标不是使孩子们进入优越的环境，而是改善他们出生后的生活环境。孩子们接受特殊的学前教育，每天有正规的三餐；他们的父母得到关于健康和养育孩子的其他方面的指导。

思考一下 1962 年在密歇根州伊普斯兰提镇的高瞻佩里幼儿园开展的一项计划（Schweinhart, 2004）。该计划关注一组来自低收入非裔美国家庭、被评估为有学业失败风险的 3~4 岁儿童。高瞻佩里计划为儿童提供以参与式教育为主的课堂环境，鼓励儿童主动发起并设计自己的活动和课堂小组活动。另外，该计划还通过家访和家长会等方式，让家长参与到孩子的教育中来。研究者对参加该计划的学生进行了长达 40 年的追踪研究。**图 9.5** 比较了参与该计划的学生与未参与该计

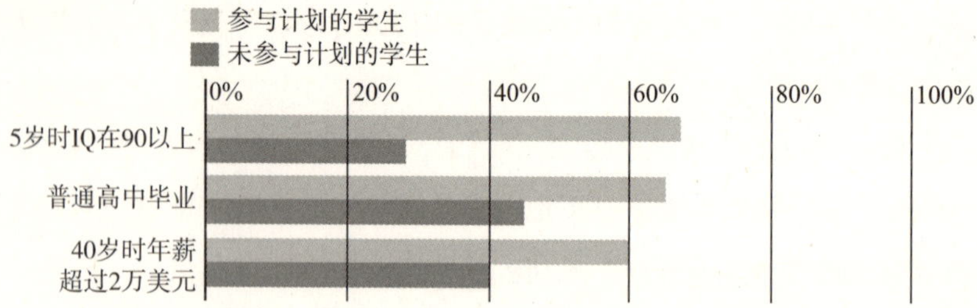

图 9.5 学前干预的影响

参加高瞻佩里学前计划的学生比未参加的学生有更好的表现。

资料来源：*Lifetime Effects: The High/Scope Perry Preschool Study Through Age 40* (p. 196) by Lawrence J. Schweinhart, JU. Montie, Z. Xiang, W.S. Barnett, C.R. Belfield & M. Nores, Ypsilanti, MI: HighScope Press. © 2005 HighScope Educational Research Foundation. Used with permission.

划的同类学生的表现。正如你所看到的，参加高瞻佩里计划的学生在 5 岁时比未参加该计划的同龄人拥有更高的 IQ。他们也更可能从普通高中毕业，并在 40 岁时拥有更高薪的工作。

对早期干预计划的评估通常得出了振奋人心的结果。一项研究回顾了开端计划对美国 18 个城市 2 803 名儿童的影响，结果发现，这些儿童在认知发展和社交能力方面都取得了进步（Zhai et al., 2011）。另一项研究评估了由 1 260 名儿童组成的另一个样本的经历（Lee, 2011）。其中的部分儿童被归类为“高风险”，因为他们的家庭环境包括诸如父母失业、有暴力倾向或滥用药物等因素。有较多家庭风险因素的儿童从开端计划中获益最多。此外，如果儿童从 3 岁开始参与该计划，则可以在该计划中待两年，他们的学业成绩比 4 岁开始参与的孩子表现出更大的进步。这些研究为环境在智力发展中的重要作用提供了有力的证据。它们也为那些致力于改变处于风险中的孩子的生活的计划提供了具体的范例。

文化与 IQ 测验的效度

如果 IQ 分数不具备有效的预测功能，人们对它就不会如此关注。

大量的研究表明，IQ 分数可以很好地预测人们的在校成绩（从小学到大学），以及人们的职业地位和在许多工作中的表现（Gottfredson, 2002; Nettelbeck & Wilson, 2005）。这些模式表明，IQ 测验可以有效地测量对西方文化所重视的成功非常基本和重要的智力，也就是说，智力（由 IQ 测得）直接影响成功。IQ 差异还可以通过改变一个人的动机和信念间接地影响其学业成绩和工作表现。那些 IQ 分数高的学生，可能在学校已有更多的成功经历，因而变得更有动力学习，建立成就取向，并对他们表现良好的可能性持乐观态度。另外，那些 IQ 分数较低的学生，可能会被分到较差甚至可能会使其自我效能感蒙上污名的学校、班级或项目中。通过这种方式，IQ 会受环境的影响；反过来，IQ 也可以为孩子们创造新的环境——有些更好，有些则更差。因此，IQ 测量可能决定命运，无论孩子们潜在的智力禀赋如何。

虽然 IQ 测验的主流用途被证明是有效的，但很多观察者仍质疑它们被用于比较不同文化和种族群体的有效性（Greenfield, 1997; Serpell, 2000）。为了进行有意义的比较，研究者必须使用对各类群体都有效的测验（Hunt & Carlson, 2007）。然而，批评者常常认为，IQ 测验存在系统偏差，导致跨文化测量无效。例如，IQ 测验中测量言语理解的问题就预先假设某些特定类型的知识是所有受测者都能轻易获得的（见表 9.2）。但事实上，来自不同文化的个体往往有着非常不同的背景知识，这会影响测验题目的难度（Fagan & Holland, 2007）。此外，许多测验形式和施测方式也可能不符合特定文化关于智力或适宜行为的观念（Sternberg, 2007）。我们看一看发生在教室中的负面评价：

> 当拉丁美洲移民的子女去上学时，父母向他们强调，要理解而不是发言，要尊重老师的权威而不是表达自己的观点，而这导致了老师对其学业的负面评价……所以，在一种文化中受重视的交流模式——尊重地倾听——在学校环境中成为了一种笼统的负面评价的基础，因为美国学校重视的交流模式是自信地表达。（Greenfield, 1997, p. 1120）

这些移民儿童必须学会在美国的课堂上如何表现，以使老师了解他们的智力水平。

尽管对跨文化比较的争议往往聚焦于测验的内容，但问题同样存在于智力测试的情境。**克劳德·斯蒂尔**（Steele, 1997; Steele & Aronson, 1995, 1998）认为，人们在能力测验中的成绩受**刻板印象威胁**（stereotype threat）的影响，即受个体证实自己所属群体的负性刻板印象这一风险的威胁。研究表明，个体认为负性刻板印象与某种情境相关的信念，可能会导致刻板印象中的糟糕表现。下面我们来看一个刻板印象威胁的例子。

研究特写

该研究关注来自西印度群岛的第一代和第二代移民（Deaux et al., 2007）。研究者假设，第一代移民出生于西印度群岛，他们的美国文化经验通常较少，还未习得有关其智力的负性刻板印象。与之相反，研究者预期，出生于美国的第二代移民则会有这些刻板印象。作为第一代和第二代移民的两组学生完成了评估其刻板印象知识的测验，结果证实了研究者的预测。为证明这种知识差异的影响，研究者让这两代移民都完成一系列 GRE 模拟试题的语言类题目。研究者引导一半学生认为题目是用来评定他们的语言能力的，但告知另一半学生回答问题仅仅是为了协助测验的开发。如**图 9.6** 所示，持有负性刻板印象的第二代移民，其测验成绩在评定语言能力的情境下受损：当情境使刻板印象具有实际意义时，刻板印象威胁会产生消极影响。然而，由于第一代移民并没有这种刻板印象，所以没有受到刻板印象威胁的影响。

我想再次强调，影响第二代移民测验成绩的是他们对情境的定义。只有当人们认为情境与刻板印象有关时（例如，他们认为测验目的是测量智力），刻板印象的知识才会削弱人们的表现。鉴于这种结果，你认为有没有可能在不唤起刻板印象威胁的情况下测量 IQ？

刻板印象威胁为什么会产生负面影响？研究者确定了三种有损人

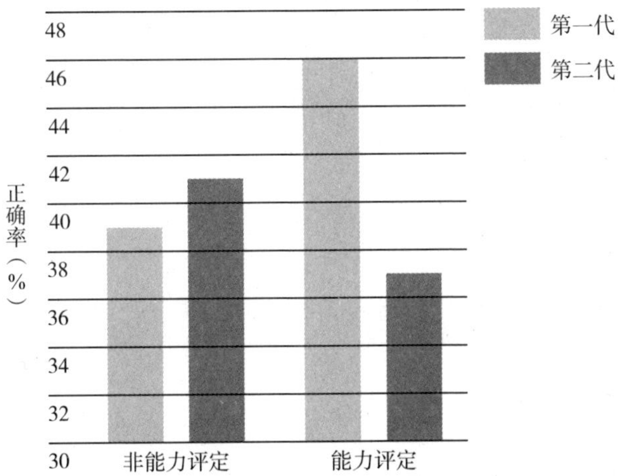

图 9.6　刻板印象威胁

研究对比了来自西印度群岛的第一代和第二代移民：第二代移民对其所属群体的智力持有负性刻板印象，而第一代移民则没有这种刻板印象。由于第二代移民持有这种负性刻板印象，当他们认为测验目的是测量其智力时，他们的测验成绩受到了影响。

资料来源：Kay Deaux, Nida Bikmen, Alwyn Gilkes, Ana Ventuneac, Yvanne Joseph, Yasser A. Payne and Claude M. Steele. Becoming American: Stereotype threat effects in Afro-Caribbean immigrant groups, *Social Psychological Quarterly*, 70, pages 384-404, copyright © 2007 by the American Sociological Association.

们表现的机制（Schmader et al., 2008）。首先，刻板印象威胁会导致某种生理应激反应（我们将在第 12 章介绍），这种反应会对人们集中注意力的能力产生负面影响。其次，刻板印象威胁会促使个体更密切地监控自己的表现，而这会导致人们做出更谨慎、更缺乏创造性的反应。最后，当个体体验到刻板印象威胁时，他们必须消耗心理资源来抑制负性的想法和情感。回想一下我们在第 7 章对工作记忆的讨论，刻板印象威胁的净效应是使受测者的工作记忆资源不堪重负，导致他们无法成功解决手头的问题。

现在，你已经了解了心理学家测量和解释智力的个体差异的一些方法。你对研究者如何试图测量和理解“智力”这个难解的概念有了很好的理解。在本章的最后一节，我们将探讨为什么心理测量有时会引发争议。

生活中的心理学

高智力个体的脑有何不同之处

正如你在本章中了解到的，心理测量学家对智力差异的测量已有约 150 年的历史。当代的成像技术使研究者能够去探究这些差异的脑基础。这些分析得出了关于不同大脑结构和功能的结论。

我们先来看看脑结构上的差异。研究指向了“越大越好”这个结论（Deary et al., 2010a）。在一项研究中，参与者完成了韦克斯勒成人智力测验，然后接受磁共振成像（MRI）扫描，以确定一般智力（g）的脑基础。脑部扫描发现，与一般智力相对较低的个体相比，一般智力相对较高的个体在某些脑区有更多的脑组织（Haier et al., 2004）。不过，请注意，“越大越好”这个结论是脑发育的结果。一项研究考察了 7~19 岁孩子的 IQ 与大脑皮层厚度（由 MRI 扫描测得）之间的关系（Shaw et al., 2006）。年龄最小的一组孩子的 IQ 与大脑皮层厚度呈负相关（也就是说，IQ 最高的孩子，其大脑皮层可能最薄）。然而，到了青春期，这一相关关系发生了逆转，IQ 较高的孩子最终具有更厚的大脑皮层。因此，高 IQ 孩子的脑之所以与众不同，是因为他们的脑随时间的推移以极快的速度发育。这种模式使研究者得出结论，“智力与大脑皮层成熟的动态特性有关”（p. 678）。

让我们转向脑功能差异。基本结论是，在执行认知任务时，智力水平越高的人越能有效地利用其脑资源。特别是，他们可能有更好的表现，而额叶皮层的总体活动较少（Neubauer & Fink, 2009）。回忆一下前面的章节：额叶皮层在许多高级认知活动中起着关键作用。例如，一项研究证明了人们在解决空间类比问题时额叶皮层的重要性（Preusse et al., 2011）。（参与者需要发现两个几何图形之间的关系，并确定第二对图形是否也存在这种关系。）研究者将参与者分成两组：高流体智力组和一般流体智力组。流体智力一般的参与者完成任务的准确率较低。此外，功能性磁共振成像（fMRI）扫描显示，随着问题难度的增加，流体智力一般的人的额叶活动也在增加，而高流体智力的人则没有表现出类似情况。这种模式支持了这样的结论，即那些具有高流体智力的人在更高效地利用额叶皮层：他们在额叶活动更少的情况下得到了更好的结果。请注意，当任务非常难时，会出现更高效率规则的例外情况。在这种情况下，智力较高的人倾向于拓展更多的脑资源，而智力较低的人倾向于放弃任务。

从上述内容中你可以看到，当代研究已开始解释智力差异的脑基础。

STOP 停下来检查一下

❶ 戈达德和其他人是在何种背景下开始进行群体间的 IQ 比较的?

❷ 为什么使用遗传力估计来解释 IQ 的种族差异是不合适的?

❸ 学前干预会对人们生活的哪些方面产生影响?

批判性思考：思考上述关于刻板印象威胁的研究。在真实的测验中，施测者可以采取什么方式来使参与者相信测验是为了评估其智力?

测量与社会

心理测量的主要目标是对人做出准确的评估，尽可能不受评估者判断错误的影响。这一目标是通过用更客观的测量工具代替老师、雇主和其他测量者的主观判断来实现的。这些测量工具都经过了精心的编制，并接受严格的评价。正是这一目标激励着比奈完成了其开创性的工作。比奈和其他人希望测试能够有助于社会民主化，并最大限度地减少基于性别、种族、族裔、特权或外表等武断标准的决定。然而，尽管有这些崇高的目标，没有哪个心理学领域比心理测量更具争议性。争议的焦点是三个伦理方面的担忧：基于测验的决策的公平性、测验用于教育评估的效用，以及用测验分数作为标签对个体进行分类的影响。

关注测试公平性的批评者认为，某些受测者需付出的代价或受到的负面影响可能要高于其他人（Helms, 2006; Hosp et al., 2011）。例如，当少数群体得分较低的测验被用来阻止他们从事某些工作时，这种代价相当高。有时候，少数群体成员的测验成绩差是因为与他们的分数做对比的常模并不恰当。为了解决这些问题，研究者尝试找出综合评估一系列认知和非认知技能的人才选拔方法（Newman & Lyon, 2009）。这类研究的目标是用承认测验分数存在群体差异的综合测验来预测个体的工作成就。

当学校因学生在标准化测验中得高分而获得奖励时，老师们是否会因此更强调应试技能，而非更广泛的学习目标？

第二个伦理方面的担忧是，测验不仅有助于评估学生；它还可能在一定程度上影响教育。学校系统的质量和教师的教学效果通常是根据学生在标准化成绩测验中的成绩来判断的（Crocco & Costigan, 2007）。美国地方政府通过税收为学校提供的支持，甚至教师的工资，可能都取决于测验成绩。这种与考试成绩挂钩的利害关系可能会导致作弊。例如，有研究分析了芝加哥多所公立小学的标准化测验成绩。研究者估计，在至少 4%~5% 的班级中，行政人员或教师存在严重作弊行为（Jacob & Levitt, 2003）。2011 年，佐治亚州发布了一份报告，记录了亚特兰大的学校系统中广泛存在的作弊行为（Severson, 2011）。该州的调查发现，发生在 44 所学校的作弊行为涉及了 178 名教师和校长。亚特兰大地区最初受到审查，是因为它报告了在统计学上不可能出现的大幅度的成绩提升。很多教师坦言，他们感受到了需要作弊的压力。这些情况说明，当测验分数被看得比教育更重要时，会多么具有破坏性。

第三个伦理方面的担忧是，测验结果可能会成为个体不可改变的标签。人们经常认为自己是智商 110 的人或 B 级学生，就好像这些分数是印在他们额头上的标签一样。随着人们开始相信他们的心理和自身素质是固定的、不可改变的，即他们无法改善自己的生活状况，这种标签就可能成为个体进步的障碍。对于那些获得负性评价的人来说，分数会成为自我设立的动机极限，降低他们的自我效能感，限制他们愿意接受的挑战。这是宣布某个群体 IQ 低下的另一个可怕后果。那些被以这种方式公开污名化的人开始相信“专家们”所说的，因而不再认为学校和教育是改善生活的途径。

本章回顾了智力的重要方面。你已经了解了研究者如何定义和重新定义智力，以识别人类表现的重要方面。你也了解了为什么 IQ 这一衡量智力的指标仍然存在争议。在对特定个体或群体的能力下结论之前，我们必须仔细考虑他们接受测试的更广泛的背景。

STOP 停下来检查一下

❶ 为什么测量可能会对特定群体中的个体产生负面影响？

❷ 为什么测量可能在一定程度上影响教育？

❸ 为什么测验成绩可能会成为具有广泛影响的标签？

要点重述

什么是测量

- 心理测量有悠久的历史，始于中国古代。英国的弗朗西斯·高尔顿爵士对心理测量做出了许多重要贡献。
- 有用的测量工具必定是可信的、有效的和标准化的。可信的测验能得出一致的结果；有效的测验能测量设计测验时所要测的特质。
- 标准化测验总是以同样的方式施测和计分。常模可使我们将一个人的分数与其他年龄、性别和文化等方面相当的人的平均分进行比较。

智力测量

- 20 世纪初，比奈在法国开创了客观智力测试的传统。测验分数以心理年龄的形式给出，旨在代表儿童当前的功能水平。
- 在美国，推孟编制了斯坦福—比奈智力量表，使 IQ 概念普及开来。
- 韦克斯勒设计了针对成人、儿童和学龄前儿童的智力测验。
- 智力缺陷和天才的定义都关注 IQ 分数和日常表现两个方面。

智力理论

- IQ 的心理测量学分析表明，某些基本能力，如流体智力和晶体智力，有助于解释 IQ 分数。
- 当代理论通过考察人们用来解决各类问

题的技能和洞察力来非常广泛地构思和测量智力。

- 斯滕伯格区分了分析智力、创造智力和实践智力。
- 加德纳确定了 8（后增加到 9）种智力，既包括也超越了标准 IQ 测验所测量的智力类型。近些年来的研究主要集中于情绪智力。

智力的政治学

- 几乎从一开始，智力测验就被用来对某些族裔和种族群体做出负性评价。
- 由于 IQ 具有相当高的遗传力，一些研究者将某些种族和文化群体的低分数归因于遗传劣势性。
- 处境不利和刻板印象威胁似乎可以解释某些群体得分较低的原因。研究表明，群体差异会受环境干预的影响。

测量与社会

- 尽管测验结果通常可用于预测，也可以作为个体当前表现的指标，但它们不应该被用来限制个体发展和改变的机会。
- 当测量的结果会影响个体的生活时，所用的测量技术对该个体和测量目的而言，必须是可信的和有效的。

表 9.3 的答案

1. laugh	6. allow
2. tempt	7. drive
3. short	8. couch
4. knight	9. enter
5. write	10. basic

关键术语

心理测量	标准化	一般智力（g）
正式测量	智力	晶体智力
重测信度	心理年龄	流体智力
内部一致性	生理年龄	情绪智力
内容效度	智商（IQ）	遗传力估计
效标关联效度	智力缺陷	刻板印象威胁
结构效度	学习障碍	
常模	心理测量学	

“停下来检查一下”答案

第 6 章

停下来检查一下（关于学习的研究）

1. 学习—行为表现差异指人们的行为可能并不总是反映他们所学到的一切。
2. 习惯化是指当刺激物重复出现时，有机体的行为反应会减弱。
3. 因为他认为人们的个人经验过于主观，无法用严谨的科学方法来研究。
4. 行为分析家试图发现在所有种类的动物中都存在的学习规律。

停下来检查一下（经典条件作用：学习可预期的信号）

1. 经典条件作用始于对无条件刺激（如食物呈现）的反射性行为（如分泌唾液）。
2. UCS 是无条件刺激，在条件作用之前就能引发反应；CS 是条件刺激，经由条件作用才能引发反应。
3. 刺激辨别是指生物体学会了对范围更窄的条件刺激产生条件反应。
4. UCS 和 CS 在时间上紧密相邻是不够的，UCS 必须与 CS 相倚，或者说能被 CS 预测。
5. CR 是身体对药物作用的补偿反应。
6. CS 与 UCS 只需一次配对且相隔很长时间也能产生味觉厌恶。只要发生一次，它通常便能永久保持。

停下来检查一下（操作性条件作用：对行为结果的学习）

1. 效果律指出，产生满意结果的反应出现的可能性变大，而产生不满意结果的反应出现的可能性变小。
2. 强化增加行为出现的可能性；惩罚降低行为出现的可能性。
3. 动物学到只有在特定的刺激背景下行为才会产生结果（强化或惩罚）——这些刺激就是辨别性刺激。
4. 在固定比率程式中，有机体每做出固定数量的反应，就会得到一个强化物。在固定间隔程式中，强化物在间隔一段固定时间的第一个反应后出现。

5. 塑造是一种方法，它能让有机体通过连续接近目标来学习某种行为。
6. 本能漂移是指随着时间的推移，习得的行为向本能行为漂移的趋势。

停下来检查一下（认知对学习的影响）

1. 托尔曼的结论是，他的大鼠产生了关于迷宫布局的认知地图。
2. 鸽子可以学会啄一个颜色变了的圆圈。
3. 当一个人的行为在他观察到其他人的行为被强化后变得更可能出现时，替代强化就发生了。
4. 研究表明，观察到大量攻击行为的孩子可能自己也会变得好斗。

第7章

停下来检查一下（什么是记忆）

1. 记忆的外显使用涉及意识努力，记忆的内隐使用则不然。
2. 你的技能更多地依赖程序性记忆。
3. 因为你先前已编码和存储了邮箱密码，所以这个问题最可能是提取导致的。

停下来检查一下（记忆的短时使用）

1. 对全部报告程序与部分报告程序的比较表明，人们可以非常短暂地提取画面的所有信息。
2. 研究者认为，短时记忆的容量在 3 到 5 个项目之间。
3. 组块是指将项目重新组织成若干有意义的小组的过程。
4. 工作记忆包括语音环路、视觉空间画板、中央执行系统和情景缓冲区。

停下来检查一下（长时记忆：编码和提取）

1. 再认通常能提供更多的提取线索。
2. 这是一个系列回忆中首因效应的例子。
3. 迁移适宜性加工理论认为，当编码的加工类型与提取的加工类型匹配时，记忆表现最好。
4. 因为新信息使旧信息的提取变得更困难，所以这是一个倒摄干扰的例子。
5. 从“氢”开始，你要将每一个元素与一条熟悉路线上的不同地点关联在一起。
6. 学习判断是人们对自己学得有多好的估计。

停下来检查一下（长时记忆的结构）

1. 概念是你所形成的类别的心理表征。
2. 范例理论认为，人们通过将新物体与记忆中存储的若干范例进行比较来对其归类。
3. 巴特利特发现了趋平化、精细化和同化的过程。
4. 洛夫特斯及其同事证明当目击者试图回想事件时，他们会将不正确的事后信息包括进来。

停下来检查一下（记忆的生物学）

1. 拉什利得出结论，记忆痕迹并不存在于特定的脑区，而是广泛地分布于整个脑部。
2. 研究表明，那些有外显记忆遗忘症的个体，其内隐记忆的重要方面常常保留完好。
3. PET 扫描显示，在对情景信息进行编码和提取时，不同的脑区会变得异常活跃——左前额皮层在编码时高度激活，右前额皮层在提取时高度激活。

第 8 章

停下来检查一下（研究认知）

1. 唐德斯的目的是通过设计只在特定过程上存在差异的任务来确定心理过程的速度。
2. 序列过程一个接一个地发生，平行过程在时间上重叠。
3. 自动过程一般不需要注意资源。

停下来检查一下（语言的使用）

1. 合作原则规定了说者为特定的听者设计话语时应该考虑的一些维度。
2. 当声音交换产生真实的单词时，斯本内现象发生的可能性更大。
3. 当表征中包含的信息比文本提供的命题更多时，您可以得出结论，人们对推论进行了编码。
4. 人类能够生成和理解具有复杂语法结构的语言。
5. 语言相对论是指人们所使用的语言的结构会影响他们思考世界的方式。

停下来检查一下（视觉认知）

1. 心理旋转速度的一致性表明，心理旋转的过程与物理旋转的过程非常相似。
2. 脑成像研究表明，人们用于感知的脑区与用于创建视觉表象的脑区有大量重合。
3. 研究表明，你会发现说出心理场景中面前的物品比说出身后的物品更容易。

停下来检查一下（问题解决和推理）

1. 算法是总能为特定类型的问题提供正确答案的按部就班的程序。
2. 如果你能够找到一个之前一直与其他目的相联系的物品的新功能，那么你就克服了功能固着。
3. 当一个想法或产品既新异又适宜时，我们就说它具有创造性。
4. 当受到信念偏差效应影响时，人们判断结论的依据是结论在现实世界中的可信度，而不是它们与前提的逻辑关系。
5. 人们在做归纳推理时，经常把当前情况的特征与记忆中的过往经历进行类比。

停下来检查一下（判断和决策）

1. 启发式为人们提供了捷径，使他们能够频繁且快速地做出判断。
2. 你很可能会使用锚定启发式，从一个合理的锚点开始调整，例如 100 岁。
3. 框架发挥了很大的作用，比如，它可以决定人们是从得还是失的角度考虑某种情况。
4. 在做决定时，知足者通常会选择第一个已经足够好的选项；而最大化者不断评估各种选择，试图找到绝对最好的那个。

第 9 章

停下来检查一下（什么是测量）

1. 高尔顿认为智力差异可以被客观地测量。
2. 研究者应该确定人们在该测验上的得分能否准确预测其未来的相关结果。
3. 常模使研究者能够基于更大规模人群的分数来理解特定个体的分数。

停下来检查一下（智力测量）

1. IQ 最初的计算方法是心理年龄除以生理年龄。
2. 韦克斯勒在其 IQ 测验中加入了操作分量表。
3. 智力缺陷的诊断关注 IQ 和适应性技能两方面。
4. “三环”概念从能力、创造力和任务执着三个维度来定义天才。

停下来检查一下（智力理论）

1. 因为斯皮尔曼证明了人们在各种智力测验上的成绩高度相关，所以他得出结论，存在一种一般智力因素。

2. 斯滕伯格提出，人们具有分析智力、创造智力和实践智力。
3. 加德纳将“空间”智力定义为感知视觉—空间世界以及对最初的知觉进行转换的能力，这种能力适用于雕刻。

停下来检查一下（智力的政治学）

1. 戈达德和其他人建议，使用IQ测验来遣返那些心智低劣的移民。
2. 遗传力估计不适用于群体间的比较。
3. 研究证明，接受优质学前教育的人有着更高的IQ，更可能从普通高中毕业，更可能拥有薪水更高的工作。

停下来检查一下（测量与社会）

1. 如果特定群体的成员的测验成绩通常低于他人，那这种模式可能会妨碍他们平等就业。
2. 在许多学区，学校获得的支持是基于测验成绩的，这就迫使老师只讲考试所涵盖的内容。
3. 如果刻板地使用测验，根据测验成绩将人们标定为属于特定的学术或社会层次，这些标签会产生广泛的影响。

专业术语表

习得

acquisition The stage in a classical conditioning experiment during which the conditioned response is first elicited by the conditioned stimulus.

算法

algorithm A step-by-step procedure that always provides the right answer for a particular type of problem.

遗忘症

amnesia A failure of memory caused by physical injury, disease, drug use, or psychological trauma.

锚定启发式

anchoring heuristic An insufficient adjustment up or down from an original starting value when judging the probable value of some event or outcome.

顺行性遗忘症

anterograde amnesia An inability to form explicit memories for events that occur after the time of physical damage to the brain.

听众设计

audience design The process of shaping a message depending on the audience for which it is intended.

自动过程

automatic process Process that does not require attention; it can often be performed along with other tasks without interference.

可得性启发式

availability heuristic A judgment based on the information readily available in memory.

避免型条件作用

avoidance conditioning A form of learning in which animals acquire responses that allow them to avoid aversive stimuli before they begin.

基础水平

basic level The level of categorization that can be retrieved from memory most quickly and used most efficiently.

行为分析

behavior analysis The area of psychology that focuses on the environmental determinants of learning and behavior.

信念偏差效应

belief-bias effect A situation that occurs when a person's prior knowledge, attitudes, or values distort the reasoning process by influencing the person to accept invalid arguments.

生理年龄

chronological age The number of months or years since an individual's birth.

组块

chunking The process of taking single items of information and recoding them on the basis of similarity or some other organizing principle.

经典条件作用

classical conditioning A type of learning in which a behavior (conditioned response) comes to be elicited by a stimulus (conditioned stimulus) that has acquired its power through an association with a biologically significant stimulus (unconditioned stimulus).

认知

cognition Processes of knowing, including attending, remembering, and reasoning; also the content of the processes, such as concepts and memories.

认知地图

cognitive map A mental representation of physical space.

认知过程

cognitive process One of the higher mental processes, such as perception, memory, language, problem solving, and abstract thinking.

认知心理学

cognitive psychology The study of higher mental processes such as attention, language use, memory, perception, problem solving, and thinking.

认知科学

cognitive science The interdisciplinary field of study of the approach systems and processes that manipulate information.

比较认知

comparative cognition The study of the development of cognitive abilities across species and the continuity of abilities from nonhuman to human animals.

概念

concept Mental representation of a kind or category of items and ideas.

条件性强化物

conditioned reinforcer In classical conditioning, a formerly neutral stimulus that has become a reinforcer.

条件反应

conditioned response (CR) In classical conditioning, a response elicited by some previously neutral stimulus that occurs as a result of pairing the neutral stimulus with an unconditioned stimulus.

条件刺激

conditioned stimulus (CS) In classical conditioning, a previously neutral stimulus that comes to elicit a conditioned response.

结构效度

construct validity The degree to which a test adequately measures an underlying construct.

内容效度

content validity The extent to which a test adequately measures the full range of the domain of interest.

受控过程

controlled process Process that requires attention; it is often difficult to carry out more than one controlled process at a time.

聚合思维

convergent thinking An aspect of creativity characterized by the ability to gather together different sources of information to solve a problem.

创造性

creativity The ability to generate ideas or products that are both novel and appropriate to the circumstances.

效标关联效度

criterion-related validity The degree to which test scores indicate a result on a specific measure that is consistent with some other criterion of the characteristic being assessed.

晶体智力

crystallized intelligence The facet of intelligence involving the knowledge a person has already acquired and the ability to access that knowledge; measures by vocabulary, arithmetic.

决策

decision making The process of choosing between alternatives; selecting or rejecting available options.

陈述性记忆

declarative memory Memory for information such as facts and events.

演绎推理

deductive reasoning A form of thinking in which one draws a conclusion that is intended to follow logically from two or more statements or premises.

辨别性刺激

discriminative stimulus Stimulus that acts as

a predictor of reinforcement, signaling when particular behaviors will result in positive reinforcement.

发散思维

divergent thinking An aspect of creativity characterized by an ability to produce unusual but appropriate responses to problems.

精细复述

elaborative rehearsal A technique for improving memory by enriching the encoding of information.

情绪智力

emotional intelligence Type of intelligence defined as the abilities to perceive, appraise, and express emotions accurately and appropriately, to use emotions to facilitate thinking, to understand and analyze emotions, to use emotional knowledge effectively, and to regulate one's emotions to promote both emotional and intellectual growth.

编码

encoding The process by which a mental representation is formed in memory.

编码特异性

encoding specificity The principle that subsequent retrieval of information is enhanced if cues received at the time of recall are consistent with those present at the time of encoding.

记忆痕迹

engram The physical memory trace for information in the brain.

情景记忆

episodic memory Long-term memory for an autobiographical event and the context in which it occurred.

逃脱型条件作用

escape conditioning A form of learning in which animals acquire a response that will allow them to escape from an aversive stimulus.

范例

exemplar Member of a category that people have encountered.

记忆的外显使用

explicit use of memory Conscious effort to encode or recover information through memory processes.

消退

extinction In conditioning, the weakening of a conditioned association in the absence of a reinforcer or unconditioned stimulus.

固定间隔程式

fixed-interval (FI) schedule A schedule of reinforcement in which a reinforcer is delivered for the first response made after a fixed period of time.

固定比率程式

fixed-ratio (FR) schedule A schedule of reinforcement in which a reinforcer is delivered for the first response made after a fixed number of responses.

闪光灯记忆

flashbulb memory People's vivid and richly detailed memory in response to personal or public events that have great emotional significance.

流体智力

fluid intelligence The aspect of intelligence that involves the ability to see complex relationships and solve problems.

正式测量

formal assessment The systematic procedures and measurement instruments used by trained professionals to assess an individual's functioning, aptitudes, abilities, or mental states.

框架

frame A particular description of a choice; the perspective from which a choice is described or framed affects how a decision is made and which option is ultimately exercised.

功能固着

functional fixedness An inability to perceive a new use for an object previously associated with some other purpose; adversely affects problem solving and creativity.

一般智力

g According to Spearman, the factor of general intelligence underlying all intelligent performance.

习惯化

habituation A decrease in a behavioral response when a stimulus is presented repeatedly.

遗传力估计

heritability estimate A statistical estimate of the degree of inheritance of a given trait or behavior, assessed by the degree of similarity between individuals who vary in their extent of genetic similarity.

启发式

heuristic Cognitive strategies, or "rules of thumb", often used as shortcuts in solving a complex inferential task.

映像记忆

iconic memory Memory system in the visual domain that allows large amounts of information to be stored for very brief durations.

记忆的内隐使用

implicit uses of memory Availability of information through memory processes without conscious effort to encode or recover information.

归纳推理

inductive reasoning A form of reasoning in which a conclusion is made about the probability of some state of affairs, based on the available evidence and past experience.

推论

inference Missing information filled in on the basis of a sample of evidence or on the basis of prior beliefs and theories.

顿悟

insight Circumstances of problem solving in which solutions suddenly come to mind.

本能漂移

instinctual drift The tendency for learned behavior to drift toward instinctual behavior over time.

智力缺陷

intellectual disability Condition in which individuals have IQ scores of 70 to 75 or below and also demonstrate limitations in the ability to bring adaptive skills to bear on life tasks.

智力

intelligence The global capacity to profit from experience and to go beyond given information about the environment.

智商

intelligence quotient (IQ) An index derived from standardized tests of intelligence; originally obtained by dividing an individual's mental age by chronological age and then multiplying by 100; now directly computed as an IQ test score.

内部一致性

internal consistency A measure of reliability; the degree to which a test yields similar scores across its different parts, such as odd versus even items.

判断

judgment The process by which people form opinions, reach conclusions, and make critical evaluations of events and people based on available material; also, the product of the mental activity.

语言生成

language production What people say, sign, and write, as well as the processes they go through to produce these messages.

效果律

law of effect A basic law of learning that states that the power of a stimulus to evoke a response is strengthened when the response is followed by a reward and weakened when it is not followed by a reward.

学习

learning A process based on experience that results in a relatively permanent change in behavior or behavioral potential.

学习障碍

learning disorder A disorder defined by a large discrepancy between individuals' measured IQ and their actual performance.

学习—行为表现差异

learning-performance distinction The difference between what has been learned and what is expressed in overt behavior.

加工水平理论

levels-of-processing theory A theory that suggests that the deeper the level at which information was processed, the more likely it is to be retained in memory.

语言相对论

linguistic relativity The hypothesis that the structure of the language an individual speaks has an impact on the way in which that individual thinks about the world.

长时记忆

long-term memory (LTM) Memory processes associated with the preservation of information for retrieval at any later time.

记忆

memory The mental capacity to encode, store, and retrieve information.

心理年龄

mental age In Binet's measure of intelligence, the age at which a child is performing intellectually, expressed in terms of the average age at which normal children achieve a particular score.

心理定势

mental set The tendency to respond to a new problem in the manner used to respond to a previous problem.

元记忆

metamemory Implicit or explicit knowledge about memory abilities and effective memory strategies; cognition about memory.

记忆术

mnemonic Strategy or device that uses familiar information during the encoding of new information to enhance subsequent access to the information in memory.

负惩罚

negative punishment A behavior is followed by the removal of an appetitive stimulus, decreasing the probability of that behavior.

负强化

negative reinforcement A behavior is followed by the removal of an aversive stimulus, increasing the probability of that behavior.

常模

norm Standard based on measurement of a large group of people; used for comparing the scores of an individual with those of others within a well-defined group.

观察学习

observational learning The process of learning new responses by watching the behavior of another.

操作

operant Behavior emitted by an organism that can be characterized in terms of the observable effects it has on the environment.

操作性条件作用

operant conditioning Learning in which the probability of a response is changed by a change in its consequences.

操作性消退

operant extinction When a behavior no longer produces predictable consequences, it returns to the level of occurrence it had before operant conditioning.

平行过程

parallel processes Two or more mental processes that are carried out simultaneously.

部分强化效应

partial reinforcement effect The behavioral

principle that states that responses acquired under intermittent reinforcement are more difficult to extinguish than those acquired with continuous reinforcement.

正惩罚

positive punishment A behavior is followed by the presentation of an aversive stimulus, decreasing the probability of that behavior.

正强化

positive reinforcement A behavior is followed by the presentation of an appetitive stimulus, increasing the probability of that behavior.

首因效应

primacy effect Improved memory for items at the start of a list.

初级强化物

primary reinforcer Biologically determined reinforcer, such as food and water.

启动

priming In the assessment of implicit memory, the advantage conferred by prior exposure to a word or situation.

前摄干扰

proactive interference Circumstances in which past memories make it more difficult to encode and retrieve new information.

问题解决

problem solving Thinking that is directed toward solving specific problems and that moves from an initial state to a goal state by means of a set of mental operations.

问题空间

problem space The elements that make up a problem: the initial state, the incomplete information or unsatisfactory conditions the person starts with; the goal state, the set of information or state the person wishes to achieve; and the set of operations, the steps the person takes to move from the initial state to the goal state.

程序性记忆

procedural memory Memory for how things get done; the way perceptual, cognitive, and motor skills are acquired, retained, and used.

原型

prototype The most representative example of a category.

心理测量

psychological assessment The use of specified procedures to evaluate the abilities, behaviors, and personal qualities of people.

心理测量学

psychometrics The field of psychology that specializes in mental testing.

惩罚物

punisher Any stimulus that, when made contingent on a response, decreases the probability of that response.

推理

reasoning The process of thinking in which conclusions are drawn from a set of facts; thinking directed toward a given goal or objective.

回忆

recall A method of retrieval in which an individual is required to reproduce the information previously presented.

近因效应

recency effect Improved memory for items at the end of a list.

再认

recognition A method of retrieval in which an individual is required to identify stimuli as having been experienced before.

重构性记忆

reconstructive memory The process of putting information together based on general types of stored knowledge in the absence of a specific memory representation.

反射

reflex An unlearned response elicited by specific stimuli that have biological relevance for an organism.

强化相倚

reinforcement contingency A consistent relationship between a response and the changes in the environment that it produces.

强化物

reinforcer Any stimulus that, when made contingent on a response, increases the probability of that response.

代表性启发式

representativeness heuristic A cognitive strategy that assigns an object to a category on the basis of a few characteristics regarded as representative of that category.

提取

retrieval The recovery of stored information from memory.

提取线索

retrieval cue Internally or externally generated stimulus available to help with the retrieval of a memory.

倒摄干扰

retroactive interference Circumstances in which the formation of new memories makes it more difficult to recover older memories.

逆行性遗忘症

retrograde amnesia An inability to retrieve memories from the time before physical damage to the brain.

强化程式

schedule of reinforcement In operant conditioning, a pattern of delivering and withholding reinforcement.

图式

schema General conceptual framework, or cluster of knowledge, regarding objects, people, and situations; knowledge package that encodes generalizations about the structure of the environment.

语义记忆

semantic memory Generic, categorical memory, such as the meaning of words and concepts.

敏感化

sensitization An increase in behavioral response when a stimulus is presented repeatedly.

系列位置效应

serial position effect A characteristic of memory retrieval in which the recall of beginning and end items on a list is often better than recall of items appearing in the middle.

序列过程

serial processes Two or more mental processes that are carried out in order, one after the other.

连续接近塑造法

shaping by successive approximations A behavioral method that reinforces responses that successively approximate and ultimately match the desired response.

短时记忆

short-term memory (STM) Memory processes associated with preservation of recent experiences and with retrieval of information from long-term memory; short-term memory is of limited capacity and stores information for only a short length of time without rehearsal.

自发恢复

spontaneous recovery The reappearance of an extinguished conditioned response after a rest period.

标准化

standardization A set of uniform procedures for treating each participant in a test, interview, or experiment, or for recording data.

刻板印象威胁

stereotype threat The threat associated with being at risk for confirming a negative stereotype of one’s group.

刺激辨别

stimulus discrimination A conditioning process in which an organism learns to respond differently to stimuli that differ from the conditioned stimulus on some dimension.

刺激泛化

stimulus generalization The automatic

extension of conditioned responding to similar stimuli that have never been paired with the unconditioned stimulus.

存储

storage The retention of encoded material over time.

味觉—厌恶学习

taste-aversion learning A biological constraint on learning in which an organism learns in one trial to avoid a food whose ingestion is followed by illness.

时间区辨性

temporal distinctiveness The extent to which a particular item stands out from or is distinct from other items in time.

重测信度

test–retest reliability A measure of the correlation between the scores of the same people on the same test given on two different occasions.

出声思维报告

think-aloud protocol Report made by an experimental participant of the mental processes and strategies he or she uses while working on a task.

三项相倚

three-term contingency The means by which organisms learn that, in the presence of some stimuli but not others, their behavior is likely to have a particular effect on the environment.

迁移适宜性加工

transfer-appropriate processing The perspective that suggests that memory is best when the type of processing carried out at encoding matches the processes carried out at retrieval.

无条件反应

unconditioned response (UCR) In classical conditioning, the response elicited by an unconditioned stimulus without prior training or learning.

无条件刺激

unconditioned stimulus (UCS) In classical conditioning, the stimulus that elicits an unconditioned response.

不定间隔程式

variable-interval (VI) schedule A schedule of reinforcement in which a reinforcer is delivered for the first response made after a variable period of time whose average is predetermined.

不定比率程式

variable-ratio (VR) schedule A schedule of reinforcement in which a reinforcer is delivered for the first response made after a variable number of responses whose average is predetermined.

工作记忆

working memory A memory resource that is used to accomplish tasks such as reasoning and language comprehension; consists of the phonological loop, visuospatial sketchpad, and central executive.

参考文献

Adams, J. L. (1986). *Conceptual blockbusting* (3rd ed.). New York: Norton.

Adaval, R., & Wyer, R. S., Jr. (2011). Conscious and nonconscious comparisons with price anchors: Effects on willingness to pay for related and unrelated products. *Journal of Marketing Research, 48*, 355–365.

Akechi, T., Okuyama, T., Endo, C., Sagawa, R., Uchida, M., Nakaguchi, T., Sakamoto, M., Komatsu, H., Ueda, R., Wada, M., & Furukawa, T. A. (2010). Anticipatory nausea among ambulatory cancer patients undergoing chemotherapy: Prevalence, associated factors, and impact on quality of life. *Cancer Science, 101*, 2596–2600.

Akmajian, A., Demers, R. A., Farmer, A. K., & Harnish, R. M. (1990). *Linguistics*. Cambridge, MA: The MIT Press.

Almeida, L. S., Prieto, M. D., Ferreira, A. I., Bermejo, M. R., Ferrando, M., & Ferrándiz, C. (2010). Intelligence assessment: Gardner multiple intelligence theory as an alternative. *Learning and Individual Differences, 20*, 225–230.

Aly, M., Knight, R. T., & Yonelinas, A. P. (2010). Faces are special but not too special: Spared face recognition in amnesia is based on familiarity. *Neuropsychologia, 48*, 3941–3948.

Alzheimer's Association. (2011). *2011 Alzheimer's disease facts and figures*.

American Association on Intellectual and Developmental Disabilities. (2010). *Intellectual disability: Definition, classification, and systems of supports* (11th ed.). Washington, DC: American Association on Intellectual and Developmental Disabilities.

Auvray, M., Gallace, A., & Spence, C. (2011). Tactile short-term memory for stimuli presented on the fingertips and across the rest of the surface of the body. *Attention, Perception, & Psychophysics, 73*, 1227–1241.

Baars, B. J., Motley, M. T., & MacKay, D. G. (1975). Output editing for lexical status in artificially elicited slips of the tongue. *Journal of Verbal Learning and Verbal Behavor, 14*, 382–391.

Baddeley, A. D. (2002). Is working memory still working? *European Psychologist, 7*, 85–97.

Baddeley, A. D. (2003). Working memory: Looking back and looking forward. *Nature Reviews Neuroscience, 4*, 829–839.

Bandura, A. (1977). *Social learning theory*. Englewood Cliffs, NJ: Prentice-Hall.

Bandura, A., Ross, D., & Ross, S. A. (1963). Imitation of film-mediated aggressive models. *Journal of Abnormal and Social Psychology, 66*, 3–11.

Bar-Hillel, M., & Neter, E. (1993). How alike is it versus how likely is it: A disjunction fallacy in probability judgments. *Journal of Personality and Social Psychology, 65*, 1119–1131.

Barrett, L. F., Tugade, M. M., & Engle, R. W. (2004). Individual differences in working memory capacity and dual-process theories of mind. *Psychological Bulletin, 130*, 553–573.

Bartlett, F. C. (1932). *Remembering: A study in experimental and social psychology*. Cambridge, UK: Cambridge University Press.

Baum, J. R., Bird, B. J., & Singh, S. (2011). The practical intelligence of entrepreneurs: Antecedents and a link with new venture growth. *Personnel Psychology, 64*, 397–425.

Beck, H. P., Levinson, S., & Irons, G. (2009). Finding Little Albert. *American Psychologist, 64*, 605–614.

Benjet, C., & Kazdin, A. E. (2003). Spanking children: The controversies, findings, and new directions. *Clinical Psychology Review, 23*, 197–224.

Bennett, D. S., Bendersky, M., & Lewis, M. (2008). Children's cognitive ability from 4 to 9 years old as a function of prenatal cocaine exposure, environmental risk, and maternal verbal intelligence. *Developmental Psychology, 44*, 919–928.

Berlin, B., & Kay, P. (1969). *Basic color terms: Their universality and evolution*. Berkeley: University of California Press.

Binet, A. (1911). *Les idées modernes sur les enfants*. Paris: Flammarion.

Bock, K., Dell, G. S., Chang, F., & Onishi, K. H. (2007). Persistent structural priming from language comprehension to language production. *Cognition, 104*, 437–458.

Bohannon, J. N. III, Gratz, S., & Cross, V. S. (2007). The effects of affect and input source on flashbulb memories. *Applied Cognitive Psychology, 21*, 1023–1036.

Bond, C. F., Jr., Pitre, U., & van Leeuwen, M. D. (1991). Encoding operations and the next-in-line effect. *Personality and Social Psychology Bulletin, 17*, 435–441.

Bouchard, T. J., & McGue, M. (1981). Familial studies of intelligence: A review. *Science, 212*, 1055–1059.

Bovbjerg, D. H. (2006). The continuing problem of post chemotherapy nausea and vomiting: Contributions of classical conditioning. *Autonomic Neuroscience: Basic and Clinical, 129*, 92–98.

Bowden, E. M., & Beeman, M. J. (2003). Normative data for 144 compound remote associates problem. *Behavior Research Methods, Instruments, and Computers, 35*, 634–639.

Bowers, J. S., & Marsolek, C. J. (2003). *Rethinking implicit memory*. Oxford University Press.

Braun, K. A., Ellis, R., & Loftus, E. F. (2002). Make my memory: How advertising can change our memories of the past. *Psychology & Marketing, 19*, 1–23.

Breland, K., & Breland, M. (1951). A field of applied animal psychology. *American Psychologist, 6*, 202–204.

Breland, K., & Breland, M. (1961). A misbehavior of organisms. American Psychologist, 16, 681–684.

Brennan, S. E., & Hanna, J. E. (2009). Partner-specific adaptation in dialog. *Topics in Cognitive Science, 1*, 274–291.

Brody, N. (2003). Construct validation of the Sternberg Triarchic Abilities Test: Comment and reanalysis. *Intelligence, 31*, 319–329.

Brown, R. (1976). Reference: In memorial tribute to Eric Lenneberg. *Cognition, 4*, 125–153.

Brown, R., & Kulik, J. (1977). Flashbulb memories. *Cognition, 5*, 73–99.

Brumm, V. L., & Grant, M. L. (2010). The role of intelligence in phenylketonuria: A review of research and management. *Molecular Genetics and Metabolism, 99*, S18–S21.

Brysbaert, M., & Rastle, K. (2009). *Historical and conceptual issues in psychology*. Harlow, England: Pearson.

Büchel, C., Brassen, S., Yacubian, J., Kalisch, R., & Sommer, T. (2011). Ventral striatal signal changes represent missed opportunities and predict future choice. *NeuroImage, 57*, 1124–1130.

Burnett, R. C., Medin, D. L., Ross, N. O., & Blok, S. V. (2005). Ideal is typical. *Canadian Journal of Experimental Psychology, 59*, 3–10.

Bykov, K. M. (1957). *The cerebral cortex and the internal organs*. New York: Academic Press.

Cameron, C. L., Cella, D. C., Herndon, E. E., II, Kornblith, A. B., Zucerkman, E., Henderson, E., Weiss, R. B., Cooper, M. R., Silver, R. T., Leone, L., Canellos, G. P., Peterson, B. A., & Holland,

J. C. (2001). Persistent symptoms among survivors of Hodgkin's disease: An explanatory model based on classical conditioning. *Health Psychology, 20*, 71–75.

Carter, S. J., & Cassaday, H. J. (1998). State-dependent retrieval and chlorpheniramine. *Human Psychopharmacology, 13*, 513–523.

Cattell, R. B. (1963). Theory of fluid and crystallized intelligence: A critical experiment. *Journal of Educational Psychology, 54*, 1–22.

Chan, M. Y. T., Cross-Mellor, S. K., Kavaliers, M., & Ossenkopp, K.-P. (2009). Lipopolysaccharide (LPS) blocks the acquisition of LiClinduced gaping in a rodent model of anticipatory nausea. *Neuroscience Letters, 450*, 301–305.

Chase, W. G., & Ericsson, K. A. (1981). Skilled memory. In J. R. Anderson (Ed.), *Cognitive skills and their acquisition*. Hillsdale, NJ: Erlbaum.

Cheng, P. W., & Holyoak, K. J. (1985). Pragmatic reasoning schemas. *Cognitive Psychology, 17*, 391–416.

Cho , S., Holyoak, K. J., & Cannon, T. D. (2007). Analogical reasoning in working memory: Resources shared among relational integration, interference resolution, and maintenance. *Memory & Cognition, 35*, 1445–1455.

Christensen, B. T., & Schunn, C. D. (2007). The relationship of analogical distance to analogical function and preinventive structure: The case of engineering design. *Memory & Cognition, 35*, 29–38.

Chun, M. M., Golomb, J. D., & Turk-Browne, N. B. (2011). A taxonomy of external and internal attention. *Annual Review of Psychology, 62*, 73–101.

Clark, H. H. (1996). *Using language*. Cambridge university press.

Clark, H. H., & Clark, E. V. (1977). *Psychology and language: An introduction to psycholinguistics*. New York: Harcourt Brace Jovanovich.

Conway, A. R., Kane, M. J., Bunting, M. F., Hambrick, D. Z., Wilhelm, O., & Engle, R. W. (2005). Working memory span tasks: A methodological review and user's guide. *Psychonomic Bulletin & Review, 12*, 769–786.

Cooper, J. O., Heron, T. E., & Heward, W. L. (2007). *Applied behavior analysis*. Upper Saddle River, NJ: Prentice-Hall.

Corley, M., Brocklehurst, P. H., & Moat, H. S. (2011). Error biases in inner and overt speech: Evidence from tongue twisters. *Journal of Experimental Psychology: Learning, Memory, and Cognition, 37*, 162–175.

Cowan, N. (2001). The magical number 4 in short-term memory: A reconsideration of mental storage capacity. *Behavioral and Brain Sciences, 24*, 87–185.

Cowles, J. T. (1937). Food tokens as incentives for learning by chimpanzees. *Comparative Psychology Monographs, 74*, 1–96.

Craik, F. I. M., & Lockhart, R. S. (1972). Levels of processing: A framework for memory research. *Journal of Verbal Learning and Verbal Behavior, 11*, 671–684.

Crocco, M. S., & Costigan, A. T. (2007). The narrowing of curriculum and pedagogy in the age of accountability: Urban educators speak out. *Urban Education, 42*, 512–535.

Curci, A., & Luminet, O. (2006). Follow-up of a cross-national comparison on flashbulb and event memory for the September 11th attacks. *Memory, 14*, 329–344.

Daffner, K. R., Chong, H., Sun, X., Tarbi, E. C., Riis, J. L., McGinnis, S. M., & Holcomb, P. J. (2011). Mechanisms underlying age- and performancerelated differences in working memory. *Journal of Cognitive Neuroscience, 23*, 1298–1314.

Daley, C. E., & Onwuegbuzie, A. J. (2011). Race and intelligence. In R. J. Sternberg & S. B. Kaufman (Eds.), *The Cambridge handbook of intelligence* (pp. 293–306). New York: Cambridge University Press.

Daselaar, S. M., Rice, H. J., Greenberg, D. L., Cabeza, R., LaBar, K. S., & Rubin, D. C. (2008). The spatiotemporal dynamics of autobiographical memory: neural correlates of recall, emotional intensity, and reliving. *Cerebral cortex, 18*, 217–229.

Deary, I. J. (2008). Why do intelligent people live longer? *Nature, 456*, 175–176.

Deary, I. J., Batty, G. D., Pattie, A., & Gale, C. R. (2008). More intelligent, more dependable children live longer: A 55-year longitudinal study of a representative sample of the Scottish nation. *Psychological Science, 19*, 874–880.

Deary, I. J., Penke, L., & Johnson, W. (2010a). The neuroscience of human intelligence differences. *Nature Reviews Neuroscience, 11*, 201–211.

Deary, I. J., Weiss, A., & Batty, G. D. (2010b). Intelligence, personality, and health outcomes. *Psychological Science in the Public Interest, 11*, 53–79.

Deaux, K., Bikmen, N., Gilkes, A., Ventuneac, A., Joseph, Y., Payne, Y. A., & Steele, C. A. (2007). Becoming American: Stereotype threat effects in Afro-Caribbean immigrant groups. *Social Psychology Quarterly, 70*, 384–404.

Dell, G. S. (2004). Speech errors in language production: Neuropsychological and connectionist perspectives. In B. H. Ross (Ed.), *The psychology of learning and motivation* (Vol. 44, pp. 63–108). New York: Elsevier.

DePaulo, B. M., Lindsay, J. J., Malone, B. E., Muhlenbruck, L., Charlton, K., & Cooper, H. (2003). Cues to deception. *Psychological Bulletin, 129*, 74–118.

Dickens, W. T., & Flynn, J. R. (2006). Black Americans reduce the racial IQ gap: Evidence from standardization samples. *Psychological Science, 17*, 913–920.

Dickerson, F. B., Tenhula, W. N., & Green-Paden, L. D. (2005). The token economy for schizophrenia: Review of the literature and recommendations for future research. *Schizophrenia Research, 75*, 405–416.

Do, A. M., Rupert, A. V., & Wolford, G. (2008). Evaluations of pleasurable experiences: The peak-end rule. *Psychonomic Bulletin & Review, 15*, 96–98.

Dube, C., Rotello, C. M., & Heit, E. (2010). Assessing the belief bias effect with ROCs: It's a response bias effect. *Psychological Review, 117*, 931–863.

Duncker, D. (1945). On problem solving. *Psychological Monographs, 58* (No. 270).

Ebbinghaus, H. (1964). *Memory: A contribution to experimental psychology*. New York: Dover. (Original work published 1885)

Eich, T. S., & Metcalfe, J. (2009). Effects of the stress of marathon running on implicit and explicit memory. *Psychonomic Bulletin & Review, 16*, 475–479.

Endress, A. D., Cahill, D., Block, S., Watumull, J., & Hauser, M. D. (2009). Evidence of an evolutionary precursor to human language affixation in a non-human primate. *Biology Letters, 5*, 749–751.

Epley, N., & Gilovich, T. (2006). The anchoring-and-adjustment heuristic. *Psychological Science, 17*, 311–318.

Ericsson, K. A., & Chase, W. G. (1982). Exceptional memory: Extraordinary feats of memory can be matched or surpassed by people with average memories that have been improved by training. *American Scientist, 70*, 607–615.

Everett, D. L. (2005). Cultural constraints on grammar and cognition in Pirahã. *Current Anthropology,*

46, 621–646.

Everett, G. E., Hupp, S. D. A., & Olmi, D. J. (2010). Time-out with parents: A descriptive analysis of 30 years of research. *Education and Treatment of Children, 33*, 235–259.

Everett, G. E., Olmi, D. J., Edwards, R. P., Tingstrom, D. H., Sterling-Turner, H. E., & Christ, T. J. (2007). An empirical investigation of time-out with and without escape extinction to treat escape-maintained noncompliance. *Behavior Modification, 31*, 412–434.

Fagan, J. F., & Holland, C. R. (2007). Racial equality in intelligence: Predictions from a theory of intelligence as processing. *Intelligence, 35*, 319–334.

Farmer, T. A., Anderson, S. E., & Spivey, M. J. (2007). Gradiency and visual context in syntactic garden-paths. *Journal of Memory and Language, 57*, 570–595.

Fausey, C. M., & Boroditsky, L. (2011). Who dunnit? Cross-linguistic differences in eye-witness memory. *Psychonomic Bulletin & Review, 18*, 150–157.

Ferrari, M. C. O., & Chivers, D. P. (2008). Cultural learning of predator recognition in mixed-species assemblages of frogs: The effect of tutor-toobserver ratio. *Animal Behaviour, 75*, 1921–1925.

Ferster, C. B., & Skinner, B. F. (1957). *Schedules of reinforcement*. New York: Appleton-Century-Crofts.

Finn, B. (2010). Ending on a high note: Adding a better end to effortful study. *Journal of Experimental Psychology: Learning, Memory, and Cognition, 36*, 1548–1553.

Fitch, W. T. (2011). Unity and diversity in human language. *Philosophical Transactions of the Royal Society B, 366*, 376–388.

Förster, J., Friedman, R. S., & Liberman, N. (2004). Temporal construal effects on abstract and concrete thinking: Consequences for insight and creative cognition. *Journal of Personality and Social Psychology, 87*, 177–189.

Fox, M. C., Ericsson, K. A., & Best, R. (2011). Do procedures for verbal reporting of thinking have to be reactive? A meta-analysis and recommendations for best reporting methods. *Psychological Bulletin, 137*, 316–344.

Frank, M. C., Everett, D. L., Fedorenko, E., & Gibson, E. (2008). Number as a cognitive technology: Evidence from the Pirahã language and cognition. *Cognition, 108*, 819–824.

Franklin, N., & Tversky, B. (1990). Searching imagined environments. *Journal of Experimental Psychology: General, 119*, 63–76.

Frenda, S. J., Nichols, R. M., & Loftus, E. F. (2011). Current issues and advances in misinformation research. *Current Directions in Psychological Science, 20*, 20–23.

Fromkin, V. A. (Ed.). (1980). *Errors in linguistic performance: Slips of the tongue, pen, and hand*. New York: Academic Press.

Galati, A., & Brennan, S. E. (2010). Attenuating information in spoken communication: For the speaker, or for the addressee? *Journal of Memory and Language, 62*, 35–51.

Galton, F. (1907). *Inquiries into human faculty and its development*. London: Dent Publishers. (Original work published 1883)

Ganis, F., Thompson, W. L., & Kosslyn, S. M. (2004). Brain areas underlying visual imagery and visual perception: An fMRI study. *Cognitive Brain Research, 20*, 226–241.

Ganis, G., Rosenfeld, J. P., Meixner, J., Kievit, R. A., & Schendan, H. E. (2011). Lying in the scanner: Covert countermeasures disrupt deception detection by functional magnetic resonance imaging. *NeuroImage, 55*, 312–319.

Ganor-Stern, D., Tzelgov, J., & Ellenbogen, R. (2007). Automaticity and two-digit numbers. *Journal of Experimental Psychology: Human Perception and Performance, 33*, 483–496.

Garcia, J., & Koelling, R. A. (1966). The relation of cue to consequence in avoidance learning. *Psychonomic Science, 4*, 123–124.

Gardner, H. (1999). *The disciplined mind*. New York: Simon & Schuster.

Gardner, H. (2006). *Multiple intelligences: New Horizons*. New York: Basic books.

Gardner, R. A., & Gardner, B. T. (1969). Teaching sign language to a chimpanzee. *Science, 165*, 664–672.

Gershoff, E. T., & Bitensky, S. H. (2007). The case against corporal punishment for children: Converging evidence from social science research and international human rights law and implications for U. S. public policy. *Psychology, Public Policy, and Law, 13*, 231–272.

Gigerenzer, G., & Gaissmaier, W. (2011). Heuristic decision making. *Annual Review of Psychology, 62*, 451–482.

Goddard, H. H. (1914). *The Kallikak family: A study of the heredity of feeblemindedness*. New York: Macmillan.

Godden, D. R., & Baddeley, A. D. (1975). Context-dependent memory in two natural environments: On land and under water. *British Journal of Psychology, 66*, 325–331.

Goldrick, M., & Larson, M. (2008). Phonotactic probability influences speech production. *Cognition, 107*, 1155–1164.

Gordon, P. (2004). Numerical cognition without words: Evidence from Amazonia. *Science, 306*, 496–499.

Gottfredson, L. S. (1997). Mainstream science on intelligence: An editorial with 52 signatories, history, and bibliography. *Intelligence, 24*, 13–23.

Gottfredson, L. S. (2002). Where and why g matters: Not a mystery. *Human Performance, 15*, 25–46.

Gottfredson, L. S. (2003). Dissecting practical intelligence theory: Its claims and evidence. *Intelligence, 31i*, 343–397.

Granic, I., & Patterson, G. R. (2006). Toward a comprehensive model of antisocial development: A dynamic systems approach. *Psychological Review, 113*, 101–131.

Graziano, M., & Sigman, M. (2008). The dynamics of sensory buffers: Geometric, spatial, and experience-dependent shaping of iconic memory. *Journal of Vision, 8*, 1–13.

Greenfield, P. M. (1997). You can't take it with you: Why ability assessments don't cross cultures. *American Psychologist, 52*, 1115–1124.

Grice, H. P. (1975). Logic and conversation. In P. Cole & J. L. Morgan (Eds.), *Syntax and semantics: Vol. 3. Speech acts* (pp. 41–58). New York: Academic Press.

Guérard, K., Neath, I., Surprenant, A. M., & Tremblay, S. (2010). Distinctiveness in serial memory for spatial information. *Memory & Cognition, 38*, 83–91.

Guéraud, S., Tapiero, I., & O'Brien, E. J. (2008). Context and the activation of predictive inferences. *Psychonomic Bulletin & Review, 15*, 351–356.

Habib, R., Nyberg, L., & Tulving, E. (2003). Hemispheric asymmetries of memory: the HERA model revisited. *TRENDS in Cognitive Sciences, 7*, 241–245.

Hackman, D. A., Farah, M. J., & Meaney, M. J. (2010). Socioeconomic status and the brain: Mechanistic insights from human and animal research. *Nature Reviews Neuroscience, 11*, 651–659.

Haier, R. J., Jung, R. E., Yeo, R. A., Head, K., & Alkire, M. T. (2004). Structural variation and general intelligence. *NeuroImage, 23*, 425–433.

Hardy, J., & Selkoe, D. J. (2002). The amyloid hypothesis of Alzheimer's disease: Progress and problems on the road to therapeutics. *Science, 297*, 353–356.

Hart, J. T. (1965). Memory and the feeling-of-knowing experience. *Journal of Educational Psychology, 56*, 208–216.

Hartley, C. A., Fischl, B., & Phelps, E. A. (2011). Brain structure correlates of individual differences in the acquisition and inhibition of conditioned fear. *Cerebral Cortex 21*, 1954–1962.

Hartwig, M., & Bond, C. F., Jr. (2011). Why do lie-catchers fail? A lens model meta-analysis of human lie judgments. *Psychological Bulletin, 137*, 643–659.

Hasson, U., Furman, O., Clark, D., Dudai, Y., & Davachi, L. (2008). Enhanced intersubject correlations during movie viewing correlate with successful episodic encoding. *Neuron, 57*, 452–462.

Hauser, R. M., & Palloni, A. (2011). Adolescent IQ and survival in the Wisconsin longitudinal study. *The Journals of Gerontology: Series B, 66*, i91–i101.

Hearst, E. (1988). Fundamentals of learning and conditioning. In R. C. Atkinson, R. J. Herrnstein, G. Lindzey, & R. D. Luce (Eds.), *Stevens' handbook of experimental psychology: Vol. 2. Learning and cognition* (2nd ed., pp. 3–109). New York: Wiley.

Helms, J. E. (2006). Fairness is not validity or cultural bias in racial-group assessment: A quantitative perspective. *American Psychologist, 61*, 845–859.

Hennessey, B. A., & Amabile, T. M. (2010). Creativity. *Annual Review of Psychology, 61*, 569–598.

Hernnstein, R. J., & Murray, C. (1994). *The bell curve*. New York: The Free Press.

Hertwig, R., Herzog, S. M., Schooler, L. J., & Reimer, T. (2008). Fluency heuristic: A model of how the mind exploits a by-product of information retrieval. *Journal of Experimental Psychology: Learning, Memory, and Cognition, 34*, 1191–1206.

Hoekstra, R. A., Bartels, M., & Boomsma, D. I. (2007). Longitudinal genetic study of verbal and nonverbal IQ from early childhood to young adulthood. *Learning and Individual Differences, 17*, 97–114.

Holahan, C. K., & Sears, R. R. (1995). *The gifted group in later maturity*. Stanford, CA: Stanford University Press.

Holen, M. C., & Oaster, T. R. (1976). Serial position and isolation effects in a classroom lecture simulation. *Journal of Educational Psychology, 68*, 723–725.

Horton, W. S. (2007). The influence of partner-specific memory associations on language production: Evidence from picture naming. *Language and Cognitive Processes, 22*, 1114–1139.

Horton, W. S., & Gerrig, R. J. (2005). The impact of memory demands on audience design during language production. *Cognition, 96*, 127–142.

Hosp, J. L., Hosp, M. A., & Dole, J. K. (2011). Potential bias in predictive validity of universal screening measures across disaggregation subgroups. *School Psychology Review, 40*, 108–131.

Huesmann, L. R., Moise-Titus, J., Podolski, C. L., & Eron, L. D. (2003). Longitudinal relations between children's exposure to TV violence and their aggressive and violent behavior in young adulthood: 1977–1992. *Developmental Psychology, 39*, 201–221.

Huizink, A. C., & Mulder, E. J. H. (2006). Maternal smoking, drinking or cannabis use during pregnancy and neurobehavioral and cognitive functioning in human offspring. *Neuroscience and Biobehavioral Reviews, 30*, 24–41.

Humphreys, K. R., Menzies, H., & Lake, J. K. (2010). Repeated speech errors: Evidence for learning. *Cognition, 117*, 151–165.

Hunt, E., & Carlson, J. (2007). Considerations relating to the study of group differences in intelligence. *Perspectives on Psychological Science, 2*, 194–213.

Iyengar, S. S., Wells, R. E. & Schwartz, B. (2006). Doing better but feeling worse: Looking for the "best" job undermines satisfaction. *Psychological Science, 17*, 143–150.

Jacob, B. R., & Levitt, S. D. (2003). Rotten apples: An investigation of the prevalence and predictors of teacher cheating. *The Quarterly Journal of Economics, 118*, 843–877.

Jahnke, J. C. (1965). Primacy and recency effects in serial-position curves of immediate recall. *Journal of Experimental Psychology, 70*, 130–132.

Janis, I. L., & Frick, F. (1943). The relationship between attitudes toward conclusions and errors in judging logical validity of syllogisms. *Journal of Experimental Psychology, 33*, 73–77.

January, D., & Kako, E. (2007). Re-evaluating evidence for linguistic relativity: Reply to Boroditsky (2001). *Cognition, 104*, 417–426.

Jensen, A. R. (1962). Spelling errors and the serial position effect. *Journal of Educational Psychology, 53*, 105–109.

Johnson-Laird, P. N., & Wason, P. C. (1977). A theoretical analysis of insight into a reasoning task. In P. N. Johnson-Laird & P. C. Wason (Eds.), *Thinking* (pp. 143–157). Cambridge, UK: Cambridge University Press.

Joly, M., & Zimmermann, E. (2011). Do solitary foraging animals plan their routes? *Biology Letters, 7*, 638–640.

Kahneman, D. (1992). Reference points, anchors, norms, and mixed feelings. *Organizational Behavior and Human Decision Processes, 51*, 296–312.

Kahneman, D., & Frederick, S. (2002). Representativeness revisited: Attribute substitution in intuitive judgment. In T. Gilovich, D. Griffin, & D. Kahneman (Eds.), *Heuristics and biases: The psychology of intuitive judgment* (pp. 49–81). Cambridge, UK: Cambridge University Press.

Kahneman, D., & Tversky, A. (1973). On the psychology of prediction. *Psychological Review, 80*, 237–251.

Kamin, L. J. (1969). Predictability, surprise, attention, and conditioning. In B. A. Campbell & R. M. Church (Eds.), *Punishment and aversive behavior* (pp. 279–296). New York: Appleton-Century-Crofts.

Kaplan, C. A., & Simon, H. A. (1990). In search of insight. *Cognitive Psychology, 22*, 374–419.

Karpicke, J. D., & Blunt, J. R. (2011). Retrieval practice produces more learning than elaborative studying with concept mapping. *Science, 331*, 772–775.

Kassebaum, N. L. (1994). Head Start: Only the best for America's children. *American Psychologist, 49*, 1123–1126.

Keren, G. (2007). Framing, intentions, and trust-choice incompatibility. *Organizational Behavior and Human Decision Processes, 103*, 238–255.

Kintsch, W. (1974). *The representation of meaning in memory*. Hillsdale, NJ: Erlbaum.

Kirschner, F., Paas, F., Kirschner, P. A., & Janssen, J. (2011). Differential effects of problem-solving demands on individual and collaborative learning outcomes. *Learning and Instruction, 21*, 587–599.

Klatt, K. P., & Morris, E. K. (2001). The Premack principle, response deprivation, and establishing operations. *The Behavior Analyst, 24*, 173–180.

Kleider, H. M., Parrott, D. J., & King, T. Z. (2010). Shooting behaviour: How working memory and negative emotionality influence police officer shoot decisions. *Applied Cognitive Psychology, 24*, 707–717.

Koriat, A., & Fischhoff, B. (1974). What day is today? An inquiry into the process of time orientation. *Memory & Cognition, 2*, 201–205.

Kotovsky, K., Hayes, J. R., & Simon, H. A. (1985). Why are some problems hard? Evidence from Tower of Hanoi. *Cognitive Psychology, 17*, 248–294.

Kristensen, P., & Bjerkedal, T. (2007). Explaining the relation between birth order and intelligence. *Science, 316*, 1717.

Kruger, J., Wirtz, D., & Miller, D. T. (2005). Counterfactual thinking and the first instinct fallacy. *Journal of Personality and Social Psychology, 88*, 725–735.

Laborde, S., Brüll, A., Weber, J., & Anders, L. S. (2011). Trait emotional intelligence in sports: A protective role against stress through heart rate variability? *Personality and Individual Differences, 51*, 23–27.

Lampinen, J. M., Copeland, S. M., & Neuschatz, J. S. (2001). Recollections of things schematic: Room schemas revisited. *Journal of Experimental Psychology: Learning, Memory, and Cognition, 27*, 1211–1222.

Lashley, K. S. (1929). *Brain mechanisms and intelligence*. Chicago: University of Chicago Press.

Lashley, K. S. (1950). In search of the engram. In *Physiological mechanisms in animal behavior: Symposium of the Society for Experimental Biology* (pp. 454–482). New York: Academic Press.

Lecci, L., & Myers, B. (2008). Individual differences in attitudes relevant to juror decision making: Development and validation of the Pretrial Juror Attitude Questionnaire (PJAQ). *Journal of Applied Social Psychology, 38*, 2010–2038.

Lee, H. S., & Holyoak, K. J. (2008). The role of causal models in analogical inference. *Journal of Experimental Psychology: Learning, Memory, and Cognition, 34*, 1111–1122.

Lee, K. (2011). Impacts of the duration of head start enrollment on children's academic outcomes: Moderation effects of family risk factors and early outcomes. *Journal of Community Psychology, 39*, 698–716.

Leung, A. K.-Y., & Chiu, C-Y. (2010). Multicultural experiences, idea receptiveness, and creativity. *Journal of Cross-Cultural Psychology, 41*, 723–741.

Leventhal, A. M., Martin, R. L., Seals, R. W., Tapia, E., & Rehm, L. P. (2007). Investigating the dynamics of affect: Psychological mechanisms of affective habituation to pleasurable stimuli. *Motivation and Emotion, 31*, 145–157.

Lew, A. R. (2011). Looking beyond boundaries: Time to put landmarks back on the cognitive map? *Psychological Bulletin, 137*, 484–507.

Linnman, C., Rougemont-Bücking, A., Beucke, J. C., Zeffiro, T. A., & Milad, M. R. (2011). Unconditioned responses and functional fear networks in human classical conditioning. *Behavioural Brain Research, 221*, 237–245.

Lockhart, R. S., & Craik, F. I. M. (1990). Levels of processing: A retrospective commentary on a framework for memory research. *Canadian Journal of Psychology, 44*, 87–122.

Loftus, E. F. (1979). *Eyewitness testimony*. Cambridge, MA: Harvard University Press.

Loftus, E. F., & Palmer, J. C. (1974). Reconstruction of automobile destruction: An example of the interaction between language and memory. *Journal of Verbal Learning and Verbal Behavior, 13*, 585–589.

Loftus, E. F., Miller, D. G., & Burns, H. J. (1978). Semantic integration of verbal information into a visual memory. *Journal of Experimental Psychology: Human Learning and Memory, 4*, 19–31.

Luchins, A. S. (1942). *Mechanization in problem solving*. Psychological Monographs, 54 (No. 248).

Maier, N. R. F. (1931). Reasoning in humans: II. The solution of a problem and its appearance in consciousness. *Journal of Comparative Psychology, 12*, 181–194.

Male, L. H., & Smulders, T. V. (2007). Memory for food caches: Not just retrieval. *Behavioral Ecology, 18*, 456–459.

Mares, M. L., & Woodard, E. (2005). Positive effects of television on children's social interactions: A meta-analysis. *Media Psychology, 7*, 301–322.

Markman, K. D., Lindberg, M. J., Kray, L. J., & Galinsky, A. D. (2007). Implications of counterfactual structure for creative generation and analytic problem solving. *Personality and Social Psychology Bulletin, 33*, 312–324.

Martin, L. T., Burns, R. M., & Schonlau, M. (2010). Mental disorders among gifted and nongifted youth. A selected review of the epidemiologic literature. *Gifted Child Quarterly, 54*, 31–41.

Mason, R. A., & Just, M. A. (2007). Lexical ambiguity in sentence comprehension. *Brain Research, 1146*, 115–127.

Matson, J. L., & Boisjoli, J. A. (2009). The token economy for children with intellectual disability and/ or autism: A review. *Research in Developmental Disabilities, 30*, 240–248.

Mayer, J. D., Roberts, R. D., & Barsade, S. G. (2008a). Human abilities: Emotional intelligence. *Annual Review of Psychology, 59*, 507–536.

Mayer, J. D., Salovey, P., & Caruso, D. R. (2008b). Emotional intelligence: New ability or eclectic traits. *American Psychologist, 63*, 503–517.

McDaniel, M. A., Agarwal, P. K., Huelser, B. J., McDermott, K. B., & Roediger, H. L., III. (2011). Test-enhanced learning in a middle school science classroom: The effects of quiz frequency and placement. *Journal of Educational Psychology, 103*, 399–414.

McLeskey, J., Landers, E., Williamson, P., & Hoppey, D. (2011). Are we moving toward educating students with disabilities in less restrictive settings? *Journal of Special Education, 26*, 60–66.

McNamara, D. S., & Magliano, J. (2009). Toward a comprehensive model of comprehension. In B. H. Ross (Ed.), *The psychology of learning and motivation* (Vol. 51, pp. 298–384). Burlington, MA: Academic Press.

McNeil, B. J., Pauker, S. G., Sox, H. C., Jr., & Tversky, A. (1982). On the elicitation of preferences for alternative therapies. *New England Journal of Medicine, 306*, 1259–1262.

Menzel, R., Kirbach, A., Haass, W.-D., Fischer, B., Fuchs, J., Koblofsky, M., Lehmann, K., Reiter, L., Meyer, H., Nguyen, H., Jones, S., Norton, P., & Greggers, U. (2011). A common frame of reference for learned and communicated vectors in honeybee navigation. *Current Biology, 21*, 645–650.

Mercer, S. (2012). Dispelling the myth of the natural-born linguist. *ELT Journal, 66*, 22–29.

Metcalfe, J. (2009). Metacognitive judgments and control of study. *Current Directions in Psychological Science, 18*, 159–163.

Miller, G. A. (1956). The magic number seven plus or minus two: Some limits in our capacity for processing information. *Psychological Review, 63*, 81–97.

Mishra, J., & Backlin, W. (2007). The effects of altering environmental and instrumental context on the performance of memorized music. *Psychology of Music, 35*, 1–20.

Mitchell, K. J., & Johnson, M. K. (2009). Source monitoring 15 years later: What have we learned from fMRI about the neural mechanisms of source memory? *Psychological Bulletin, 135*, 638–677.

Modirrousta, M., & Fellows, L. K. (2008). Medial prefrontal cortex plays a critical and selective role in "feeling of knowing" meta-memory judgments. *Neuropsychologia, 46*, 2958–2965.

Mohamed, F. B., Faro, S. H., Gordon, N. J., Platek, S. M., Ahmad, H., & Williams, J. M. (2006). Brain mapping of deception and truth telling about an ecologically valid situation: Functional MR imaging and polygraph investigation—initial experience. *Radiology, 238*, 679–688.

Morawska, A., & Sanders, M. (2011). Parental use of time out revisited: A useful or harmful parenting strategy. *Journal of Child and Family Studies, 20*, 1–8.

Mulvaney, M. K., & Mebert, C. J. (2007). Parental corporal punishment predicts behavior problems in early childhood. *Journal of Family Psychology, 21*, 389–397.

Murphy, G. L. (2002). *The big book of concepts*. Cambridge, MA: MIT Press.

Murphy, K. J., Troyer, A. K., Levine, B., & Moscovitch, M. (2008). Episodic, but not semantic, autobiographical memory is reduced in amnestic mild cognitive impairment. *Neuropsychologia, 46*, 3116–3123.

Nadel, L., & Hardt, O. (2011). Update on memory systems and processes. *Neuropsychopharmacology, 36*, 251–273.

Neath, I., & Crowder, R. G. (1990). Schedules of presentation and temporal distinctiveness in human memory. *Journal of Experimental Psychology: Learning, Memory, and Cognition, 16*, 316–327.

Neath, I., & Surprenant, A. M. (2003). *Human memory: An introduction to research, data, and theory* (2nd ed.). Belmont, CA: Wadsworth.

Neath, I., Brown, G. D. A., McCormack, T., Chater, N., & Freeman, R. (2006). Distinctiveness models of memory and absolute identification: Evidence for local, not global, effects. *Quarterly Journal of Experimental Psychology, 59*, 121–135.

Neisser, U. (1967). *Cognitive psychology*. New York: Appleton-Century-Crofts.

Nettelbeck, T., & Wilson, C. (2005). Intelligence and IQ: What teachers should know. *Educational Psychology, 25*, 609–630.

Neubauer, A. C., & Fink, A. (2009). Intelligence and neural efficiency. *Neuroscience and Biobehavioral Reviews, 33*, 1004–1023.

Newman, D. A., & Lyon, J. S. (2009). Recruitment efforts to reduce adverse impact: Targeted recruiting for personality, cognitive ability, and diversity. *Journal of Applied Psychology, 94*, 298–317.

Nielsen, B. D., Pickett, C. L., & Simonton, D. K. (2008). Conceptual versus experimental creativity: Which works best on convergent and divergent thinking tasks? *Psychology of Aesthetics, Creativity, and the Arts, 2*, 131–138.

Nooteboom, S., & Quené, H. (2008). Self-monitoring and feedback: A new attempt to find the main cause of lexical bias in phonological speech errors. *Journal of Memory and Language, 58*, 837–861.

Nosofsky, R. M. (2011). The generalized context model: An exemplar model of classification. In E. M. Pothos & A. J. Wills (Eds.), *Formal approaches in categorization* (pp. 18–39). New York: Cambridge University Press.

Novick, L. R., & Bassok, M. (2005). Problem solving. In K. J. Holyoak & R. G. Morrison (Eds.), *Cambridge handbook of thinking and reasoning* (pp. 321–349). New York: Cambridge University Press.

Oppenheimer, D. M., & Frank, M. C. (2008). A rose in any other font would not smell as sweet: Effects of perceptual fluency on categorization. *Cognition, 106*, 1178–1194.

Ossenkopp, K.-P., Biagi, E., Cloutier, C. J., Chan, M. Y. T., Kavaliers, M., & Cross-Mellor, S. K. (2011). Acute corticosterone increases conditioned spontaneous orofacial behaviors but fails to influence dose related LiClinduced conditioned "gaping" responses in a rodent model of anticipatory nausea. *European Journal of Pharmacology, 660*, 358–362.

Paivio, A. (2006). *Mind and its evolution: A dual coding theoretical interpretation*. Mahwah, NJ: Lawrence Erlbaum Associates, Inc.

Papafragou, A., Li, P., Choi, Y., & Han, C.-H. (2007). Evidentiality in language and cognition. *Cognition, 103*, 253–299.

Parker, A. M., Bruine de Bruin, W., & Fischhoff, B. (2007). Maximizers versus satisficers: Decision-making styles, competence, and outcomes. *Judgment and Decision Making, 2*, 342–350.

Paterson, H. M., & Kemp, R. I. (2006). Co-witnesses talk: A survey of eyewitness discussion. *Psychology, Crime & Law, 12*, 181–191.

Paterson, H. M., Kemp, R. I., & Ng, J. R. (2011). Combating co-witness contamination: Attempting to decrease the negative effects of discussion on eye-witness memory. *Applied Cognitive Psychology, 25*, 43–52.

Patson, N. D., & Warren, T. (2011). Building complex reference objects from dual sets. *Journal of Memory and Language, 64*, 443–459.

Pavlov, I. P. (1927). *Conditioned reflexes* (G. V. Anrep, Trans.). London: Oxford University Press.

Pavlov, I. P. (1928). *Lectures on conditioned reflexes: Twenty-five years of objective study of higher nervous activity (behavior of animals)* (Vol. 1, W. H. Gantt, Trans.). New York: International Publishers.

Peterson, L. R., & Peterson, M. J. (1959). Short-term retention of individual verbal items. *Journal of Experimental Psychology, 58*, 193–198.

Phillips, M. C., Meek, S. W., & Vendemia, J. M. C. (2011). Understanding the underlying structure of deceptive behaviors. *Personality and Individual Differences, 50*, 783–789.

Plomin, R., & Petrill, S. A. (1997). Genetics and intelligence: What's new? *Intelligence, 24*, 53–77.

Plomin, R., & Spinath, F. M. (2004). Intelligence: Genetics, genes, and genomics. *Journal of Personality and Social Psychology, 86*, 112–129.

Poucet, B. (1993). Spatial cognitive maps in animals: New hypotheses on their structure and neural mechanisms. *Psychological Review, 100*, 163–182.

Powell, R. A. (2011). Little Albert, lost or found: Further difficulties with the Douglas Merritte hypothesis. *History of Psychology, 14*, 106–107.

Premack, D. (1965). Reinforcement theory. In D. Levine (Ed.), *Nebraska symposium on motivation* (pp. 128–180). Lincoln: University of Nebraska Press.

Premack, D. (1971). Language in chimpanzee? *Science, 172*, 808–822.

Preusse, F., van der Meer, E., Deshpande, G., Krueger, F., & Wartenburger, I. (2011). Fluid intelligence allows flexilble recruitment of the parietofrontal network in analogical reasoning. *Frontiers in Human Neuroscience, 5*, Article 22.

Radvansky, G. A. (2006). *Human memory*. Boston: Allyn & Bacon.

Rahman, R. A., & Melinger, A. (2007). When bees hamper the production of honey: Lexical interference from associates in speech production. *Journal of Experimental Psychology: Learning, Memory, and Cognition, 33*, 604–614.

Ramirez, G., & Beilock, S. L. (2011). Writing about testing worries boosts exam performance in the classroom. *Science, 331*, 211–213.

Reis, S. M., & Renzulli, J. S. (2010). Is there still a need for gifted education? An examination of current research. *Learning and Individual Differences, 20*, 308–317.

Renzulli, J. S. (2005). The three-ring conception of giftedness: A developmental model for promoting creative productivity. In R. J. Sternberg & J. E. Davidson (Eds.), *Conceptions of giftedness* (2nd ed., pp. 246–279). New York: Cambridge University Press.

Rescorla, R. A. (1966). Predictability and number of pairings in Pavlovian fear conditioning. *Psychonomic Science, 4*, 383–384.

Rescorla, R. A. (1988). Pavlovian conditioning: It's not what you think it is. *American Psychologist, 43*, 151–160.

Rhodes, M. G., & Tauber, S. K. (2011) The influence of delaying judgments of learning on metacognitve accuracy: A meta-analytic review. *Psychological Bulletin, 137*, 131–148.

Rinck, M. (2008). Spatial situation models and narrative comprehension. In M. A. Gluck, J. R. Anderson, & S. M. Kosslyn (Eds.), *Memory and mind: A festschrift for Gordon H. Bower* (pp. 359–370). Mahwah, NJ: Erlbaum.

Roberson, D., Davidoff, J., Davies, I. R. L., & Shapiro, L. R. (2005). Color categories: Evidence for the cultural relativity hypothesis. *Cognitive Psychology, 50*, 378–411.

Rodd, J. M., Longe, O. A., Randall, B., & Tyler, L. K. (2010). The functional organisation of the fronto-temporal language system: Evidence from syntactic and semantic ambiguity. *Neuropsychologia, 48*, 1324–1335.

Roediger, H. L., III. (2008). Relativity of remembering: Why the laws of memory vanished. *Annual Review of Psychology, 59*, 225–254.

Roediger, H. L., III., & Butler, A. C. (2011). The critical role of retrieval practice in long-term retention. *Trends in Cognitive Sciences, 15*, 20–27.

Roediger, H. L., III., & Karpicke, J. D. (2006). Test-enhanced learning: Taking memory tests improves long-term retention. *Psychological Science, 17*, 249–255.

Roediger III, H. L., Gallo, D. A., Naveh-Benjamin, M., Moscovitch, M., & Roediger III, H. L. (2002). Levels of processing: Some unanswered questions. *Perspectives on human memory and cognitive aging: Essays in honor of Fergus Craik*, 28–47.

Roese, N. J., & Summerville, A. (2005). What we regret most...and why. *Personality and Social Psychology Bulletin, 31*, 1273–1285.

Roid, G. (2003). *Stanford-Binet intelligence scale* (5th ed.). Itasca, IL: Riverside Publishing.

Rosch, E. H. (1973). Natural categories. *Cognitive Psychology, 4*, 328–350.

Rosch, E. H. (1978). Principles of categorization. In E. Rosch & B. B. Lloyd (Eds.), *Cognition and categorization* (pp. 27–48). Hillsdale, NJ: Erlbaum.

Rosch, E. H., Mervis, C. B., Gray, W. D., Johnson, D. M., & Boyes-Braem, P. (1976). Basic objects in natural categories. *Cognitive Psychology, 8*, 382–439.

Rosch, E., & Mervis, C. B. (1975). Family resemblances: Studies in the internal structure of categories. *Cognitive Psychology, 7*, 573–605.

Roscoe, J. A., Morrow, G. R., Aapro, M. S., Molassiotis, A., & Olver, I. (2011). Anticipatory nausea and vomiting. *Supportive Care in Cancer, 19*, 1533–1538.

Rozin, P., & Fallon, A. E. (1987). A perspective on disgust. *Psychological Review, 94*, 23–41.

Rozin, P., Millman, L., & Nemeroff, C. (1986). Operation of the laws of sympathetic magic in disgust and other domains. *Journal of Personality and Social Psychology, 50*, 703–712.

Rubin, D. C., & Kontis, T. C. (1983). *A schema for common cents*. Memory & Cognition, 11, 335–341.

Ruch, R. (1937). *Psychology and life*. Glenview, IL: Scott, Foresman.

Runco, M. A. (1991). *Divergent thinking*. Norwood, NJ: Ablex.

Runco, M. A. (2007). *Creativity: Theories and themes: Research, development, and practice*. San Diego, CA: Elsevier Academic Press.

Saffran, J., Hauser, M., Seibel, R., Kapfhamer, J., Tsao, F., & Cushman, F. (2008). Grammatical pattern learning by human infants and cotton-top tamarin monkeys. *Cognition, 107*, 479–500.

Sapir, E. (1964). *Culture, language, and personality*. Berkeley: University of California Press. (Original work published 1941)

Savage-Rumbaugh, S., Shanker, S. G., & Taylor, T. J. (1998). *Apes, language, and the human mind*. New York: Oxford University Press.

Schalock, R. L., Luckasson, R. A., & Shogren, K. A. (2007). The renaming of mental retardation: Understanding the change to the term intellectual disability. *Intellectual and Developmental Disabilities, 45*, 116–124.

Schank, R. C., & Abelson, R. P. (1977). *Scripts, plans, goals, and understanding*. Hillsdale, NJ: Erlbaum.

Schmader, T., Johns, M., & Forbes, C. (2008). An integrated process model of stereotype threat effects on performance. *Psychological Review, 115*, 336–356.

Schwab, C., Bugnyar, T., Schloegl, C., & Kotrschal, K. (2008). Enhanced social learning between siblings in common ravens, Corvus corax. *Animal Behaviour, 75*, 501–508.

Schwartz, B., Ward, A., Monterosso, J., Lyubomirsky, S., White, K., & Lehman, D. R. (2002). Maximizing versus satisficing: Happiness is a matter of choice. *Journal of Personality and Social Psychology, 83*, 1178–1197.

Schweinhart, L. J. (2004). *The High/Scope Perry preschool study through age 40: Summary, conclusions, and frequently asked questions*.

Scott, D., Scott, L. M., & Goldwater, B. (1997). A performance improvement program for an international-level track and field athlete. *Journal of Applied Behavior Analysis, 30*, 573–575.

Seamon, J. G., Philbin, M. M., & Harrison, L G. (2006). Do you remember proposing marriage to the Pepsi machine? False recollections from a campus walk. *Psychonomic Bulletin & Review, 13*, 752–756.

Searle, J. R. (1979). Literal meaning. In J. R. Searle (Ed.), *Expression and meaning* (pp. 117–136). Cambridge, UK: Cambridge University Press.

Seidenberg, M. S., & Petitto, L. A. (1979). Signing behavior in apes: A critical review. *Cognition, 7*, 177–215.

Serpell, R. (2000). Intelligence and culture. In R. J. Sternberg (Ed.), *Handbook of intelligence* (pp. 549–577). Cambridge, UK: Cambridge University Press.

Shaw, P., Greenstein, D., Lerch, J., Clasen, L. Lenroot, R., Gogtay, N., Evans, A., Rapoport, J., & Giedd, J. (2006). Intellectual ability and cortical development in children and adolescents. *Nature, 440*, 676–679.

Shepard, R. N. (1978). Externalization of mental images and the act of creation. In B. S. Randhawa & W. E. Coffman (Eds.), *Visual learning, thinking, and communicating*. New York: Academic Press.

Shepard, R. N., & Cooper, L. A. (1982). *Mental images and their transformations*. The MIT Press.

Shiffrin, R. M. (2003). *Modeling memory and perception*. Cognitive Science, 27, 341–378.

Shiffrin, R. M., & Schneider, W. (1977). Controlled and automatic human information processing: II. Perceptual learning, automatic attending, and a general theory. *Psychological Review, 84*, 127–190.

Siegel, S. (1984). Pavlovian conditioning and heroin overdose: Reports by overdose victims. *Bulletin of the Psychonomic Society, 22*, 428–430.

Siegel, S. (2005). Drug tolerance, drug addiction, and drug anticipation. *Current Directions in Psychological Science, 14*, 296–300.

Siegel, S., Hinson, R. E., Krank, M. D., & McCully, J. (1982). Heroin "overdose" death: The contribution of drug-associated environmental cues. *Science, 216*, 436–437.

Silventoinen, K., Posthuma, D., van Beijsterveldt, T., Bartels, M., Boomsma, D. I. (2006). Genetic contributions to the association between height and intelligence: Evidence from Dutch twin data from childhood to middle age. *Genes, Brain and Behavior, 5*, 585–595.

Simon, H. A. (1973). The structure of ill-structured problems. *Artificial Intelligence, 4*, 181–202.

Skinner, B. F. (1938). *The behavior of organisms*. New York: Appleton- Century-Crofts.

Skinner, B. F. (1953). *Science and human behavior*. New York: Macmillan.

Skinner, B. F. (1957). *Verbal behavior*. New York: Appleton-Century-Crofts.

Skinner, B. F. (1966). What is the experimental analysis of behavior? *Journal of the Experimental Analysis of Behavior, 9*, 213–218.

Skinner, B. F. (1990). Can psychology be a science of mind? *American Psychologist, 45*, 1206–1210.

Slivia, P. J. (2008). Discernment and creativity: How well can people identify their most creative ideas? *Psychology of Aesthetics, Creativity, and the Arts, 2*, 139–146.

Smith, P. L., Smith, J. C., & Houpt, T. A. (2010). Interactions of temperatures and taste in conditioned aversions. *Physiology & Behavior, 99*, 324–333.

Sörqvist, P., Haling, N., & Hygge, S. (2010). Individual differences in susceptibility to the effects of speech on reading comprehension. *Applied Cognitive Psychology, 24*, 67–76.

Spearman, C. (1927). *The abilities of man*. New York: Macmillan.

Spence, I., & Feng, J. (2010). Video games and spatial cognition. *Review General Psychology, 14*, 92–104.

Sperling, G. (1960). The information available in brief visual presentations. *Psychological Monographs, 74*, 1–29.

Sperling, G. (1963). A model for visual memory tasks. *Human Factors, 5*, 19–31.

Squire, L. R., & Wixted, J. T. (2011). The cognitive neuroscience of human memory since H. M. *Annual Review of Neuroscience, 34*, 259–288.

Stafford, B. L., Balda, R. P., & Kamil, A. C. (2006). Does seed-caching experience affect spatial memory performance by pinyon jays? *Ethology, 112*, 1202–1208.

Steele, C. M. (1997). A threat in the air: How stereotypes shape intellectual identity and performance. *American Psychologist, 6*, 613–629.

Steele, C. M., & Aronson, J. (1995). Stereotype threat and the intellectual test performance of African Americans. *Journal of Personality and Social Psychology, 69*, 797–811.

Steele, C. M., & Aronson, J. (1998). Stereotype threat and the test performance of academically successful African Americans. In C. Jencks & M. Phillips (Eds.), *The Black–White test score gap* (pp. 401–427). Washington, DC: Brookings Institution Press.

Sternberg, R. J. (1999). The theory of successful intelligence. *Review of General Psychology, 3*, 292–316.

Sternberg, R. J. (2006). The Rainbow Project: Enhancing the SAT through assessments of analytical, practical, and creative skills. *Intelligence, 34*, 321–350.

Sternberg, R. J. (2007). Who are the bright children? The cultural context of being and acting intelligent. *Educational Researcher, 36*, 148–155.

Sternberg, R. J. (2010). Assessment of gifted students for identification purposes: New techniques for a new millennium. *Learning and Individual Differences, 20*, 327–336.

Sternberg, R. J., & Grigorenko, E. L. (2007). The difficulty of escaping preconceptions in writing an article about the difficulty of escaping preconceptions: Commentary on Hunt and Carlson (2007). *Perspectives on Psychological Science, 2*, 221–226.

Sternberg, R. J., Grigorenko, E. L., & Kidd, K. K. (2005). Intelligence, race, and genetics. *American Psychologist, 60*, 46–59.

Stocco, A., Lebiere, C., & Anderson, J. R. (2010). Conditional routing of information in the cortex: A model of the basal ganglia's role in cognitive coordination. *Psychological Review, 117*, 541–574.

Stockhorst, U., Steingrueber, H.-J., Enck, P., & Klosterhalfen, S. (2006). Pavlovian conditioning of nausea and vomiting. *Autonomic Neuroscience: Basic and Clinical, 129*, 50–57.

Taatgen, N. A., & Lee, F. J. (2003). Production compilation: A simple mechanism to model complex skill acquisition. *Human Factors, 45*, 61–76.

Taatgen, N. A., Huss, D., Dickison, D., & Anderson, J. R. (2008). The acquisition of robust and flexible cognitive skills. *Journal of Experimental Psychology: General, 137*, 548–565.

Talarico, J. M., & Rubin, D. C. (2003). Confidence, not consistency, characterizes flashbulb memories. *Psychological Science, 14*, 455–461.

Talarico, J. M., & Rubin, D. C. (2007). Flashbulb memories are special after all; in phenomenology, not accuracy. *Applied Cognitive Psychology, 21*, 527–578.

Terman, L. M. (1916). *The measurement of intelligence*. Boston: Houghton Mifflin.

Terman, L. M. (1925). *Mental and physical traits of a thousand gifted children* (Vol. 1). Stanford University Press.

Terman, L. M., & Merrill, M. A. (1937). *Measuring intelligence*. Boston: Houghton Mifflin.

Terman, L. M., & Merrill, M. A. (1960). *The Stanford-Binet intelligence scale*. Boston: Houghton Mifflin.

Terman, L. M., & Merrill, M. A. (1972). *Stanford-Binet intelligence scale—manual for the third revision, Form L-M*. Boston: Houghton Mifflin.

Thompson, W. L., Kosslyn, S. M., Hoffman, M. S., & van der Koolj, K. (2008). Inspecting visual mental images: Can people "see" implicit properties as easily in imagery and perception? *Memory & Cognition, 36*, 1024–1032.

Thomson, D. R., Milliken, B., & Smilek, D. (2010). Long-term conceptual implicit memory: A decade of evidence. *Memory & Cognition, 38*, 42–46.

Thorndike, E. L. (1898). Animal intelligence. *Psychological Review Monograph Supplement, 2* (4, Whole No. 8).

Thorndike, R. L., Hagen, E. P., & Sattler, J. M. (1986). *Stanford-Binet intelligence scale* (4th ed.). Chicago: Riverside.

Thorne, B. M., & Henley, T. B. (2005). *Connections in the history and systems of psychology* (3rd ed.). Boston: Houghton Mifflin.

Tolman, E. C. (1948). Cognitive maps in rats and men. *Psychological Review, 55*, 189–208.

Tolman, E. C., & Honzik, C. H. (1930). "Insight" in rats. *University of California Publications in Psychology, 4*, 215–232.

Torrance, E. P. (1974). *The Torrance tests of creative thinking: Technicalnorms manual*. Bensenville, IL: Scholastic Testing Services.

Triandis, H. C. (1990). Cross-cultural studies of individualism and collectivism. In J. Berman (Ed.), *Nebraska Symposium on Motivation, 1989* (pp. 41–133). Lincoln: University of Nebraska Press.

Tucker-Drob, E., Rhemtulla, M., Harden, K. P., Turkheimer, E., & Fask, D. (2011). Emergence of a gene x socioeconomic status on infant mental ability between 10 months and 2 years. *Psychological Science, 22*, 125–133.

Tulving, E. (1972). Episodic and semantic memory. In E. Tulving & W. Donaldson (Eds.), *Organization of memory*. New York: Academic Press.

Tulving, E., & Thomson, D. M. (1973). Encoding specificity and retrieval processes in episodic memory. *Psychological Review, 80*, 352–373.

Turner, M. L., & Engle, R. W. (1989). Is working memory capacity task dependent? *Journal of Memory and Language, 28*, 127–154.

Tversky, A., & Kahneman, D. (1973). Availability: A heuristic for judging frequency and probability.

Cognitive Psychology, 5, 207–232.

Underwood, B. J. (1948). Retroactive and proactive inhibition after five and forty-eight hours. *Journal of Experimental Psychology, 38*, 28–38.

Underwood, B. J. (1949). Proactive inhibition as a function of time and degree of prior learning. *Journal of Experimental Psychology, 39*, 24–34.

Undorf, M., & Erdfelder, E. (2011). Judgments of learning reflect encoding fluency: Conclusive evidence for the ease-of-processing hypothesis. *Journal of Experimental Psychology: Learning, Memory, and Cognition, 37*, 1264–1269.

Unsworth, N., Spillers, G. J., & Brewer, G. A. (2012). Dynamics of context-dependent recall: An examination of internal and external context change. *Journal of Memory and Language, 66*, 1–16.

van der Sluis, S., Willemsen, G., de Geus, E. J. C., Boomsma, D. I., & Posthuma, D. (2008). Gene-environment interaction in adults' IQ scores: Measures of past and present environment. *Behavior Genetics, 38*, 348–360.

van Dijk, E., & Zeelenberg, M. (2005). On the psychology of "if only": Regret and the comparison between factual and counterfactual outcomes. *Organizational Behavior and Human Decision Processes, 97*, 152–160.

van Soelen, I. L. C., Brouwer, R. M., van Leeuwen, M., Kahn, R. S., Hulshoff Pol, H. E., & Boomsma, D. I. (2011). Heritability of verbal and performance intelligence in a pediatric longitudinal sample. *Twin Research and Human Genetics, 14*, 119–128.

Visser, B. A., Ashton, M. C., & Vernon, P. A. (2006). Beyond g: Putting multiple intelligences theory to the test. *Intelligence, 34*, 487–502.

Voorspoels, W., Vanpaemel, W., & Storms, G. (2008). Exemplars and prototypes in natural language concepts: A typicality-based evaluation. *Psychonomic Bulletin & Review, 15*, 630–637.

Voss, J. L., & Paller, K. A. (2008). Brain substrates of implicit and explicit memory: The importance of concurrently acquired neural signals of both memory types. *Neuropsychologia, 46*, 3021–3029.

Wallach, M. A., & Kogan, N. (1965). *Modes of thinking in young children*. New York: Holt, Rinehart & Winston.

Wasserman, E. A., & Young, M. E. (2010). Same-different discrimination: The keel and backbone of thought and reasoning. *Journal of Experimental Psychology: Animal Behavior Processes, 36*, 3–22.

Wasserman, E. A., & Zentall, T. R. (Eds.). (2006). *Comparative cognition: Experimental explorations of animal intelligence*. New York: Oxford University Press.

Watson, J. B. (1913). Psychology as the behaviorist views it. *Psychological Review, 20*, 158–177.

Watson, J. B. (1919). *Psychology from the standpoint of a behaviorist*. Philadelphia: Lippincott.

Watson, J. B., & Rayner, R. (1920). Conditioned emotional reactions. *Journal of Experimental Psychology, 3*, 1–14.

Wechsler, D. (2002). *WPPSI-III manual*. San Antonio, TX: Psychological Corporation.

Wechsler, D. (2003). *WISC-IV manual*. San Antonio, TX: Psychological Corporation.

Wechsler, D. (2008). *Wechsler Adult Intelligence Scale—Fourth Edition*. San Antonio, TX: Pearson.

Weissenborn, R., & Duka, T. (2000). State-dependent effects of alcohol on explicit memory: The role of semantic associations. *Psychopharmacology, 149*, 98–106.

Wells, G. L., & Loftus, E. F. (2003). Eyewitness memory for people and events. In A. M. Goldstein (Ed.), *Handbook of psychology: Forensic psychology* (Vol. 11, pp. 149–160). New York: Wiley.

Whorf, B. L. (1956). In J. B. Carroll (Ed.), *Language, and reality: Selected writings of Benjamin Lee Whorf*. Cambridge, MA: MIT Press.

Wiggins, J. S. (1973). *Personality and prediction: Principles of personality assessment*. Reading, MA:

Addison-Wesley.

Woolf, C. J. (2011). Central sensitization: Implications for diagnosis and treatment of pain. *Pain, 152*, S2–S15.

Wright, A. A., Katz, J. S., Magnotti, J., Elmore, L. C., Babb, S., & Alwin, S. (2010). Testing pigeon memory in a change detection task. *Psychonomic Bulletin & Review, 17*, 243–249.

Wyble, B., Potter, M. C., Bowman, H., & Nieuwenstein, M. (2011). Attentional episodes in visual perception. *Journal of Experimental Psychology: General, 140*, 488–505.

Zeidner, M., & Shani-Zinovich, I. (2011). Do academically gifted and nongifted students differ on the Big-Five and adaptive status? Some recent data and conclusions. *Personality and Individual Differences, 51*, 566–570.

Zenderland, L. (1998). *Measuring minds: Henry Herbert Goddard and the origins of American intelligence testing*. Cambridge, UK: Cambridge University Press.

Zhai, F., Brooks-Gunn, J., & Waldfogel, J. (2011). Head Start and urban children's school readiness: A birth cohort study in 18 cities. *Developmental Psychology, 47*, 134–152.